程序员软件开发名师讲坛 · 轻松学系列

轻松学

SQL Server

从入门到实战 案例●视频●彩色版

曹梅红 / 主编　　张莹莹 沈祥玖 / 副主编

中国水利水电出版社
www.waterpub.com.cn

·北京·

内 容 提 要

《轻松学SQL Server从入门到实战（案例·视频·彩色版）》基于作者20多年教学实践和实际应用开发经验，从初学者容易上手、快速学会的角度，采用Java+SQL Server 2019开发环境，用通俗易懂的语言、118个实用案例和8个精选的典型行业管理信息系统开发综合实战项目，深入浅出、循序渐进地讲解了SQL Server 2019关系数据库系统的特点及应用开发技术，实现手把手教你从零基础入门到快速学会SQL Server数据库系统应用项目开发。

全书共17章，内容包括数据库系统的基本理论、走进SQL Server 2019、SQL Server的可视化操作、T-SQL基础及应用、数据库的完整性控制、存储过程和触发器、数据库的安全性、数据库的备份和恢复、数据库编程——Java与数据库连接、学生信息管理系统、人事信息管理系统、超市信息管理系统、宾馆客房管理系统、网上书店图书销售管理系统、办公室日常管理信息系统、汽车销售信息管理系统、机票预订信息系统。

《轻松学SQL Server从入门到实战（案例·视频·彩色版）》配有174集讲解视频（用手机扫描书中的二维码可以观看）、全书案例的源代码及分析，还提供丰富的学习资源，包括PPT课件、程序源码、课后习题及参考答案、在线交流服务QQ群和不定期网络直播等，既适合零基础从事数据库管理和应用的入门者、有一定数据库管理和应用开发基础的初中级工程师阅读，也适合作为高等学校、高职高专、职业技术学院、民办高校或培训机构相关专业数据库课程教材以及数据库课程设计和毕业设计的参考用书。

图书在版编目（CIP）数据

轻松学 SQL Server 从入门到实战 : 案例·视频·彩色版 / 曹梅红主编 . —北京 : 中国水利水电出版社 , 2022.1
（程序员软件开发名师讲坛 . 轻松学系列）

ISBN 978-7-5170-9476-0

Ⅰ . ①轻… Ⅱ . ①曹… Ⅲ . ① 关系数据库系统
Ⅳ . ① TP311.132.3

中国版本图书馆 CIP 数据核字 (2021) 第 046945 号

	程序员软件开发名师讲坛·轻松学系列
书 名	轻松学 SQL Server 从入门到实战（案例·视频·彩色版） QINGSONG XUE SQL Server CONG RUMEN DAO SHIZHAN
作 者	曹梅红 主编 张莹莹 沈祥玖 副主编
出版发行	中国水利水电出版社 （北京市海淀区玉渊潭南路 1 号 D 座 100038） 网址：http://www.waterpub.com.cn E-mail: zhiboshangshu@163.com 电话：（010）68367658（营销中心）
经 售	北京科水图书销售中心（零售） 电话：（010）88383994、63202643、68545874 全国各地新华书店和相关出版物销售网点
排 版	北京智博尚书文化传媒有限公司
印 刷	河北文福旺印刷有限公司
规 格	185mm×260mm 16 开本 22 印张 610 千字
版 次	2022 年 1 月第 1 版 2022 年 1 月第 1 次印刷
印 数	0001—4000 册
定 价	89.80 元

前　言

编写背景

目前市场上 SQL Server 数据库入门的技术图书比较多，然而真正站在初学者的角度，能够一步一步地手把手教读者学会 SQL Server 数据库从入门到项目开发的书少之又少，而且多数图书都只是介绍数据库系统和技术，没有介绍 Java 连接数据库的具体技术和方法，以及基于 Java 语言开发数据库应用系统的过程，图书中案例选用比较随意，阅读性和实用性欠缺，结合行业应用的完整工程开发案例极少，达不到让读者轻松入门到快速掌握 SQL Server 数据库系统开发的目的。为此，作者结合自己 20 多年的教学与实际应用开发经验，本着"让读者容易上手，做到轻松学习，实现手把手教你从零基础入门到快速学会 SQL Server 数据库系统开发"的总体思路，尝试以实际应用实例作为任务驱动，用一个数据库案例贯通全书主要知识点，集 8 个基于 Java 开发工具的 SQL Server 数据库应用系统开发综合项目于一体来编写本书。希望本书能帮助读者全面系统地学习 SQL Server 数据库应用开发技术，并快速提升数据库应用系统的开发技能。

内容结构

全书分 3 个部分，共 17 章，知识结构与主要内容简述如下。

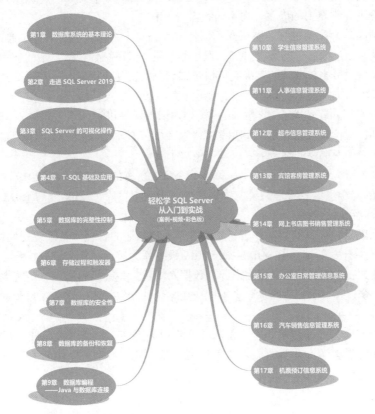

第1章　数据库系统的基本理论
第2章　走进 SQL Server 2019
第3章　SQL Server 的可视化操作
第4章　T-SQL 基础及应用
第5章　数据库的完整性控制
第6章　存储过程和触发器
第7章　数据库的安全性
第8章　数据库的备份和恢复
第9章　数据库编程——Java 与数据库连接

轻松学 SQL Server 从入门到实战（案例·视频·彩色版）

第10章　学生信息管理系统
第11章　人事信息管理系统
第12章　超市信息管理系统
第13章　宾馆客房管理系统
第14章　网上书店图书销售管理系统
第15章　办公室日常管理信息系统
第16章　汽车销售信息管理系统
第17章　机票预订信息系统

第1部分　数据库知识基础篇（第1章），主要讲述了关系数据库的基本概念和基本知识。

第2部分　SQL Server 2019操作实战篇（第2～8章），用一个综合案例贯穿始终，内容涵盖安装、使用、管理和维护等各个层面的知识点，包括走进SQL Server 2019、SQL Server 的可视化操作、T-SQL基础及应用、数据库的完整性控制、存储过程和触发器、数据库的安全性、数据库的备份和恢复。

第3部分　Java + SQL Server 2019经典实际应用开发案例集（第9～17章），其中第9章介绍数据库编程——Java与数据库连接，第10～17章是作者20多年开发整理的8个典型行业的数据库应用管理信息系统，包括Java + SQL Server 2019 实现学生信息管理系统、Java + SQL Server 2019 实现人事信息管理系统、Java + SQL Server 2019 实现超市信息管理系统、Java + SQL Server 2019 实现宾馆客房管理系统、Java + SQL Server 2019 实现网上书店图书销售管理系统、Java + SQL Server 2019 实现办公室日常管理信息系统、Java + SQL Server 2019 实现汽车销售信息管理系统、Java + SQL Server 2019 实现机票预订信息系统。每个应用系统均以Java语言作为开发工具，用SQL Server 2019数据库为后台，全面讲述该应用系统的开发步骤和具体实现过程，内容包括任务描述、需求分析、功能结构设计、数据库设计、关键代码示例等。所有系统的程序都运行通过，读者可以直接采用，或者稍加修改就能为自己的需求所用。

本书特色

与其他同类书相比，本书具有以下6个明显特点：

（1）内容精练，阅读性好。本书内容及组织结构经过作者精心编排，符合人们的认识规律（循序渐进、由浅入深），而不是杂乱无章地随意堆砌，不是大而全、面面俱到，而是站在初学者的角度，重点介绍 SQL Server 2019 数据库应用开发中需要的知识点，以及对于理解SQL Server 2019 非常重要的内容，而不纠缠语法细节。

（2）案例简单，实用性强。本书采用案例驱动，对于知识点的讲解都是通过案例进行的，案例短小精悍，通过最简单的案例讲透知识点的本质，然后结合稍微复杂的应用案例讲透知识点的用法，最后通过比较复杂的实战案例讲透知识点的实际应用场合。经过这样层层递进的学习，读者不仅可以牢牢地掌握知识点，还能做到举一反三，灵活应用。

（3）重点突出，轻松学会。全书采用核心知识点详细讲解、不重要的知识点简略讲解或者不讲的原则，让读者在最短的时间里轻松掌握 SQL Server 2019 的整个体系和脉络，而不是把时间浪费在一些不重要的细节上，以至于忽略了重点。

（4）案例贯穿，学以致用。本书（第2～8章）所有的 SQL Server 2019 操作案例均基于第10章介绍的"学生信息管理系统"中真实的"学生数据库（xssjk）"，用该数据库案例贯穿始终，达到学以致用的效果。

（5）工程项目，强调实战。作者精选的 8 个典型行业的管理信息系统开发综合实战项目，以 Java 语言作为开发工具，用 SQL Server 2019 数据库为后台，从需求分析开始到功能结构设计、数据库设计、E-R 图、数据库表设计、数据库构建、关键代码示例、系统主界面、主要功能模块实现的全过程，手把手教你学会不同应用系统的开发技术，这些项目稍加修改就能为自己的需求所用。

（6）资源配套，方便自学。全书配有 174 集视频讲解，扫描二维码即可观看；提供所有案例程序源代码和教学 PPT 课件等，方便读者自学与教师教学，创建的学习交流服务群便于作者与读者沟通互动。

本书资源浏览与获取方式

（1）读者可以用手机扫描下面的二维码（左边）查看全书视频资源等。

（2）用手机扫描下面的二维码（左边）进入"人人都是程序猿"服务公众号，关注后输入
QSXSQL9476发送到公众号后台，可以获取本书案例源码等资源的下载链接。

全书资源总码 人人都是程序猿

本书在线交流方式

（1）为了方便读者之间的交流，本书特创建"SQL Server学习交流"QQ群（群号：
479863122，也可以用手机扫描下面的二维码加入），供广大SQL Server数据库开发爱好者在线
交流学习。

（2）读者在阅读中发现问题或对图书内容有什么意见或建议，欢迎来信指教，请发送邮件
到邮箱47511807@qq.com，作者看到后将尽快给予回复。

SQL Serve 学习交流群（QQ)

本书适宜读者对象

- 零基础从事数据库管理和应用的入门者。
- 有一定数据库管理和应用开发基础的初中级工程师。
- 高等学校、高职高专、职业技术学院和民办高校相关专业的学生。
- 高等学校、职业技术学院相关专业需要进行数据库课程设计和毕业设计的学生。
- 相关培训机构数据库管理和应用开发课程的培训人员。

本书阅读提示

（1）SQL Server 2019 作为关系数据库，不但技术高度成熟和稳定，而且
不断融合技术发展新趋势，功能日益全面。本书从数据库理论的基础知识入
手，以一个完整的"学生数据库"案例讲解数据库的创建、维护、应用的全
部技术，由简到繁，环环相扣，知识结构完整，讲解视频详细。零基础的读
者，可以一步步跟随例题完成数据库的创建和应用，快速掌握数据库主要技
术，获得学习的成就感。

（2）对于有一定数据库基础的读者，可以重点学习本书中的数据库应用系统开发案例，认
真研究系统的分析、设计以及编码，根据视频讲解，配置好开发环境，独立完成案例应用系统

的开发，提高自己的开发能力。

（3）高校教师和相关培训机构选择本书作为培训教材时，可以根据教材内容框架选择相关内容，不用对每个知识点都进行详细的讲解，学生或学员通过扫描二维码观看书中的视频来完成教学过程，从而使学生可以在线上学习相关知识点，留出大量时间在线下进行相关知识的综合讨论，以实现讨论式教学或目标式教学，提高课堂效率。

本书的最终目标是，不管读者是什么层次，都能通过学习本书的内容实现从零基础入门到快速学会SQL Server数据库系统应用项目开发的目标。本书所有的案例程序都已运行通过，读者可以直接采用。

本书作者团队

本书由曹梅红主编，张莹莹、沈祥玖副主编，全书由曹梅红定稿。本书的顺利出版得到了中国水利水电出版社智博尚书分社雷顺加编审的大力支持与细心指导，责任编辑满淑颖女士为提高本书的版式设计及编校质量等付出了辛勤劳动，在此表示衷心的感谢。

在本书的编写过程中，吸收了很多数据库系统技术方面的网络资源、书籍中的观点，在此表示感谢。限于作者时间和水平所限，书中难免存在一些疏漏及不妥之处，恳请各位同行和读者批评、指正！作者的电子邮件地址为 47511807@qq.com。

作者

2021 年 8 月于山东交通学院信电学院

目　　录

第1部分　数据库知识基础篇

第2部分　SQL Server 2019操作实战篇

第3部分 Java+SQL Server 2019 经典实际应用开发案例集

1

数据库知识
基础篇

第 1 章　数据库系统的基本理论

数据库系统的基本理论

学习目标

本章首先简要介绍数据库的基本概念、系统组成、主要功能及发展过程，然后详细讲述关系数据库的基本理论，包括关系的定义和性质、关系模型的数据结构、关系的完整性及关系代数等基础内容。通过本章的学习，读者应该掌握以下内容：

- 数据库和数据模型的基本概念
- 数据模型的三要素及常用的三种数据模型
- 数据库系统的模式结构与体系结构
- DBMS 的功能与组成
- 关系的定义与性质
- 关系模型的数据结构
- 关系的实体完整性规则和参照完整性规则
- 关系代数的基本运算

内容浏览

1.1 数据库技术的产生与发展

1.1.1 数据、数据库、数据库管理系统和数据库系统

数据、数据库、数据库管理系统和数据库系统是4个密切相关的基本概念。

1. 数据

数据（Data）是描述事物的符号记录。学生的学号、姓名、年龄、照片等档案记录，货物的运输情况等都是数据。数据的表示形式多样，可以是文字、数字、图形、图像、声音等，它们都可以经过数字化后存入计算机。

2. 数据库

数据库（DataBase，DB）是指长期存储在计算机内、有组织的、可共享的数据集合。数据库中的数据按一定的数据模型组织、描述和存储，具有较小的冗余度，较高的数据独立性和易扩展性，并可为各种用户共享。

3. 数据库管理系统

数据库管理系统（DataBase Management System，DBMS）是指位于用户与操作系统之间的一层数据管理软件。数据库在建立、运用和维护时由数据库管理系统统一管理、统一控制。数据库管理系统使用户能方便地定义数据和操纵数据，并能够保证数据的安全性、完整性，以及多用户对数据的并发使用和发生故障后的系统恢复。数据库管理系统的主要功能包括数据定义、数据操纵、数据库运行管理、数据库的建立和维护、数据通信接口及数据组织、存储和管理。

4. 数据库系统

数据库系统（DataBase System，DBS）是指在计算机系统中引入数据库后构成的系统，一般由数据库、数据库管理系统（及其开发工具）、应用系统、数据库管理员（DataBase Administrator，DBA）和用户5部分构成。

1.1.2 数据管理的发展

数据管理是指如何对数据进行分类、组织、编码、存储、检索和维护，是数据处理的中心问题。随着计算机硬件和软件的发展，数据管理经历了人工管理、文件系统和数据库系统三个发展阶段。数据库技术正是应数据管理任务的需要而产生和发展的。

扫一扫，看视频

1. 人工管理阶段

在20世纪50年代中期以前，计算机主要用于科学计算。当时的硬件状况是，外存只有纸带、卡片、磁带，没有磁盘等用来直接存取的存储设备；软件状况是，没有操作系统，没有管理数据的软件；数据处理方式是批处理。

2. 文件系统阶段

20世纪50年代后期到60年代中期，计算机的应用范围逐渐扩大，不仅用于科学计算，而且还多用于管理。这时硬件已有了磁盘、磁鼓等用来直接存取的存储设备。在软件方面，出现

高级语言和操作系统。操作系统中已经有专门的数据管理软件，一般称为文件系统；处理方式不仅有文件批处理，而且能够联机实时处理。

3. 数据库系统阶段

20世纪60年代后期以来，计算机用于管理的规模更为庞大，应用越来越广泛，数据量急剧增长，同时多种应用、多种语言互相覆盖地共享数据集合的要求也越来越强烈。这时硬件方面已经有大容量磁盘，并且硬件价格不断下降，软件价格不断上升，使得编制和维护系统软件及应用程序所需的成本相对增加。在处理方式上，计算机更多要求联机实时处理，并开始提出和考虑分布式处理。

在这种背景下，以文件系统作为数据管理手段已经不能满足应用的需求。为了解决多用户、多应用共享数据的需求，使数据为尽可能多的应用提供服务，数据库管理系统作为数据库技术和统一管理数据的专门软件应运而生。

数据库技术从20世纪60年代中期产生至今仅几十年的历史，但其发展速度之快，使用范围之广是其他技术所不能及的。20世纪60年代末出现了第一代数据库——层次数据库、网状数据库，20世纪70年代出现了第二代数据库——关系数据库。目前关系数据库已逐渐淘汰了层次数据库和网状数据库，成为当今最为流行的商用数据库。

1.1.3 数据库技术的研究领域

当前，数据库研究集中在以下三个领域。

1. 数据库管理系统软件的研制

数据库管理系统（以下简称DBMS）是数据库系统的基础。DBMS的研制包括研制DBMS本身及以DBMS为核心的一组相互联系的软件系统。研制的目标是扩大功能、提高性能和提高用户的生产率。

2. 数据库设计

数据库设计的主要任务是在DBMS的支持下，按照应用的要求，为某一部门或组织设计一个结构合理、使用方便、效率较高的数据库及其应用系统。主要包括数据库设计方法、设计工具和设计理论的研究，数据模型和数据建模的研究，计算机辅助数据库设计方法及其软件系统的研究，数据库设计规范和标准的研究等。

3. 数据库理论

数据库理论的研究主要集中于关系的规范化理论、关系数据理论等。近年来，随着人工智能与数据库理论的结合以及并行计算机的发展，数据库逻辑演绎和知识推理、并行算法等理论研究，以及演绎数据库系统、知识库系统和数据仓库的研制都已成为新的研究方向。

1.2 数据模型

1.2.1 数据模型的概念和分类

数据模型就是对现实世界的模拟。由于计算机不可能直接处理现实世界中的具体事物及其联系，所以人们必须事先把具体事物及其联系转换成计算机能够处理的数据。数据库是模拟现实世界中某种应用环境（一个企业、单位或部门）所涉及的数据的集合，它不仅要反映数据本身的内容，而且要反映数据之间的联系。数据库用数据模型这个工具抽象、表示和处理现实世界中的数据与信息。

扫一扫，看视频

1. 数据的抽象和转换

在数据处理中，数据加工经历了现实世界、信息世界和计算机世界三个不同的世界。为了把现实世界中的具体事物抽象组织为某一DBMS支持的数据模型，首先要将现实世界的事物及其联系抽象成信息世界的概念模型，然后再抽象成计算机世界的数据模型。概念模型并不依赖于具体的计算机系统，不是某一个DBMS所支持的数据类型。概念模型经过抽象，转换成某一个DBMS所支持的数据模型，所以说，数据模型是现实世界的两级抽象的结果，这一过程如图1-1所示。

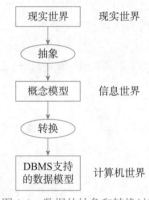

图 1-1　数据的抽象和转换过程

2. 数据模型的分类

根据应用模型的不同目的，可以将这些模型划分为两类，它们分属于两个不同的抽象级别。

第一类模型是概念模型（也称信息模型），它按用户的观点对数据和信息进行建模，是现实世界到计算机世界的一个中间层次，它既不依赖于具体的计算机系统，又不为某一DBMS支持，只是用来描述某个特定应用环境的信息结构。

第二类模型是数据模型（也称逻辑模型），它按计算机系统的观点对数据进行建模，规定模式统一的描述方式，包括数据结构、操作和约束，主要用于DBMS的实现。比较成熟的逻辑模型主要包括层次模型、网状模型、关系模型和面向对象模型等。

1.2.2　概念模型

1. 概念模型的主要概念

（1）实体（Entity）：客观存在并且可以相互区别的事物及事物之间的联系。实体可以是具体的事物，也可以是抽象的事件。例如，一个学生、一门课程、学生的一次选课等。

扫一扫，看视频

（2）属性（Attribute）：实体所具有的某一特性。例如，学生实体的属性包括学号、姓名、性别、出生年份、系别、入学时间等。

（3）码（Key）：唯一标识实体的属性集。例如，学号是学生实体的码，它可以唯一地标识一个学生。

(4) 域(Domain):属性的取值范围。例如,年龄的域为大于15小于35的整数,性别的域为(男,女)。

(5) 实体型(Entity Type):用实体名及其属性名集合来抽象和描述的同类实体。具有相同属性的实体必然具有共同的特征。例如,学生(学号,姓名,性别,出生年份,系别,入学时间)就是一个实体型,描述的是学生这一类实体。

(6) 实体集(Entity Set):同型实体的集合称为实体集。例如,全体学生就是一个实体集。

(7) 联系(Relationship):在现实世界中,事物内部以及事物之间是有联系的,所以在信息世界中将这种联系抽象成实体与实体之间以及实体与组成它的各属性间的关系。现实世界中的联系大体有三种类型:一对一的联系($1:1$);一对多的联系($1:n$);多对多的联系($m:n$)。

2. 概念模型的表示方法——E-R图

概念模型的表示方法有很多,最常用的是实体-联系方法(Entity-Relationship Approach)。该方法是用E-R图来描述现实世界的概念模型。E-R图提供了表示实体型、属性和联系的表达方法。

(1) 实体型:用矩形表示,矩形框内写明实体名。如图1-2所示为学生实体和课程实体。

(a) 学生实体   (b) 课程实体

图1-2   实体图

(2) 属性:用椭圆形表示,并用无向边将其与相应的实体连接起来。例如,学生实体有学号、姓名、性别、年龄、系别5个属性;课程有课程号、课程名、学分、学时、开课系5个属性。学生实体和课程实体的表示形式如图1-3所示。

图1-3   实体的表示形式

(3) 联系:用菱形表示,菱形框内写明联系名,并用无向边分别与有关实体连接起来,同时在无向边旁标上联系的类型($1:1$、$1:n$或$m:n$)。若实体之间的联系也有属性,也要用无向边将属性与相应联系连接起来。图1-4分别给出了三种联系类型的例子。

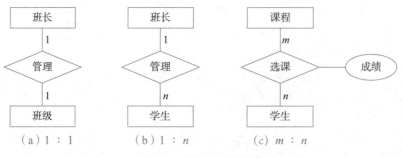

(a) $1:1$ (b) $1:n$ (c) $m:n$

图1-4   联系类型示例

综上所述，可以将学生选课的概念模型用E-R图表示出来，如图1-5所示。其中学生实体包括学号、姓名、性别、年龄、系别5个属性，课程实体包括课程号、课程名、学分、学时、开课系5个属性。一个学生可以选修多门课程，一门课程也可以被多个学生选修，学生和课程之间的选课联系是多对多的联系。

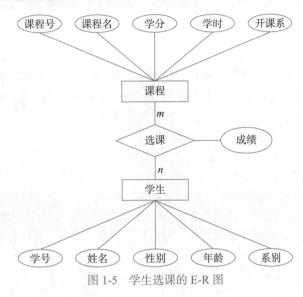

图 1-5　学生选课的 E-R 图

🖱 1.2.3　数据模型的组成要素

数据模型是一种形式化描述数据、数据间联系以及有关语义约束规则的方法，通常由以下三个要素组成。

1. 数据结构

数据结构是描述数据库的组成对象以及对象间的联系的统一的结构形式，如层次结构、网状结构和关系结构。它一方面描述了数据对象的类型、内容、性质等；另一方面描述了数据对象之间的联系。数据结构用于描述系统的静态特性，是所研究的对象类型的集合。数据模型按其数据结构的不同可以分为层次模型、网状模型和关系模型。

2. 数据操纵

数据操纵是对数据库中各种对象实例的操作方式，如增、删、改、查等操作的确切含义、操作规则以及实现操作的语言等，用于描述系统的动态特性，是对数据库中各种对象的实例执行的操作集合。

3. 完整性约束

数据的完整性约束是一组完整性规则的集合。完整性规则是对给定的数据及其联系的制约和存储规则的定义，用以限定相关数据符合数据库状态以及状态的变化，以保证数据的正确、有效和相容。约束条件包括两类：一类是数据模型本身要遵守的基本通用的完整性约束条件，如关系模型的实体完整性和参照完整性；另一类是具体应用必须遵守的语义约束，如退休年龄的范围等。

扫一扫，看视频

1.2.4 三种主要的数据模型

将现实世界的事物抽象为概念模型后，要将其用计算机来表示，还必须将概念模型转化为可以在计算机中表示的数据模型。目前最常用的数据模型有层次模型、网状模型和关系模型，其中层次模型和网状模型统称为非关系模型。

1. 层次模型

层次模型是数据库系统中最早出现的数据模型，它用树形结构表示各类实体以及实体间的联系。层次模型数据库系统的典型代表是IBM公司的IMS（Information Management Systems）数据库管理系统，这是一个曾经被广泛使用的数据库管理系统。

在数据库中，满足以下两个条件的数据模型称为层次模型：

（1）有且仅有一个节点无双亲，这个节点称为"根节点"。

（2）其他节点有且仅有一个双亲，但可以有多个后继。

若用图形来表示，层次模型像是一棵倒立的树。节点层次（Level）从根开始定义，根为第一层，称为根节点；节点之间用带箭头的连线连接，连线的上端节点称为父节点或双亲节点，连线的下端称为子节点；同一双亲的子节点称为兄弟节点，没有子节点的节点称为叶节点，如图1-6所示。

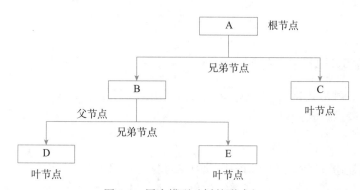

图1-6 层次模型（树的形式）

在这种树形结构中，每个节点表示一个记录型，每个记录型可以包含多个字段。记录型描述的是实体，记录型中的字段描述的是实体的属性。节点间的连线表示记录型之间的联系。层次模型父子节点之间的联系是一对多（$1:n$）的联系。因此，任何一个给定的记录值只有按其路径查看时，才能显出它的全部意义，没有一个子女记录值能够脱离双亲记录值而独立存在。图1-7给出了一个简单的层次模型。层次模型对一对多的层次关系的描述非常自然、直观、容易理解，这是层次数据库的突出优点。

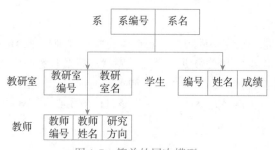

图1-7 简单的层次模型

2. 网状模型

自然界中实体型间的联系更多的是非层次关系，用层次模型表示非层次结构是很不直观的，网状模型则可以克服这一弊病。

在数据库中，满足以下两个条件的数据模型称为网状模型：

（1）允许一个以上的节点无双亲。

（2）一个节点可以有多于一个的双亲，也可以有多个后继。

网状模型数据库系统的典型代表是DBTG系统，也称CODASYL系统，这是20世纪70年代数据系统语言研究会CODASYL（Conference On Data System Language）下属的数据库任务组（DataBase Task Group，DBTG）提出的一个系统方案。若用图形表示，网状模型像是一个网络。图1-8给出了一个简单的网状模型。

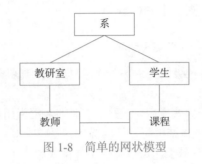

图1-8　简单的网状模型

3. 关系模型

关系模型是目前最重要的一种模型。美国IBM公司的研究员E.F.Codd于1970年发表了题为"大型共享系统的关系数据库的关系模型"的论文，文中首次提出了数据库系统的关系模型。20世纪80年代以来，计算机厂商新推出的数据库管理系统几乎都支持关系模型，非关系模型数据库管理系统的产品大都也加上了关系接口。数据库领域当前的研究工作大都是以关系模型为基础的。本书的重点也将放在关系模型上。本章只简单描述关系模型，具体内容将在后面的章节介绍。

（1）关系模型的数据结构。一个关系模型的数据结构，也称逻辑结构，是一张二维表。它由行和列组成，每一行称为一个元组，每一列称为一个字段。通常在关系模型中将表称为关系。

（2）关系模型的数据操纵与完整性约束。关系模型的数据操纵主要包括查询、插入、删除和更新数据，这些操作必须满足关系的完整性约束条件。关系的完整性约束条件包括三大类：实体完整性、参照完整性和用户定义的完整性，其具体含义将在后面的章节介绍。

（3）关系模型的存储结构。在关系模型中，实体及实体间的联系都用表来表示，这是关系模型的逻辑结构。在数据库的物理组织中，表以文件形式存储，每一个表通常对应一种文件结构，因此关系模型的存储结构就是文件。

（4）关系模型的优缺点。

关系模型的优点：①关系模型与非关系模型不同，它建立在严格的数学概念的基础上；②关系模型的概念单一，无论是实体还是实体之间的联系都用关系来表示，对数据检索的结果也用关系来表示，所以结构简单、清晰，用户易懂易用；③关系模型的存取路径对用户透明，从而具有更高的数据独立性、更好的安全保密性，也简化了程序员的工作和数据库开发与建立的工作，所以关系模型诞生以后发展迅速，深受用户的喜爱。

当然，关系模型也有缺点。其中最主要的缺点是，由于存取路径对用户透明，查询效率往往不如非关系模型。因此，为了提高性能，必须对用户的查询请求进行优化，这增加了开发数据库管理系统的负担。

1.3 数据库系统的结构

从数据库管理系统的角度看，虽然不同的数据库系统的实现方式存在差异，但它们在体系结构上均可表示为三级模式结构；从数据库最终用户角度看，数据库系统的结构分为单用户结构、主从式结构、分布式结构、客户机/服务器结构和浏览器/服务器结构。

1.3.1　数据库系统的内部体系结构

扫一扫，看视频

1. 数据库系统的三级模式结构

数据库系统的三级模式结构是指数据库系统由外模式、模式和内模式三级组成。

（1）外模式。外模式也称子模式或用户模式，它是对数据库用户（包括应用程序员和最终用户）看见和使用的局部数据的逻辑结构与特征的描述，是数据库用户的数据视图，是与某一应用有关的数据的逻辑表示。一个数据库可以有多个外模式。

（2）模式。模式也称逻辑模式、概念模式，是数据库中全体数据的逻辑结构和特征的描述，是所有用户的公用数据视图，不涉及数据的物理存储和硬件环境，也与具体的应用程序、开发语言无关。可以认为模式是对现实世界的一个抽象，所以一个数据库只有一个模式。

（3）内模式。内模式也称存储模式或物理模式，它是对数据物理存储结构的描述，是数据在数据库内部的表示方式。例如，记录以什么存储方式存储、索引按照什么方式组织等。一个数据库只有一个内模式。

2. 数据库的二级映像与数据独立性

数据库系统的三级模式是数据的三个抽象级别，它使用户能专注于数据的逻辑处理，而不必关心数据在计算机内部的存储方式，数据的具体管理和组织由DBMS来实现。数据库系统在这三级模式之间提供了二级映像功能，即外模式/模式映像和模式/内模式映像。正是这二级映像保证了数据库系统的数据能够具有较高的逻辑独立性和物理独立性。

模式描述的是数据的全局逻辑结构，外模式描述的是数据的局部逻辑结构。对应同一个模式可以有任意多个外模式。对于每一个外模式，数据库系统都有一个外模式/模式映像，它定义了该外模式与模式之间的对应关系。当模式改变时（如增加新的数据类型、新的数据项、新的关系等），由数据库管理员对各个外模式/模式的映像做出相应改变，可以使外模式保持不变，从而使应用程序不必修改，保证了数据的逻辑独立性。

数据库中只有一个模式，也只有一个内模式，所以模式/内模式映像是唯一的，它定义了数据全局逻辑结构与存储结构之间的对应关系。当数据库的存储结构改变时（如采用了更先进的存储结构），由数据库管理员对模式/内模式映像做出相应改变，可以使模式保持不变，从而保证了数据的物理独立性。

数据库系统的三级模式和二级映像功能如图1-9所示，不仅保证了数据的逻辑独立性和物理独立性，还简化了用户接口开发，有利于数据共享和数据的安全保密。

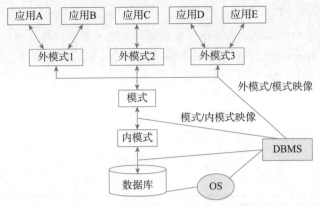

图 1-9　数据库系统的三级模式和二级映像功能

1.3.2　数据库系统的外部体系结构

从数据库最终用户角度来看，数据库系统的体系结构分为单用户结构、主从式结构、分布式结构、客户机/服务器结构和浏览器/服务器结构。

扫一扫，看视频

1. 单用户结构

单用户结构是一种早期的最简单的结构。在这种结构中，整个数据库系统（包括应用程序、DBMS、数据）都装在一台计算机上，由一个用户独占，不同计算机之间不能共享数据。

2. 主从式结构

主从式结构是指一个主机带有多个终端的多用户结构。在这种结构中，数据库系统（包括应用程序、DBMS、数据）都集中存放在主机上，所有处理任务都由主机来完成，各个用户通过主机的终端并发地存取数据库，共享数据资源。

3. 分布式结构

分布式结构是指数据库中的数据在逻辑上是一个整体，但物理分布在计算机网络的不同节点上。网络中的每个节点都可以独立处理本地数据库中的数据，执行局部应用；同时也可以存取和处理多个异地数据库中的数据，执行全局应用。

4. 客户机/服务器结构

主从式数据库系统中的主机和分布式数据库系统中的每个节点机都是一个通用计算机，既执行DBMS功能，又执行应用程序。

随着工作站功能的增强和广泛使用，人们开始把DBMS功能和应用分开，网络中某个（些）节点上的计算机专门用于执行DBMS功能，称为数据库服务器，简称服务器；其他节点上的计算机安装DBMS的外围应用开发工具，支持用户的应用，称为客户机，这就是客户机/服务器结构的数据库系统。

在客户机/服务器结构中，客户端的用户请求被传送到数据库服务器，数据库服务器进行处理后，只将结果（而不是整个数据）返回给用户，从而显著减少网络上的数据传输量，提高系统的性能、吞吐量和负载能力。另外，客户机/服务器结构的数据库往往更加开放。客户机与服务器一般都能在多种不同的硬件和软件平台上运行，可以使用不同厂商的数据库应用开发工具，应用程序具有更强的可移植性，同时也可以减少软件维护开销。

5. 浏览器/服务器结构

客户机/服务器结构的主要缺点是维护升级很不方便，需要在每一个客户机上安装客户端程序，而且一旦应用程序修改，就必须在所有客户机上升级此应用程序。浏览器/服务器结构就是针对这个不足而提出的。

浏览器/服务器结构是瘦客户机模式，由三层结构组成。客户机只要能运行浏览器即可，主要实现用户的输入和输出；应用程序部署在中间的应用程序服务器上，主要负责业务逻辑的处理；数据库运行在数据库服务器上。浏览器/服务器结构配置与维护相对简单，在Internet中得到了最广泛的应用。

1.4 数据库管理系统

数据库管理系统是数据库系统的核心，是为数据库的建立、使用和维护而配置的软件。它建立在操作系统的基础上，是位于操作系统与用户之间的一层数据管理软件，负责对数据库进行统一的管理和控制。用户发出的命令或应用程序中各种操作数据库中数据的命令，都要通过数据库管理系统来执行。数据库管理系统还承担着数据库的维护工作，能够按照数据库管理员所规定的要求，保证数据库的安全性和完整性。

1.4.1 DBMS 的功能

扫一扫，看视频

由于不同DBMS要求的硬件资源、软件环境是不同的，因此其功能与性能也存在差异，一般来说，DBMS的功能主要包括以下6个方面。

（1）数据定义功能。数据定义包括定义构成数据库结构的外模式、模式和内模式，定义各个外模式与模式之间的映射，定义模式与内模式之间的映射，定义有关的约束条件等。例如，为保证数据库中数据具有正确语义而定义的完整性规则，为保证数据库安全而定义的用户口令和存取权限等。

（2）数据操纵功能。数据操纵包括对数据库中数据的检索、插入、修改和删除等基本操作。

（3）数据库运行管理功能。对数据库的运行进行管理是DBMS运行时的核心部分，包括对数据库进行并发控制、安全性检查、完整性约束条件的检查和执行、数据库的内部维护（如索引、数据字典的自动维护）等。所有访问数据库的操作都要在这些控制程序的统一管理下进行，以保证数据的安全性、完整性、一致性，以及多用户对数据库的并发使用。

（4）数据组织、存储和管理功能。数据库中需要存放多种数据，如数据字典、用户数据、存取路径等。DBMS负责分门别类地组织、存储和管理这些数据，确定以何种文件结构和存取方式物理组织这些数据，如何实现数据之间的联系，以便提高存储空间利用率和随机查找、顺序查找、增、删、改等操作的时间效率。

（5）数据库的建立和维护功能。建立数据库包括数据库初始数据的输入与数据转换等。维护数据库包括数据库的转储与恢复、数据库的重组织与重构造、性能的监视与分析等。

（6）数据通信接口功能。DBMS需要提供与其他软件系统进行通信的功能。例如，提供与其他DBMS或文件系统的接口，从而能够将数据转换为另一个DBMS或文件系统能够接收的格式，或者接收其他DBMS或文件系统的数据。

1.4.2 DBMS 的组成

为了提供上述6方面的功能，DBMS通常由以下4个部分组成。

扫一扫，看视频

（1）数据定义语言及其翻译处理程序。DBMS一般都提供数据定义语言（Data Definition Language，DDL）供用户定义数据库的外模式、模式、内模式、各级模式间的映射及有关的约束条件等。用DDL定义的外模式、模式和内模式分别称为源外模式、源模式和源内模式。各种模式翻译程序负责将它们翻译成相应的内部表示，即生成目标外模式、目标模式和目标内模式。

（2）数据操纵语言及其编译（或解释）程序。DBMS提供了数据操纵语言（Data Manipulation Language，DML）来实现对数据库的检索、插入、修改及删除等基本操作。DML分为宿主型DML和自主型DML两类。宿主型DML本身不能独立使用，必须嵌入主语言中，如嵌入C、COBOL、FORTRAN等高级语言中。自主型DML又称为自含型DML，它们是交互式命令语言，语法简单，可以独立使用。

（3）数据库运行控制程序。DBMS提供了一些负责数据库运行过程中控制与管理的系统运行控制程序，包括系统初启程序、文件读写与维护程序、存取路径管理程序、缓冲区管理程序、安全性控制程序、完整性检查程序、并发控制程序、事务管理程序、运行日志管理程序等。它们在数据库运行过程中监视对数据库的所有操作，控制管理数据库资源，处理多用户的并发操作等。

（4）实用程序。DBMS通常还提供一些实用程序，包括数据初始装入程序、数据转储程序、数据库恢复程序、性能监测程序、数据库再组织程序、数据转换程序、通信程序等。数据库用户可以利用这些实用程序完成数据库的建立与维护，以及数据格式的转换与通信。

1.5 关系模型的定义和数据结构

系统而严格地提出关系模型的是美国IBM公司的E.F.Codd，他于1970年提出关系数据模型之后，进一步提出了关系代数和关系演算的概念，并于1972年提出了关系的第一范式、第二范式、第三范式。

20世纪80年代后，关系数据库系统成为最重要、最流行的数据库系统。典型商用系统有Oracle、SQL Server、DB2、MySQL、Sybase、Informix、Access等。

关系模型是以集合代数理论为基础的，因此，可以用集合代数给出"关系"的定义。关系数据结构的基本概念有关系、关系模式、关系数据库。

1.5.1 关系的定义

1.域

定义：域是一组具有相同数据类型的值的集合。例如：

学生集合={李勇，刘晨，王敏，……}

教师集合={张清，刘逸，……}

班级集合={计算机班级，信管班级}

2. 笛卡儿积（Cartesian Product）

给定一组域D_1，D_2，$\cdots$，D_n，D_1，D_2，$\cdots$，D_n的笛卡儿积为

$$D_1 \times D_2 \times \cdots \times D_n = \{(d_1, d_2, \cdots, d_n) \mid d_i \in D_i, i=1, 2, \cdots, n\}$$

注意：

- 所有域的所有取值的一个组合。
- 不能重复。

笛卡儿积中每一个元素$(d_1, d_2, \cdots, d_n)$叫作一个n元组（n-tuple），简称元组。笛卡儿积元素$(d_1, d_2, \cdots, d_n)$中的每一个值d_i叫作一个分量。

若D_i（$i=1, 2, \cdots, n$）为有限集，其基数为m_i（$i=1, 2, \cdots, n$），则$D_1 \times D_2 \times \cdots \times D_n$的基数$M$为

$$M = \prod_{i=1}^{n} m_i$$

【例1-1】给出3个域，求这3个域的笛卡儿积

扫一扫，看视频

教师集合D_1={张清，刘逸}

班级集合D_2={计算机班级，信管班级}

学生集合D_3={李勇，刘晨，王敏}

则D_1、D_2、D_3的笛卡儿积为：

$D_1 \times D_2 \times D_3 =$

{(张清，计算机班级，李勇)，(张清，计算机班级，刘晨)，

(张清，计算机班级，王敏)，(张清，信管班级，李勇)，

(张清，信管班级，刘晨)，(张清，信管班级，王敏)，

(刘逸，计算机班级，李勇)，(刘逸，计算机班级，刘晨)，

(刘逸，计算机班级，王敏)，(刘逸，信管班级，李勇)，

(刘逸，信管班级，刘晨)，(刘逸，信管班级，王敏)}

- 基数M=2×2×3=12，即$D_1 \times D_2 \times D_3$共有2×2×3=12个元组。
- 笛卡儿积的表示方法为二维表。表中的每行对应一个元组，表中的每列对应一个域。例1-1中的12个元组可列成一张二维表（见表1-1）。

表 1-1　D_1、D_2、D_3的笛卡儿积

教　师	班　级	学　生
张清	计算机班级	李勇
张清	计算机班级	刘晨
张清	计算机班级	王敏
张清	信管班级	李勇
张清	信管班级	刘晨
张清	信管班级	王敏
刘逸	计算机班级	李勇
刘逸	计算机班级	刘晨
刘逸	计算机班级	王敏
刘逸	信管班级	李勇
刘逸	信管班级	刘晨
刘逸	信管班级	王敏

3. 关系

笛卡儿积是没有实际语意的，只有它的子集（关系）才有实际意义。

关系：$D_1 \times D_2 \times \cdots \times D_n$ 的子集叫作在域 D_1，D_2，$\cdots$，D_n 上的关系，表示为 $R(D_1, D_2, \cdots, D_n)$。

其中，R 表示关系名；n 表示关系的目或度（Degree）。

注意：关系是笛卡儿积的有限子集。无限关系在数据库系统中是无意义的。

虽然笛卡儿积不满足交换律，即 $(d_1, d_2, \cdots, d_n) \neq (d_2, d_1, \cdots, d_n)$，但关系满足交换律，即 $(d_1, d_2, \cdots, d_i, d_j, \cdots, d_n) = (d_1, d_2, \cdots, d_j, d_i, \cdots, d_n)$。关系中不同列可以对应相同的域，为了加以区别，必须对关系的每个列（域）附加一个属性名以取消关系元组的有序性。

4. 关系的性质

（1）列是同质的，即每一列中的分量是同一类型的数据，来自同一个域。

（2）不同的列可出自同一个域，称其中的每一列为一个属性，不同的属性要给予不同的属性名。

（3）列的次序可以任意交换。

（4）任意两个元组不能完全相同。

（5）行的次序可以任意交换。

（6）分量必须取原子值，即每一个分量都必须是不可再分的数据项。这是规范条件中最基本的一条。

1.5.2 关系模型的数据结构

在用户看来，一个关系模型的逻辑结构是一个二维表，它由行和列组成。例如，表1-2中的学生记录就是一个关系模型，它涉及下列概念。

扫一扫，看视频

- 关系：一个关系对应一个二维表，表1-2中的这个学生记录表就是一个关系。
- 元组：图中的一行称为一个元组，如果表1-2有20行，就表示有20个元组。
- 属性：图中的一列称为一个属性，表1-2有5列，对应5个属性：学号、姓名、性别、出生日期和班级编号。
- 码：表中的某个属性（组），如果它可以唯一确定一个元组，则称该属性组为"候选码"。若一个关系有多个候选码，则选定其中一个为主码。如表1-2中的学号列，可以作为该学生关系的主码来唯一标识一个学生的信息。
- 主属性和非主属性：包含在候选码中的各个属性称为主属性；不包含在任何候选码中的属性称为非主属性。
- 域：属性的取值范围。如表1-2中学生性别的域是（男，女）。
- 分量：元组中的一个属性值。
- 关系模式：关系模式（Relation Schema）是对关系的描述，即表的数据结构。

关系模式通常可以简记为 $R(U)$ 或 $R(A_1, A_2, \cdots, A_n)$。

其中，R 为关系名；U 为组成该关系的属性名集合；A_1，A_2，$\cdots$，A_n 为属性名。

注意：域名及属性通常直接说明为属性的类型、长度。

表1-2的学生关系模式可描述为学生（学号，姓名，性别，出生日期，班级编号）。

表 1-2　学生关系

学　　号	姓　　名	性　　别	出生日期	班级编号
9601001	岳艳玲	女	1977-08-21	9601
9601002	罗军	男	1975-11-05	9601
9601003	张英	女	1977-09-07	9601
9601004	王静波	男	1976-02-03	9601
9601005	蔡尧	男	1974-06-23	9601

在关系模型中，关系模式是对关系的描述，即型，它是静态的、稳定的；关系是关系模式在某一时刻的状态或内容（具体的表的值），即值，它是动态的、随时间不断变化的。在实际中，常常把关系模式和关系统称为关系，可以通过上下文来加以区别。

1.5.3　关系的完整性

扫一扫，看视频

关系模型的完整性规则是对关系的某种约束条件。关系模型中有三类完整性约束，即实体完整性、参照完整性和用户定义的完整性。其中，实体完整性和参照完整性是关系模型必须满足的完整性约束条件，被称作关系的两个不变性，任何关系数据库系统都应该自动支持这两类完整性。

1. 实体完整性（Entity Integrity）

若属性A是基本关系R的主属性，则属性A不能取空值。

例如，学生（学号，姓名，……），学号属性为主属性，则学号不能取空值。

关系模型必须遵守实体完整性规则的原因如下：

（1）实体完整性规则是针对基本关系而言的。一个基本表通常对应现实世界的一个实体集或多对多联系。

（2）现实世界中的实体和实体间的联系都是可区分的，即它们具有某种唯一性标识。

（3）相应地，关系模型中以主码作为唯一性标识。

（4）主码中的属性即主属性不能取空值。空值就是"不知道"或"无意义"的值。主属性取空值，说明存在某个不可标识的实体，即存在不可区分的实体，这与第（2）点相矛盾，因此这个规则称为实体完整性。

2. 参照完整性

（1）关系间的引用。在关系模型中，实体和实体之间的联系都是用关系来描述的，因此可能存在着关系与关系间的引用。

例如，学生实体、班级实体及班级与学生间的一对多联系（见表1-2和表1-3）。

学生（学号，姓名，性别，出生日期，班级编号）

班级（班级编号，班级名称）

表 1-3　班级关系

班级编号	班级名称
9601	96 计算机
9602	96 财会
9701	97 计算机
9702	97 财会

（2）外码（Foreign Key）。设F是基本关系R的一个或一组属性，但不是关系R的主码。如果F与基本关系S的主码Ks相对应，则称F是基本关系R的外码。其中，R称为参照关系（Referencing Relation），S称为被参照关系（Referenced Relation）或目标关系（Target Relation）。

例如：

学生（学号，姓名，性别，出生日期，**班级编号**）

班级（**班级编号**，班级名称）

- 基本关系R（学生）的外码是班级编号，称为参照关系。
- 基本关系S（班级）的主码是班级编号，称为被参照关系。

注意：

- 关系R和S不一定是不同的关系。
- 被参照关系S的主码Ks和参照关系的外码F必须定义在同一个（或一组）域上。
- 外码并不一定要与相应的主码同名。但当外码与相应的主码属于不同关系时，往往取相同的名字以便于识别。

（3）参照完整性。若属性（或属性组）F是基本关系R的外码，它与基本关系S的主码Ks相对应，则对于R中每个元组在F上的值必须等于S中某个元组的主码值或者取空值。

例如：

学生（学号，姓名，性别，出生日期，**班级编号**）

班级（**班级编号**，班级名）

学生关系中每个元组的"班级编号"的取值必须是班级关系中每个元组的"班级编号"的某个值，否则就表示把学生分配到一个不存在的班级，这样做显然不符合语义。如果允许某个学生的"班级编号"为空，则表示该学生尚未分配到某一个班级。

3. 用户定义的完整性

用户定义的完整性是针对某一具体关系数据库的约束条件，反映某一具体应用所涉及的数据必须满足的语义要求。关系模型应提供定义和检验这类完整性的机制，以便用统一的系统的方法处理它们，而不要由应用程序承担这一功能。

例如：

课程（**课程号**，课程名，学分）

"课程号"属性必须取唯一值，非主属性"课程名"也不能取空值，"学分"属性只能取值{1，2，3，4}。

1.6 关系代数

关系模型中常用的关系操作包括查询操作和更新操作（即插入、删除和修改）两大部分，其中查询的表达能力是关系操作中最主要的部分。

关系操作采用集合操作方式，即操作的对象和结果都是集合；而非关系型数据库的数据操作方式则为一次一记录的方式。关系代数是一种抽象的查询语言，用对关系的运算来表达查询要求。关系代数运算的三个要素分别是运算对象、运算结果和运算符，其中运算对象和运算结果都是关系，运算符主要包括4类（见表1-4）。

表1-4 关系代数运算符

运 算 符		含 义	运 算 符		含 义
集合运算符	∪	并	比较运算符	>	大于
	−	差		≥	大于等于
	∩	交		<	小于
	×	广义笛卡儿积		≤	小于等于
专门的关系运算符	σ	选择		=	等于
	π	投影		≠	不等于
	⋈	连接	逻辑运算符	∧	与
	÷	除		∨	或
				¬	非

1.6.1 传统的集合运算

传统的集合运算是二目运算，包括并、交、差和广义笛卡儿积4种运算。

设关系R和关系S具有相同的目n（即两个关系都具有n个属性），且相应的属性取自同一个域，表示记号如下。

（1）R，$t \in R$，$t[A_i]$。设关系模式为$R(A_1, A_2, \cdots, A_n)$，它的一个关系设为R。$t \in R$表示t是R的一个元组，$t[A_i]$表示元组t中相应于属性A_i的一个分量。

（2）$\widehat{t_r t_s}$。R为n目关系，S为m目关系。$t_r \in R$，$t_s \in S$，$\widehat{t_r t_s}$称为元组的连接。它是一个$n+m$列的元组，前n个分量为R中的一个元组，后m个分量为S中的一个元组。

4种运算定义如下。

1. 并

关系R与关系S的并运算结果由属于R或属于S的元组组成，即R和S的所有元组合并，删掉重复元组后组成一个结果关系。结果关系仍为n目关系，记作$R \cup S$。R和S具有相同的目n（即两个关系都有n个属性），相应的属性取自同一个域。

$$R \cup S = \{ t | t \in R \lor t \in S \}$$

2. 交

关系R与关系S的交运算结果由既属于R又属于S的元组组成，其结果关系仍为n目关系，记作$R \cap S$。

$$R \cap S = \{ t | t \in R \land t \in S \}$$

3. 差

关系R与关系S的差运算结果由属于R而不属于S的所有元组组成，其结果关系仍为n目关系，记作$R–S$。

$$R–S = \{ t | t \in R \land t \notin S \}$$

4. 广义笛卡儿积

R为n目关系，有k_1个元组，S为m目关系，有k_2个元组，则$R \times S$是一个$n+m$列的元组的集合，有$k_1 \times k_2$个元组，元组的前n列是关系R的一个元组，后m列是关系S的一个元组。

$$R \times S = \{ t_r t_s | t_r \in R \land t_s \in S \}$$

在这4种运算中，两个关系的并和差运算为基本运算（即不能用其他运算表达的运算）；而交运算为非基本运算，可以用差运算来表示：$R \cap S = R - (R - S)$；广义的笛卡儿积可用于两个关系的连接操作，稍后会详细介绍。

【例1-2】传统的集合运算

扫一扫，看视频

图1-10（a）和图1-10（b）表示关系R和S，则$R \cup S$、$R - S$、$R \cap S$、$R \times S$的结果分别如图1-10（c）～图1-10（f）所示。

A	B	C
a_1	b_1	c_1
a_1	b_2	c_2
a_2	b_2	c_1

（a）R

A	B	C
a_1	b_2	c_2
a_1	b_3	c_2
a_2	b_2	c_1

（b）S

A	B	C
a_1	b_1	c_1
a_1	b_2	c_2
a_1	b_3	c_2
a_2	b_2	c_1

（c）$R \cup S$

A	B	C
a_1	b_1	c_1

（d）$R - S$

A	B	C
a_1	b_2	c_2
a_2	b_2	c_1

（e）$R \cap S$

A	B	C	A	B	C
a_1	b_1	c_1	a_1	b_2	c_2
a_1	b_1	c_1	a_1	b_3	c_2
a_1	b_1	c_1	a_2	b_2	c_1
a_1	b_2	c_2	a_1	b_2	c_2
a_1	b_2	c_2	a_1	b_3	c_2
a_1	b_2	c_2	a_2	b_2	c_1
a_2	b_2	c_1	a_1	b_2	c_2
a_2	b_2	c_1	a_1	b_3	c_2
a_2	b_2	c_1	a_2	b_2	c_1

（f）$R \times S$

图1-10　传统的集合运算

1.6.2　专门的关系运算

专门的关系运算包括选择、投影、连接、除等。

1. 选择（Selection）

选择运算是单目运算，它在关系R中选择满足给定条件的元组，组成一个新的关系，记作：

$$\sigma_F(R) = \{ t | t \in R \land F(t) = '真' \}$$

其中，F是选择条件，它是由运算对象（属性名、常数、简单函数）、比较运算符（>、≥、<、

≤、=或 ≠）和逻辑运算符（∧、∨、¬）连接起来的逻辑表达式，结果为逻辑值"真"或"假"。

因此，选择运算实际上是从关系R中选取使逻辑表达式F为真的元组。这是从行的角度进行的运算。

设有一个学生–课程关系数据库，包括学生关系S、课程关系C和选修关系SC，如图1-11所示。后面的例题将对这三个关系进行运算。

学号 S#	姓名 SN	性别 SS	年龄 SA	所在系 SD
000101	李晨	男	18	信息系
000102	王博	女	19	数学系
010101	刘思思	女	18	信息系
010102	王国美	女	20	物理系
020101	范伟	男	19	数学系

（a）学生关系 S

课程号 C#	课程名 CN	学分 CC
1	数学	6
2	英语	4
3	计算机	4
4	制图	3

（b）课程关系 C

学号 S#	课程号 C#	成绩 G
000101	1	90
000101	2	87
000101	3	72
010101	1	85
010101	2	42
020101	3	70

（c）选修关系 SC

图 1-11　学生 – 课程关系数据库

【例1-3】查询数学系学生的信息

扫一扫，看视频

或

$$\sigma_{SD='数学系'}(S)$$

$$\sigma_{5='数学系'}(S)$$　　（其中5为属性SD的序号）

结果如表1-5所示。

表 1-5　查询数学系学生的信息

学号 S#	姓名 SN	性别 SS	年龄 SA	所在系 SD
000102	王博	女	19	数学系
020101	范伟	男	19	数学系

【例1-4】查询年龄小于20的学生信息

扫一扫，看视频

或

$$\sigma_{SA<20}(S)$$

$$\sigma_{4<20}(S)$$

结果如表1-6所示。

表 1-6　查询年龄小于 20 的学生信息

学号 S#	姓名 SN	性别 SS	年龄 SA	所在系 SD
000101	李晨	男	18	信息系
000102	王博	女	19	数学系
010101	刘思思	女	18	信息系
020101	范伟	男	19	数学系

2. 投影（Projection）

投影运算也是单目运算，关系 R 上的投影是从 R 中选择出若干属性列，组成新的关系。记作：

$$\pi_A(R) = \{ t[A] \mid t \in R \}$$

其中，A 为 R 中的属性列。

投影操作是从列的角度进行的运算。投影后不仅取消了原关系中的某些列，而且还可能取消某些元组，因为取消了某些属性列后，就可能出现重复行，应取消这些完全相同的行。

【例 1-5】查询学生的学号和姓名

或
$$\pi_{S\#, SN}(S)$$
$$\pi_{1, 2}(S)$$

扫一扫，看视频

结果如表 1-7 所示。

表 1-7　查询学生的学号和姓名

学号 S#	姓名 SN
000101	李晨
000102	王博
010101	刘思思
010102	王国美
020101	范伟

【例 1-6】查询学生的所在系，即查询学生关系 S 在所在系属性上的投影

或
$$\pi_{SD}(S)$$
$$\pi_5(S)$$

扫一扫，看视频

结果如表 1-8 所示。

表 1-8　查询结果

所在系 SD
信息系
数学系
物理系

3. 连接（Join）

连接是二目运算，也称为 θ 连接。连接运算的含义是从两个关系的笛卡儿积中选取属性间满足一定条件的元组，记作：

$$R \underset{A\theta B}{\bowtie} S = \widehat{\{t_r t_s} \mid t_r \in R \wedge t_s \in S \wedge t_r[A]\theta t_s[B]\}$$

其中，A和B分别为R和S上度数相等且可比的属性组；θ为比较运算符，连接运算从R和S的广义笛卡儿积$R \times S$中，选取R关系在A属性组上的值与S关系在B属性组上值满足比较关系的元组。两类比较常用的连接是等值连接和自然连接。

（1）等值连接。θ为"＝"的连接运算，称为等值连接。等值连接的含义为

$$R \underset{A=B}{\bowtie} S = \{\widehat{t_r t_s} \mid t_r \in R \wedge t_s \in S \wedge t_r[A] = t_s[B]\}$$

（2）自然连接。自然连接是一种特殊的等值连接，两个关系中进行比较的分量必须是相同的属性组，在结果中把重复的属性列去掉，所以是同时从行和列的角度进行运算。

$$R \bowtie S = \{\widehat{t_r t_s} \mid t_r \in R \wedge t_s \in S \wedge t_r[B] = t_s[B]\}$$

结合上例，可以看出等值连接与自然连接的区别如下：

（1）等值连接中不要求相等属性值的属性名相同，而自然连接要求相等属性值的属性名必须相同，即两个关系只有同名属性才能进行自然连接。如例1-6 R中的C列和S中的D列可进行等值连接；但因为属性名不同，不能进行自然连接。

（2）在连接结果中，等值连接不将重复属性去掉，而自然连接去掉重复属性，也可以说，自然连接是去掉重复列的等值连接。如例1-6 R中的B列和S中的B列进行等值连接时，结果有两个重复的属性列B；而进行自然连接时，结果只有一个属性列B。

扫一扫，看视频

【例1-7】查询选修2号课程的学生的学号

$$\pi_{S\#} (\sigma_{C\#='2'} (SC))$$

扫一扫，看视频

【例1-8】查询选修3号课程的学生的姓名

$$\pi_{SN} (\sigma_{C\#='3'} (SC \bowtie S))$$

扫一扫，看视频

【例1-9】查询选修数学课的学生的姓名和成绩

$$\pi_{SN,G} (\sigma_{CN='数学'} (C \bowtie SC \bowtie S))$$

4. 除（Division）

给定关系$R (X, Y)$和$S (Y, Z)$，其中X、Y、Z为属性组。R中的Y与S中的Y可以有不同的属性名，但必须出自相同的域集。R与S的除运算得到一个新的关系$P(X)$，P是R中满足下列条件的元组在X属性列上的投影：元组在X上分量值x的像集Y_x包含S在Y上投影的集合。记作：

$$R \div S = \{t_r[X] \mid t_r \in R \wedge \prod_Y(S) \subseteq Y_x\}$$

【例1-10】已知关系R与S，求$R \div S$

已知关系R与S，如图1-12（a）和图1-12（b）所示，则$R \div S$如图1-12（c）所示。

本题中，$X=\{A,B\}$，$Y=\{C,D\}$，$Z=\{F\}$。R中元组在X上各个分量值的像集中只有分量(a_1,b_2)的像集为$\{(c_3,d_4), (c_4,d_5)\}$，包含S在Y上投影的集合$\{(c_3,d_4), (c_4,d_5)\}$，所以$R \div S = \{a_1,b_2\}$。

除法运算经常用于求解"查询……全部的/所有的……"问题。

【例1-11】查询选修全部课程的学生的学号和姓名

$$\pi_{S\#,C\#}(SC) \div \pi_{C\#}(C) \bowtie \pi_{S\#,SN}(S)$$

扫一扫，看视频

A	B	C	D
a_1	b_2	c_3	d_4
a_1	b_2	c_4	d_5
a_2	b_3	c_1	d_1
a_3	b_1	c_7	d_2

(a) R

C	D	F
c_3	d_4	f_2
c_4	d_5	f_3

(b) S

A	B
a_1	b_2

(c) $R \div S$

图 1-12 除运算

1.7 习题

一、选择题

1. _____是位于用户与操作系统之间的一层数据管理软件。数据库在建立、使用和维护时由其统一管理、统一控制。

    A. DBMS　　　　　　B. DB　　　　　　C. DBS　　　　　　D. DBA

2. 关于数据库系统和数据库管理系统，下列说法正确的是_____。

    A. 数据库系统和数据库管理系统指的是同一软件产品

    B. 数据库系统和数据库管理系统指的是不同软件产品

    C. 数据库管理系统是软件产品，而数据库系统不仅仅是软件产品

    D. 数据库系统是软件产品，而数据库管理系统不仅仅是软件产品

3. 数据库应用系统由数据库、数据库管理系统（及其开发工具）、应用系统、_____和用户构成。

    A. DBMS　　　　　　B. DB　　　　　　C. DBS　　　　　　D. DBA

4. 关于三级模式，下列说法不正确的是_____。

    A. 概念模式又称为全局模式　　　　　　B. 概念模式又称为逻辑模式

    C. 内模式又称为存储模式　　　　　　D. 内模式又称为局部模式

5. 关于数据独立性，下列说法正确的是_____。

    A. 外模式到概念模式的映像实现了数据的逻辑独立性

    B. 外模式到内模式的映像实现了数据的逻辑独立性

    C. 概念模式到内模式的映像实现了数据的逻辑独立性

    D. 以上说法均不正确

6. 在关系数据模型中，下列关于候选码说法正确的是_____。

    A. 可由多个任意属性组成

    B. 只能包含一个属性

    C. 可由其值能唯一标识该关系中任何元组的一个或多个属性组成

    D. 以上说法均不正确

7. 现有如下关系：患者（患者编号，患者姓名，性别，出生日期），医疗（患者编号，患者姓名，医生编号，医生姓名，诊断日期）。其中，"医疗"关系中的外键是_____。

　　A. 患者编号　　　　　　　　　B. 患者姓名

　　C. 患者编号和患者姓名　　　　D. 医生编号

二、填空题

1. 数据库就是长期存储在计算机内_____、_____的数据集合。

2. 数据管理技术经历了_____、_____和_____三个发展阶段。

3. 数据模型通常都是由_____、_____和_____三个要素组成。

4. 目前最常用的数据模型有_____、_____和_____。20世纪80年代以来，_____逐渐占主导地位。

5. 在关系数据模型中，实体及实体间的联系都用_____来表示。在数据库的物理组织中，它以_____形式存储。

6. 常用的关系操作有两类：传统的集合操作，如并、交、差和_____；专门的关系操作，如_____、_____、_____和除等。

7. 关系数据库的完整性约束包括_____、_____和_____三类。

8. 参照完整性规则是指表的_____必须是另一个表主键的有效值，或者是空值。

三、简答题

1. 常用的三种数据模型的数据结构各有什么特点？

2. 图书管理数据库用来管理图书、读者及借阅信息。图书按唯一的图书编号进行检索，需要记录图书名、作者、出版社、出版日期、价格等基本信息。读者按照其唯一的编号进行检索，需要记录读者的姓名、身份证号、级别等基本信息。一个读者可以借多本图书，一本图书也可以供多个读者借阅。请用E-R图画出该图书管理数据库的概念模型。

3. 从数据库管理系统的角度看，数据库系统的三级模式结构是什么？

4. 数据库管理系统有哪些主要功能？

5. 关系模型的完整性规则有哪几类？

6. 常用的关系数据库有哪些？

7. 常用的关系运算有哪些？

四、关系代数运算

有以下4个关系（见表1-9～表1-12）。

试用关系代数完成下列操作：

1. 求供应商供应的商品的零件号。

2. 求供应商S5供应的商品的零件号。

3. 求供应工程J1零件的供应商号。

4. 求供应工程J1零件P1的供应商号。

5. 求供应工程J1红色零件的供应商号。

表 1-9　S（供应商）

SNO（供应商号）	SNAME（供应商姓名）	CITY（供应商所在城市）
S1	精益	天津
S2	万胜	北京

SNO（供应商号）	SNAME（供应商姓名）	CITY（供应商所在城市）
S3	东方	北京
S4	丰泰	上海
S5	康健	南京

表 1-10　P（零件）

PNO（零件号）	PNAME（零件名称）	COLOR（零件颜色）	WEIGHT（零件重量）
P1	螺母	红	12
P2	螺栓	绿	17
P3	螺丝刀	蓝	14
P4	螺丝刀	红	14
P5	凸轮	蓝	40

表 1-11　J（项目）

JNO（项目号）	JNAME（项目名称）	CITY（项目所在城市）
J1	三建	北京
J2	一汽	长春
J3	弹簧厂	天津
J4	造船厂	天津
J5	机车厂	唐山
J6	无线电厂	常州

表 1-12　SPJ（供应情况）

SNO（供应商号）	PNO（零件号）	JNO（项目号）	QTY（供应数量）
S1	P1	J1	200
S1	P1	J3	100
S1	P1	J4	700
S1	P2	J2	100
S2	P3	J1	400
S2	P3	J2	200
S2	P3	J4	500
S2	P3	J5	400
S2	P5	J1	400
S2	P5	J2	100
S3	P1	J1	200
S3	P3	J1	200
S4	P5	J1	100
S5	P6	J2	200
S5	P6	J4	500

2

SQL Server 2019
操作实战篇

第 2 章

走进 SQL Server 2019

学习目标

　　SQL Server 作为关系数据库的典型代表，不但高度成熟和稳定，而且不断融合技术发展新趋势，功能日益全面，在如今各类关键系统的设计和架构中，仍然占据着核心地位。本章主要介绍 SQL Server 2019 的版本特性、安装方法，以及如何创建数据库和数据表。通过本章的学习，读者应该掌握以下内容：

- SQL Server 2019 的特性
- SQL Server 2019 的版本
- SQL Server 2019 的安装
- 创建数据库和数据表

内容浏览

2.1　SQL Server 2019 的特性

SQL Server是关系数据库中的典型代表。经过长达数十年的发展和磨砺，SQL Server 已经集传统行存储、可更新的列存储、内存表、图数据库、机器学习等领先功能于一身，既成熟稳定又非常全面，尤其SQL Server 2017更是将此款数据库带入了广阔的 Linux 世界，进一步拓展了它的潜在客户群体和使用场景。仅仅两年时间，2019年11月7日在Microsoft Ignite 2019大会上，微软正式发布了新一代数据库产品SQL Server 2019。

SQL Server 2019 在早期版本的基础上构建，旨在将 SQL Server 发展成一个平台，以提供开发语言、数据类型、本地或云环境以及操作系统选项。它还为SQL Server引入了大数据群集，为SQL Server数据库引擎、SQL Server Analysis Services、SQL Server 机器学习服务、Linux 上的 SQL Server 和 SQL Server Master Data Services 提供了附加功能和改进。

2.1.1　SQL Server 2019 的主要组件

1. 数据库引擎（Database Engine）

数据库引擎是用于存储、处理、保护数据的核心服务，也是管理关系数据和XML数据的工具。利用数据库引擎可控制访问权限并快速处理事务，从而满足企业内大多数需要处理大量数据的应用程序的要求。

2. 分析服务（Analysis Services）

分析服务包括用于创建和管理联机分析处理（OLAP）以及数据挖掘应用的工具。分析服务在日常的数据库设计操作中应用并不是很广泛，在大型的商业智能项目中才会涉及分析服务。在使用SSMS连接服务器时，可以选择服务器类型 Analysis Services 进入分析服务。

3. 报表服务（Reporting Services）

报表服务提供了各种现成可用的工具和服务，帮助数据库管理员创建、部署和管理表格报表、矩阵报表、图形报表以及自由格式报表等，并提供了能够扩展和自定义报表功能的开发平台。

4. 集成服务（Integration Services）

集成服务是一个数据集成平台，负责完成有关数据的移动、复制和转换等操作。使用集成服务可以高效地处理各种各样的数据源，如SQL Server、Oracle、Excel、XML文档、文本文件等。这个服务为构建数据仓库提供了强大的数据清理、转换、加载与合并等功能。

5. 主数据服务（Master Data Services）

主数据服务用来从多种数据源收集企业数据，然后应用标准的规则和业务流程，建立独立的订阅视图，最终把这些"高质量"版本的数据分发给企业各系统，从而使所有的用户可以访问。用户可以用MDS创建一个集中的、同步的数据源集成架构来减少数据的冗余。

6. 机器学习服务（Machine Learning Services）

机器学习服务是 SQL Server 中一项支持使用关系数据运行 Python 和 R 脚本的功能。可以使用开源包和框架，以及Microsoft Python包和R包进行预测分析和机器学习。脚本在数据库中执行，而不是将数据移动到SQL Server外部或网络上。

2.1.2 SQL Server 2019 的优点

1. 数据虚拟化和SQL Server 2019大数据群集

SQL Server大数据群集可深度集成行业标准大数据源，并利用PolyBase功能实现数据虚拟化，可以使用 PolyBase 访问SQL Server、Oracle、Teradata 和 MongoDB 中的外部数据，可从外部数据源中读取数据的称T-SQL（Transact-SQL）查询，而无须移动或复制数据。

大数据集群基于多种不同的技术，包括Docker容器、Apache Spark、Hadoop和Kubernetes中的SQL Server on Linux。从SQL Server 2019（15.x）开始，借助 SQL Server大数据群集可部署在Kubernetes上运行的SQL Server、Spark和 HDFS容器的可缩放群集。这些组件并行运行以确保可读取、写入和处理 T-SQL或Spark中的大数据，这样就可以借助大量大数据轻松合并及分析高价值关系数据。

2. 智能数据库

SQL Server 2019（15.x）是在早期版本中的创新基础上构建的，旨在提供开箱即用的业界领先性能。从智能查询处理到对永久性内存设备的支持，SQL Server智能数据库功能提高了所有数据库工作负荷的性能和可伸缩性，用户只需升级到SQL Server 2019，无须进行任何应用程序或数据库设计更改，即可实现软件巨大的性能提升，具备智能查询处理、数据库加速恢复等功能。

3. 一流的开发人员体验

通过开源支持，用户可以灵活选择语言和平台构建具有创新功能的现代化应用程序，在支持Kubernetes的Linux容器上或在Windows上运行SQL Server。支持使用UTF-8字符进行导入和导出编码，以及用作数据库级或列级排序规则。除了用R和Python编写的代码外，开发人员还可以在SQL Server脚本和存储过程中执行Java代码。

2.2 SQL Server 2019 的安装版本

扫一扫，看视频

微软 SQL Server 2019包括以下4个版本，分别是企业版（Enterprise）、标准版（Standard）、快速版（Express）和开发人员版本（Developer）。

（1）企业版：一个全面的数据管理与商业智能平台，为关键业务应用提供企业级的可扩展性、数据仓库，用于商业智能和高级分析工作，其规模、安全性、高可用性和领先性能决定了其可作为大型Web站点、企业联机事务处理（OLTP）以及数据仓库等系统的数据库服务器。

（2）标准版：通过大数据群集为中层应用程序和数据市场提供丰富的编程功能、安全创新和快速的性能。无须更改任何代码即可轻松升级到企业版本。

（3）快速版：适用于学习、开发或部署较小规模的 Web 和应用程序服务器，适用于小型服务器应用程序的开发和生产，最大可达10GB。免费提供。

（4）开发人员版本：包含了企业版全部的完整功能，但该版本仅能用于非生产型开发、测试和演示用途，并不允许部署到生产环境中。基于这一版本开发的应用和数据库可以很容易地升级到企业版。

这4个版本的主要区别在于服务器的CPU数量、内存数量及对大数据的支持等，详细对比如图2-1所示。

感兴趣的读者可以参考微软公司官方文档，网址为https://docs.microsoft.com/zh-cn/sql/sql-server/editions-and-components-of-sql-server-version-15?view=sql-server-ver15。

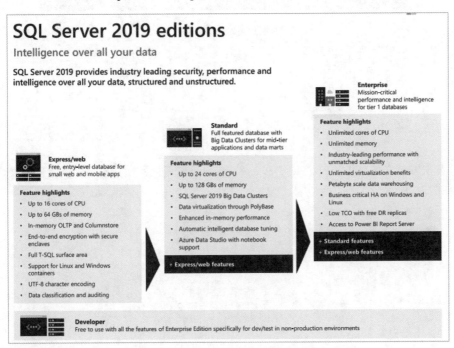

图 2-1　SQL Server 2019 的 4 个版本的对比

2.3　SQL Server 2019 的安装

根据应用程序的需要，安装要求可能有很大不同。微软公司官网提供了 180 天的 Windows SQL Server 2019 免费试用和云上的 SQL Server，也可以下载快速版和开发人员版本安装，或者在 Windows、Linux 和 Docker 容器上安装 SQL Server 2019。本章以开发人员版本安装为例，介绍该版本的下载、安装，以及集成管理客户端 SQL Server Management Studio（以下简称SSMS）的安装，具体步骤如下。

2.3.1　下载安装开发人员版本

（1）登录官网（https://www.microsoft.com/zh-cn/sql-server/sql-server-downloads），选择免费版本，直接单击"立即下载"按钮，如图2-2所示。

扫一扫，看视频

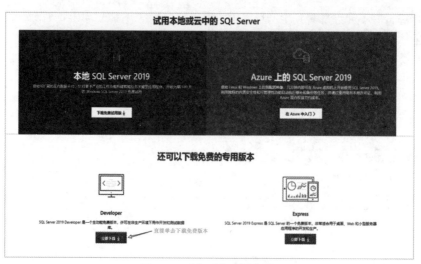

图 2-2　下载开发人员版本

（2）右击安装文件SQL2019-SSEI-Dev.exe，在弹出的快捷菜单中选择"以管理员身份运行"命令，如图2-3所示。

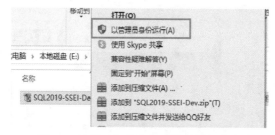

图 2-3　选择"以管理员身份运行"命令

（3）选择"基本(B)"安装类型，如图2-4所示。

图 2-4　选择"基本 (B)"安装类型

（4）选择语言"中文(简体)"，然后单击"接受"按钮，如图2-5所示。

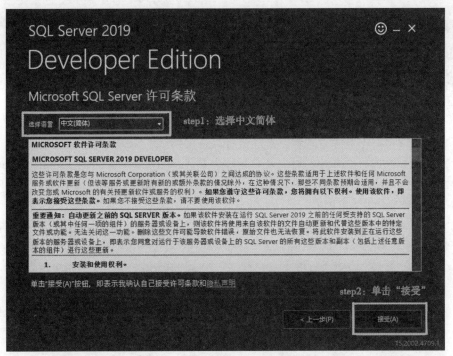

图 2-5　选择"中文 (简体)"

（5）根据自己的需求，选择合适的安装路径，最后单击"安装"按钮，如图2-6所示。

图 2-6　选择合适的安装路径

（6）等待安装完成，如果出现安装失败，则关闭，返回安装步骤（3），重新安装即可。

扫一扫，看视频

2.3.2　下载安装 SSMS

　　SSMS是一种功能丰富的集成管理客户端，用于满足 SQL Server 和 Azure SQL 数据库管理员管理服务器的需要。Management Studio 的工具组件包括已注册的服务器、对象资源管理器、解决方案资源管理器、模板资源管理器、对象资源管理器详细信息页和文档窗口。在 Management Studio中，管理任务是使用对象资源管理器来完成的，使用对象资源管理器，管理员可以连接到SQL Server系列中的任何服务器，并以图形方式浏览其内容。服务器可以是数据库引擎、Analysis Services、Reporting Services、Integration Services或 Azure SQL 数据库的实例。用户可以使用SSMS创建或管理数据库对象、配置安全性及编写T-SQL查询等。具体安装步骤如下：

　　（1）SQL Server 2019安装完成之后直接单击"安装SSMS"按钮，或者进入网址https://www.microsoft.com/zh-cn/sql-server/sql-server-downloads下载，如图2-7和图2-8所示。

图 2-7　直接安装 SSMS

　　（2）单击"下载SQL Server Management Studio (SSMS)"选项，如图2-8所示。

图 2-8　单击"下载 SQL Server Management Studio (SSMS)"

　　（3）下载完成之后，双击运行下载文件即可，如图2-9所示。

图 2-9　双击 SSMS 安装文件

（4）根据自己的需求更改安装路径或直接安装，如图2-10所示。

图 2-10　选择 SSMS 安装路径

（5）等待安装完成即可，如图2-11所示。

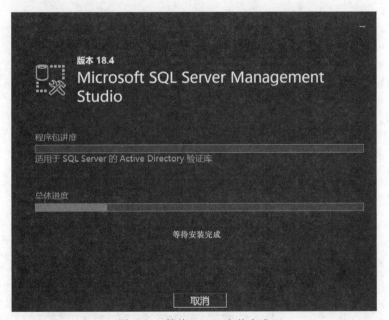

图 2-11　等待 SSMS 安装完成

（6）最后单击"完成"按钮，安装完成。

扫一扫，看视频

⚙ 2.3.3 SQL Server 2019 基础配置

1. 使用SQL Server配置管理器配置SQL Server服务和网络连接

配置管理器可以启动、停止和暂停服务；将服务配置为自动启动、手动启动、禁用服务，或者更改其他服务设置；查看服务的属性等。配置管理器的网络配置还可以启用或禁用SQL Server网络协议，以及配置SQL Server 网络协议等。

在"开始"菜单中选择安装"SQL Server 2019 配置管理器"，如图2-12所示。

图 2-12　打开 SQL Server 2019 配置管理器

（1）选择"SQL Server网络配置"→"MSSQLSERVER 的协议"→TCP/IP启用，协议选项如图2-13所示。

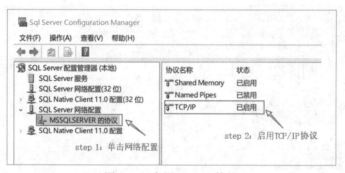

图 2-13　启用 TCP/IP 协议

（2）选择"SQL Server服务"→SQL Server（MSSQLSERVER），右击，在弹出的快捷菜单中可以选择"停止"或"重启"命令，如图2-14所示。

图 2-14　查看 SQL Server 服务

2. 使用SSMS进行安全性连接配置

(1) 启动SSMS, 如图2-15所示。

图 2-15　启动 SSMS

(2) 默认使用Windows身份验证,直接单击"连接"按钮,如图2-16所示。

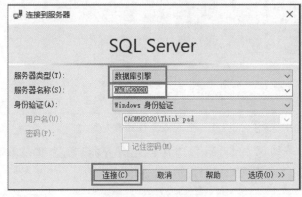

图 2-16　连接服务器

(3) 如果有如图2-17所示的结果,则表示连接成功,选择服务器,右击,在弹出的快捷菜单中选择"属性"命令查看服务器属性。

图 2-17　SSMS 对象资源管理器

（4）选择"安全性"→选中"SQL Server 和 Windows身份验证模式"单选按钮，如图2-18所示。此处有两种服务器身份验证模式，可以根据自己的需要进行选择。

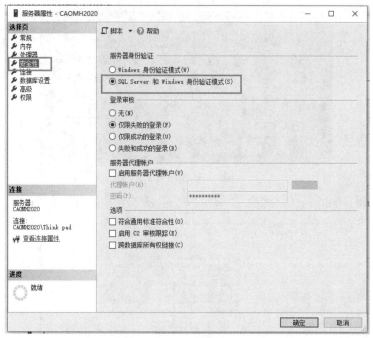

图 2-18　安全性属性配置

（5）选择"连接"→勾选"允许远程连接到此服务器"复选框→单击"确定"按钮，如图2-19所示。弹出SQL Server重启消息提示框，如图2-20所示。

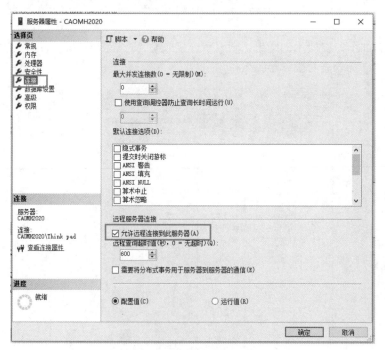

图 2-19　连接属性配置

（6）单击图2-20所示提示框中的"确定"按钮，需要重新启动SQL Server后，配置的修改才会生效。

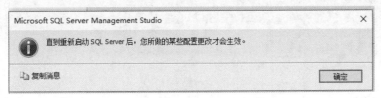

图 2-20 SQL Server 重启消息提示

（7）打开SQL Server 2019 配置管理器，选择"SQL Servel服务"→右击SQL Server（MSSQLSERVER）→选择"重启"命令，如图2-21所示。

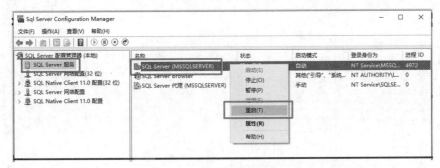

图 2-21 重新启动 SQL Server

3. 修改用户sa的密码

（1）sa是系统自带的一个用户。启动SSMS管理应用，选择"安全性"→"登录名"→双击sa，选择"常规"选项，可以设置修改默认密码，如图2-22所示。

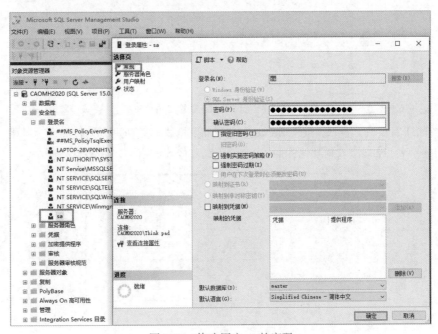

图 2-22 修改用户 sa 的密码

（2）设置sa的状态。单击"状态"→在"登录名"中选中"启用"单选按钮→单击"确定"按钮，如图2-23所示。

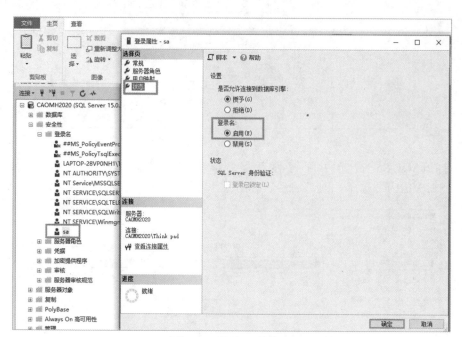

图 2-23　设置 sa 的状态

（3）查看 sa 的服务器角色，一般可以设置为 public 和 sysadmin，如图 2-24 所示。

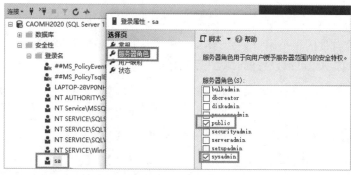

图 2-24　查看 sa 的服务器角色

（4）关闭所有窗口，选择"SQL Server 身份验证"模式，重新进行连接即可。其中，登录名为刚才的登录名（没有修改则默认为 sa）；密码用刚才修改的密码，如图 2-25 所示。

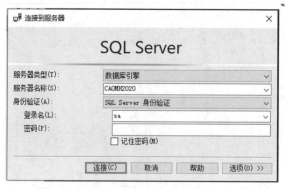

图 2-25　用 SQL Server 身份验证模式登录

2.4 案例：创建第一个数据库——学生数据库

本书所有的操作案例均基于一个实际的"学生数据库（xssjk）"进行。本案例将引导读者一步一步地创建这个"学生数据库（xssjk）"，创建完成后，读者可以自己添加数据，也可以将随书所带的"学生数据库实例.mdb"Access数据文件导入作为实验数据。

扫一扫，看视频

数据库和数据表的创建有两种方式：一种是通过SSMS创建；另一种是用T-SQL命令创建。下面主要介绍通过SSMS创建数据库和数据表的过程。

2.4.1 创建数据库"学生数据库（xssjk）"

（1）打开SSMS，连接到相应的服务器，如图2-15和图2-16所示。在"对象资源管理器"中，逐个展开"服务器"→"数据库"，右击"数据库"，在弹出的快捷菜单中选择"新建数据库"命令，如图2-26所示。

扫一扫，看视频

图 2-26　选择"新建数据库"命令

（2）在打开的"新建数据库"对话框中，左侧"选择页"中包括"常规""选项""文件组"三项。默认显示的是"常规"选项，如图2-27所示。在"常规"选项卡中，可以设置新建数据库的名称、数据库的所有者、数据文件的名称和存储位置、事务日志文件等信息。

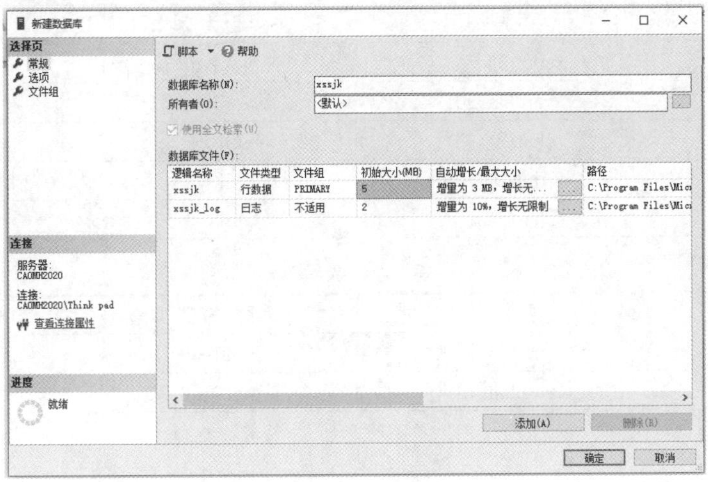

图 2-27　"新建数据库"窗口

在"数据库名称"文本框内填写xssjk，其他参数采用默认值，单击"确定"按钮，就建立了xssjk数据库。

在SSMS的"对象资源管理器"中，会出现新的数据库xssjk，如图2-28所示。

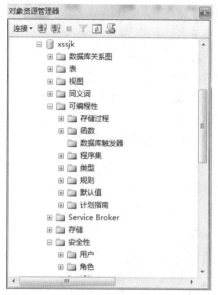

图 2-28　查看新建的 xssjk 数据库

2.4.2　创建表结构

扫一扫，看视频

在创建表及其对象之前，应该先规划并确定表的下列特征。

（1）表要包含的列及其含义。

（2）表中每一列中数据的类型和长度（如果必要）。

（3）哪些列允许空值。

数据库xssjk中包含以下4个表：学生表、课程表、成绩表和班级表。表的结构特征如表2-1～表2-4所示。

表 2-1　学生表

列　名	数据类型	可否为空	备　注
学号	char(7)	Not Null	学号，主键
姓名	varchar(20)	Not Null	姓名
性别	char(2)	Null	性别：男、女
出生日期	smalldatetime	Null	出生日期
班级编号	char(4)	Null	班级编号

表 2-2　课程表

列　名	数据类型	可否为空	备　注
课程号	char(3)	Not Null	课程号，主键
课程名	varchar(40)	Not Null	课程名

表 2-3 成绩表

列　　名	数据类型	可否为空	备　　注
学号	char(7)	Not Null	学号
课程号	char(3)	Not Null	课程号
成绩	float	Null	成绩

表 2-4 班级表

列　　名	数据类型	可否为空	备　　注
班级编号	char(4)	Not Null	班级编号，主键
班级名称	varchar (20)	Not Null	班级名称
系别	varchar (20)	Null	系别

利用SSMS提供的图形界面创建表的步骤如下：

(1)在"对象资源管理器"的树形目录中找到要建表的数据库xssjk，展开该数据库。

(2)选择"表"并右击，在弹出的快捷菜单中选择"新建"→"表"命令，如图2-29所示。

图 2-29 新建数据表

(3)如图2-30所示，在弹出的定义数据表结构对话框中，每一行用于定义数据表的一个字段，包括字段名、数据类型、长度、字段是否为Null及默认值等。

1)列名：表中某个字段名。主要由用户命名，最长128个字符，可以包含中文、英文、下划线、"#"号、货币符号及"@"符号。同一表中不允许有重名的列。

2)数据类型：一个下拉列表，其中包括了所有的系统数据类型和用户定义数据类型。用户可以根据需要选择数据类型和长度。

3)允许Null值：勾选该列的复选框，可以切换是否允许该列为空值的状态。勾选表示允许为空值，空白表示不允许为空值。

4)在"列属性"中可以设置默认值(即DEFAULT值)等某个列的详细属性。如果规定了默认值，在向数据表中输入数据时，如果没有为该字段输入数据，则系统自动将默认值写入该字段。

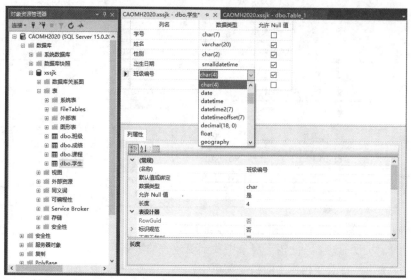

图 2-30　定义数据表结构对话框

（4）逐个定义好表中的列，单击工具栏中的"保存"按钮，会弹出保存对话框，提示用户输入表的名称，完成创建表的过程。

请读者根据以上步骤依次创建表2-1～表2-4中的4个表：学生表、课程表、成绩表和班级表。

2.4.3　插入数据

扫一扫，看视频

新创建的表中没有任何数据，可以通过数据更新操作向表中插入新数据、修改表中的数据和删除表中的数据。

使用SSMS可以对一个表中的数据进行查看、插入、修改及删除等操作，操作方法如下：

（1）在"对象资源管理器"的树形目录中找到存放表的数据库。

（2）展开数据库，选中要操作的数据表。

（3）右击要操作的表，在弹出的快捷菜单中选择"编辑前200行"命令，如图2-31所示。

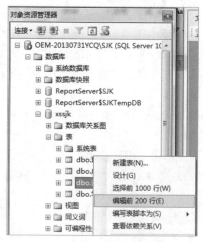

图 2-31　选择"编辑前 200 行"命令

（4）打开的窗口如图2-32所示。在此窗口可以实现查看表中的数据、为表添加数据、修改数据以及删除数据的操作。读者可以自己录入一些数据。

图 2-32　显示表中的数据

2.4.4　导入 Access 数据文件中的数据

为了方便读者学习，随书附带了"学生数据库实例.mdb"Access数据文件，通过将该文件导入SQL Server 2019，可以将数据导入已创建的"学生数据库（xssjk）"中。

扫一扫，看视频

在导入数据时，需要指定将要导入的外部数据源的类型、位置和名称，以及要导入到的内部数据源的类型、位置和名称信息。数据的导入与导出是一对相反的操作。

将"学生数据库实例.mdb"Access数据文件导入xssjk数据库的具体操作步骤如下：

（1）打开SSMS。

（2）在"对象资源管理器"中展开"数据库"，右击xssjk数据库，从弹出的快捷菜单中选择"任务"→"导入数据"命令，如图2-33所示。

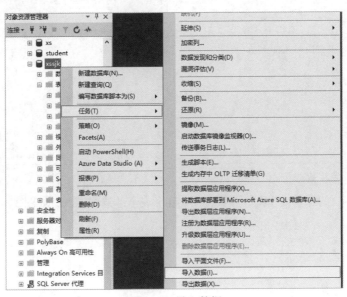

图 2-33　导入数据

（3）在打开的"SQL Server导入和导出向导"对话框中，在"数据源"下拉列表中选择"Microsoft Access（Microsoft Access Database Engine）"选项，然后单击Next按钮，如图2-34所示。

（4）在"文件名"文本框右侧单击"浏览"按钮，选择Access"学生数据库实例.mdb"文件路径，然后单击Next按钮，如图2-35所示。

图 2-34　选择数据源

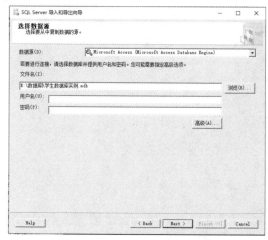

图 2-35　选择要从中复制数据的源

（5）在"目标"下拉列表中选择"SQL Server Native Client 11.0"选项，然后选择"身份验证"方式为"使用Windows身份验证"，在"数据库"下拉列表中选择或输入已创建的xssjk数据库，单击Next按钮，选中"复制一个或多个表或视图的数据"单选按钮，如图2-36和图2-37所示。

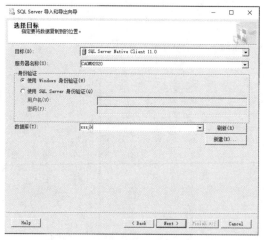

图 2-36　选择要将数据复制到的位置

图 2-37　选择复制一个表或多个表或视图的数据

（6）选择要复制的源表或视图，本案例中将4个表全部选中导入，如图2-38所示。

图 2-38　选择源表或视图

　　(7)勾选"立即运行"复选框,单击Next按钮,如图2-39所示。

　　(8)弹出如图2-40所示的窗口,表示数据成功导入。读者可以在SSMS中查看xssjk中的表,"选择编辑前200行"即可看到导入后的数据。

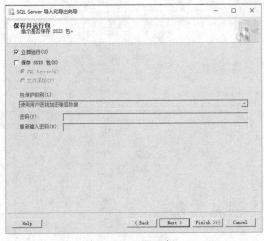

图 2-39　立即运行

图 2-40　数据导入成功

2.5 习题

操作题

1. 完成Microsoft SQL Server 2019的安装。
2. 完成案例中学生数据库的创建及数据录入。

第 3 章

SQL Server 的可视化操作

学习目标

本章主要讲解在 SSMS 企业管理器中，通过可视化方法在对象资源管理器中创建、操作和管理数据库对象，主要包括数据库、表、关系图、视图等对象的创建和管理，SQL Server 2019 提供的数据类型及数据的插入、修改和删除操作。通过本章的学习，读者应该掌握以下内容：

- 数据库的结构
- SQL Server 2019 的系统数据库
- SQL Server 2019 的数据类型
- 数据表的创建和定义表的 5 种完整性约束
- 数据库关系图的创建
- 数据的插入、修改和删除

内容浏览

3.1 数据库的结构和管理

3.1.1 数据库的结构

1. 数据库文件和文件组

对于数据库，从逻辑上看，描述信息的数据存在数据库中并由DBMS统一管理；从物理上看，描述信息的数据是以文件的方式存储在物理磁盘上，由操作系统进行统一管理，即将数据库映射到操作系统文件上。也就是说，一个数据库在逻辑上对应一个数据库名，在物理存储上会对应若干个存储文件。数据库文件有以下三类。

（1）主要数据文件（Primary Database File）：也称主文件。主要数据文件主要用来存储数据库的启动信息、部分或全部数据，是数据库的关键文件。主要数据文件是数据库的起点，包含指向数据库中其他文件的指针。每个数据库都有一个主要数据文件。主要数据文件的推荐文件扩展名是.mdf。

（2）次要数据文件（Secondary Database File）：也称辅助数据文件，除主要数据文件以外的所有其他数据文件都是次要数据文件，用于存储主要数据文件中未存储的剩余数据和数据库对象。一个数据库可以没有，也可以有多个次要数据文件。次要数据文件的推荐文件扩展名是.ndf。

（3）事务日志文件：简称日志文件，存放用来恢复数据库所需的事务日志信息，每个数据库必须有一个或多个日志文件。事务日志文件的推荐文件扩展名是.ldf。

SQL Server 2019不强制使用 .mdf、.ndf 和 .ldf 文件扩展名，但使用它们有助于标识文件的各种类型和用途。

SQL Server 2019中的文件通常有两个名称：逻辑文件名和物理文件名。逻辑文件名是在所有 T-SQL 语句中引用物理文件时所使用的名称。逻辑文件名与物理文件名一一对应，其对应关系由SQL Server系统维护。逻辑文件名必须符合 SQL Server的标识符命名规则，而且数据库中的逻辑文件名必须是唯一的。物理文件名是包括目录路径的物理文件名，它必须符合操作系统文件的命名规则。

一般情况下，一个简单的数据库可以只有一个主要数据文件和一个日志文件。如果数据库很大，则可以设置多个次要数据文件和多个日志文件，并将它们放在不同的磁盘上，以提高数据的存取和处理的效率。

文件组（File Group）是多个数据文件的集合。SQL Server通过文件组来管理文件。与数据文件一样，文件组也分为主文件组（Primary File Group）和次要文件组。主文件组是系统自动创建的，用户可以根据需要添加次要文件组。

日志空间与数据空间要分开管理，所以日志文件不包括在文件组内。

综上所述，SQL Server的数据文件和文件组必须遵循以下规则：

（1）一个文件或文件组只能被一个数据库使用。

（2）一个文件只能属于一个文件组。

（3）日志文件不能属于文件组。

用户可以指定数据库文件的存放位置，如果用户不指定，则数据库文件将被存放在系统的默认存储路径上。SQL Server 2019的默认存储路径是 "C:\Program Files\Microsoft SQL

Server\MSSQL15.MSSQLSERVER\MSSQL\DATA"。如果多个 SQL Server 实例在一台计算机上运行，则每个实例都会接收到不同的默认路径来保存在该实例中创建的数据库文件。

2. 数据库对象

SQL Server 2019 数据库中的数据在逻辑上被组织成一系列对象，当一个用户连接到数据库后，他所看到的是这些逻辑对象，而不是物理的数据库文件。

SQL Server 2019 中有以下数据库对象：表（table）、数据库关系图、视图（View）、存储过程（stored procedures）、触发器（triggers）、用户定义数据类型（user-defined data types）、用户自定义函数（user-defined functions）、索引（indexes）、规则（rules）、默认值（defaults）等，如图 3-1 所示。

图 3-1 对象资源管理器

在 SQL Server 2019 中创建的每个对象都必须有一个唯一的完全限定对象名，即对象的全名。完全限定对象名由 4 个标识符组成：服务器名、数据库名、所有者名和对象名，各个部分之间由句点"."连接。格式如下：

```
服务器名.数据库名.所有者名.对象名
```

例如：

```
server.database.owner.object
```

使用当前数据库内的对象可以省略完全限定对象名的某部分，省略的部分系统将使用默认值或当前值。例如：

```
server.database..object     /*省略所有者名称*/
server..owner.object        /*省略数据库名称*/
database.owner.object       /*省略服务器名称*/
server...object             /*省略数据库及所有者名称*/
owner.object                /*省略服务器及数据库名称*/
object                      /*省略服务器、数据库及所有者名称*/
```

3.1.2 系统数据库

在创建任何数据库之前，依次打开 SSMS 中"对象资源管理器"的"服务器"→"数据库"→"系统数据库"目录，可以看到4个系统数据库，分别是master数据库、model数据库、msdb数据库和tempdb数据库，如图3-2所示。

图 3-2 系统数据库

1. master数据库

master数据库记录SQL Server系统的所有系统级信息，包括实例范围内的元数据（如登录账户）、端点、链接服务器和系统配置设置。master数据库还记录了所有其他数据库是否存在及这些数据库文件的位置。另外，master数据库也记录了SQL Server的初始化信息。因此，如果master数据库不可用，则SQL Server将无法启动。

在SQL Server 2019中，系统对象不再存储在master数据库中，而是存储在Resource 数据库（资源数据库）中。Resource数据库是一个只读和隐藏的系统数据库，不显示在系统数据库列表中。SQL Server系统对象（如 sys.objects）在物理上持续存在于Resource数据库中，但在逻辑上，它们出现在每个数据库的sys架构中。

2. model 数据库

model数据库是所有用户数据库的创建模板，必须始终存在于SQL Server系统中。当创建用户数据库时，系统将model数据库的全部内容复制到新的数据库中，相当于一个模子，由此可以简化数据库及其对象的创建及设置工作。如果SQL Server专门用作一类应用，而这类应用都需要某个表，甚至在这个表中都要包括同样的数据，那么就可以在model数据库中创建这样的表，并向表中添加那些公共的数据，以后每一个新创建的数据库中都会自动包含这个表和这些数据。当然，也可以向model数据库中增加其他数据库对象，这些对象都能被以后创建的数据库所继承。

3. msdb 数据库

msdb数据库记录了有关SQL Server Agent服务的信息。SQL Server Agent使用msdb数据库来计划警报和作业。

4. tempdb 数据库

tempdb数据库是连接到SQL Server实例的所有用户都可用的全局资源，它保存了所有临时表和临时存储过程。另外，它还用来满足所有其他临时存储的要求，例如，存储SQL Server生成的临时工作表。

每次重新启动SQL Server时，都要重新创建tempdb数据库，以便系统启动时，该数据库总是空的。在断开连接时，系统会自动删除临时表和存储过程，并且在系统关闭后没有活动连接。因此，tempdb数据库中不会有什么内容从一个SQL Server会话保存到另一个会话。

3.1.3　数据库的创建和查看

扫一扫，看视频

在SSMS中创建数据库可以按照下列步骤来操作。

（1）打开SSMS，连接到相应的服务器。在"对象资源管理器"中右击"数据库"，在弹出的快捷菜单中选择"新建数据库"命令，如图3-3所示。

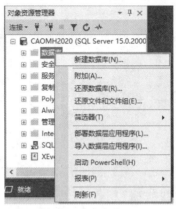

图3-3　选择"新建数据库"命令

（2）在弹出的"新建数据库"对话框中，左侧"选择页"中包括"常规""选项"和"文件组"三项。默认显示的是"常规"选项，如图3-4所示。在"常规"选项卡的"数据库名称"文本框中输入数据库的名称。在"数据库文件"区域，可以指定数据文件的逻辑名称、路径、初始大小和所属文件组等信息，并进行数据库文件大小、扩充方式和容量限制的设置。

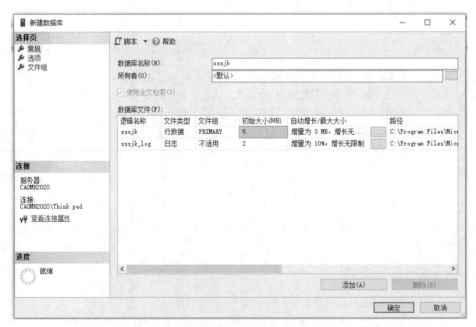

图3-4　"新建数据库"窗口

（3）单击"确定"按钮，创建一个新数据库。

3.1.4 查看数据库信息

在SSMS的"对象资源管理器"中，展开"服务器"→"数据库"，右击数据库xssjk，在弹出的快捷菜单中选择"属性"命令，打开如图3-5所示的"数据库属性-xssjk"窗口来查看数据库的信息。

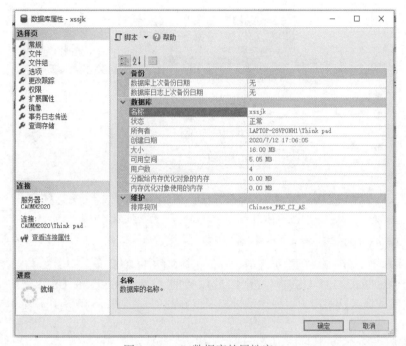

图 3-5　xssjk 数据库的属性窗口

"数据库属性"窗口包含"常规""文件""文件组""选项""权限""扩展属性"等10个选择页。通过它们可以查看、修改数据库的基本属性，在此不再具体说明。

3.1.5 修改数据库

修改数据库包括增减数据库文件、修改文件属性（如更改文件名和文件大小等）、修改数据库选项等。

在SSMS的"对象资源管理器"中展开"服务器"→"数据库"，右击要修改的数据库如xssjk，在弹出的快捷菜单中选择"属性"命令，打开"数据库属性"窗口来修改数据库的信息。

1. 增减数据库文件和文件组

用户可以使用"文件"选项卡增减数据库文件或修改数据库文件属性。使用"文件组"选项卡可以增加或删除一个文件组，修改现有文件组的属性。

2. 修改数据库选项

使用"选项"选项卡可以修改数据库的选项。只需单击要修改的属性值后的下拉按钮，选择True或False，就可以很容易地更改当前数据库的选项值，如图3-6所示。

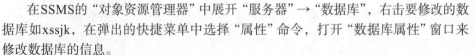

SQL Server 的可视化操作

053

图 3-6 使用"选项"选项卡修改数据库选项

比较常用的数据库选项如下。

（1）限制访问：即限制访问数据库的用户，包括MULTI_USER（多用户）、SINGLE_USER（单用户）和RESTRICTED_USER（受限用户）。如果设置为SINGLE_USER之前已有用户在使用该数据库，那么这些用户可以继续使用，但新的用户必须等到所有用户都退出之后才能登录。

（2）数据库为只读：即数据库中的数据只能读取不能修改。

（3）自动关闭：用于指定数据库在没有用户访问并且所有进程结束时自动关闭，释放所有资源，当又有新的用户要求连接时，数据库自动打开。数据库自动关闭后，数据库文件可以像普通文件一样处理（如复制或作为电子邮件的附件发送），所以这个选项很适合移动用户。而对于网络应用数据库，则最好不要设置这个选项，因为频繁地关闭和重新打开操作会对数据库性能造成极大的影响。

（4）自动收缩：当数据或日志量较少时自动缩小数据库文件的大小，当设置了只读属性时，这个选项无效。

📀 3.1.6 删除数据库

扫一扫，看视频

当不再需要用户自定义的数据库，或者已将其移到其他数据库或服务器上时，可以删除该数据库。数据库删除之后，文件及其数据都从服务器的磁盘中删除。数据库一旦删除，将被永久删除，并且不能进行检索，除非使用以前的备份。所以，删除数据库之前应格外小心。

可以删除数据库，而不管该数据库所处的状态，这些状态包括脱机、只读和可疑。

删除数据库时，应注意如下情况。

（1）如果数据库涉及日志传送操作，则应在删除数据库之前取消日志传送操作。

（2）如果要删除为事务复制发布的数据库，或者删除为合并复制发布或订阅的数据库，则必须先从数据库中删除复制。

（3）如果数据库已损坏，不能删除复制，则可以首先使用 ALTER DATABASE 将数据库设置为脱机，然后再删除数据库。

（4）不能删除系统数据库。

（5）删除数据库后，应备份 master 数据库，因为删除数据库将更新 master 数据库中的信息。如果必须还原 master，则自上次备份 master 以来删除的任何数据库仍将引用这些不存在的数据库。这可能导致产生错误消息。

在SSMS的"对象资源管理器"中找到要删除的数据库并右击，在弹出的快捷菜单中选择"删除"命令即可，如图3-7所示。

图 3-7　删除数据库

3.2　数据表的创建和删除

表是用来存储数据和操作数据的逻辑结构。关系数据库中的所有数据都存储在表中，因此表是SQL Server数据库最重要的组成部分。在介绍表的创建之前，先要介绍SQL Server 2019提供的数据类型。

3.2.1　数据类型

SQL Server为了实现T-SQL的良好性能，提供了丰富的数据类型。

扫一扫，看视频

1. 数值数据类型

（1）bigint型数据。bigint型数据可以存储$-2^{63} \sim 2^{63}-1$范围内的整数。以bigint型数据存储的每个值占用8个字节，共64位，其中63位用于存储数字，1位用于表示正负。

（2）int型数据。int也可以写作integer，可以存储$-2^{31} \sim 2^{31}-1$范围内的全部整数。以int型数据存储的每个值占用4个字节，共32位，其中31位用于存储数字，1位用于表示正负。

（3）smallint型数据。smallint型数据可以存储$-2^{15} \sim 2^{15}-1$范围内的所有整数。以smallint型数据存储的每个值占用2个字节，共16位，其中15位用于存储数字，1位用于表示正负。

（4）tinyint型数据。tinyint型数据可以存储0 ～ 255范围内的所有整数。以tinyint型数据存储的每个值占用1个字节，共8位。

整型数据可以在较少的字节里存储较大的精确数字，而且存储结构的效率很高。所以，平时在选用数据类型时，应尽量选用整数型。

（5）decimal型和numeric型数据。事实上，numeric型数据是decimal型数据的同义词，decimal可以简写为Dec。在T-SQL中，numeric型与decimal型数据在功能上是等效的。

使用decimal型和numeric型数据可以精确指定小数点两边的总位数p（precision，精度）和小数点右面的位数s（scale，刻度）。

在SQL Server中，decimal型和numeric型数据的最高精度可以达到38位，即$1 \leqslant p \leqslant 38$，$0 \leqslant s \leqslant p$。decimal型和numeric型数据的刻度的取值范围必须小于精度的最大范围。

SQL Server分配给decimal型和numeric型数据的存储空间随精度的不同而不同，一般对应的比例关系如表3-1所示。

表 3-1　精度范围与对应的分配字节数

精度范围	分配字节数
1～9	5
10～19	9
20～28	13
29～38	17

（6）float型和real型数据。real型数据范围为–3.40E+38 ～ 3.40E+38，用4个字节来存储，精度可以达到7位；float型数据范围为–1.79E+38 ～ 1.79E+38。利用float型数据来表明变量和表列时可以指定用来存储按科学计数法记录的数据尾数的bit数。如float(n)，n的范围是1 ～ 53，当n的取值为1 ～ 24时，float型数据可以达到的精度是7位，用4个字节来存储；当n的取值范围为25 ～ 53时，float型数据可以达到的精度是15位，用8个字节来存储。

2. 字符数据类型

SQL Server提供了三类字符数据类型，分别是char、varchar和text。在这三类数据类型中，最常用的是char和varchar两类。

（1）char(n)数据类型。利用char数据类型存储数据时，每个字符占用1个字节的存储空间。char数据类型使用固定长度来存储字符，最长可以容纳8000个字符。利用char数据类型来定义表列或变量时，应该给定数据的最大长度n。如果实际数据的字符长度短于给定的最大长度，则多余的字节会以空格填充；如果实际数据的字符长度超过了给定的最大长度，则超过的字符将会被截断。在使用字符型常量为字符数据类型赋值时，必须使用单引号('')将字符型常量引起来。

（2）varchar(n)数据类型。varchar数据类型的使用方式与char数据类型类似。SQL Server利用varchar数据类型来存储最长可以达到8000个字符的变长字符。与char数据类型不同的是，varchar数据类型的存储空间随存储在该列中的每一个数据的字符数的不同而变化。

例如，定义表列为varchar(20)，那么存储在该列的数据最多可以长达20个字节。但是，在数据没有达到20个字节时并不会在多余的字节上填充空格，而是按实际占用的字符长度分配字节。

当存储在列中的数据的值大小经常变化时，使用varchar数据类型可以有效地节省空间。

（3）text数据类型。当要存储的字符型数据非常庞大以至于8000个字节完全不够用时，char和varchar数据类型都会失去作用，这时应该选择text数据类型。

text数据类型专门用于存储数量庞大的变长字符数据。最大长度可以达到$2^{31}-1$个字符，约2GB。

3. 日期/时间数据类型

SQL Server提供的日期/时间数据类型可以存储日期和时间的组合数据。以日期和时间数据类型存储日期或时间的数据比使用字符型数据更简单，因为SQL Server提供了一系列专门处理日期和时间的函数来处理这些数据。如果使用字符型数据来存储日期和时间，只有用户本人可以识别，计算机并不能识别，因而也不能自动将这些数据按照日期和时间进行处理。

日期/时间数据类型有datetime、datetime2、datetimeoffset、smalldatetime、date和time 6类。

（1）datetime、datetime2、datetimeoffset数据类型。datetime、datetime2、datetimeoffset数据类型的范围从1753年1月1日到9999年12月31日。datetime可以精确到3.33 ms，占用8个字节的存储空间；datetime2可以精确到100 ns，占用6~8个字节的存储空间；datetimeoffset和datetime2相同，外加时区偏移，占用10个字节的存储空间。

（2）smalldatetime数据类型。smalldatetime数据类型的范围从1900年1月1日到2079年6月6日，可以精确到分，占用4个字节的存储空间。

（3）date数据类型。date数据类型仅存储日期，从0001年1月1日到9999年12月31日，占用3个字节存储空间。

（4）time数据类型。time数据类型仅存储时间，精度为100 ns，占用5个字节存储空间。

在SQL Server中，用户可以使用GETDATE()函数得到系统时间，使用SET DATEFORMAT命令设置日期格式，其用法为SET DATEFORMAT { format | @format_var }。其中，有效的参数包括 MDY、DMY、YMD、YDM、MYD 和 DYM。默认情况下，日期格式为 MDY。例如，当执行SET DATEFORMAT YMD 之后，日期的格式为"年-月-日"形式；当执行SET DATEFORMAT DMY之后，日期的格式为"日-月-年"形式。

4. 货币数据类型

货币数据类型专门用于货币数据处理。SQL Server提供了money和smallmoney两种货币数据类型。

（1）money数据类型。money数据类型存储的货币值由2个4字节整数构成。前面的1个4字节表示货币值的整数部分，后面的1个4字节表示货币值的小数部分。以money存储的货币值的范围为$-2^{63} \sim 2^{63}-1$，可以精确到万分之一货币单位。

（2）smallmoney数据类型。由smallmoney数据类型存储的货币值由2个2字节整数构成。前面的1个2字节表示货币值的整数部分，后面的1个2字节表示货币值的小数部分。以smallmoney存储的货币值的范围为$-2^{31} \sim 2^{31}-1$，也可以精确到万分之一货币单位。

在把值加入定义为money或smallmoney数据类型的表列时，应该在最高位之前放一个货币记号$或其他货币单位的记号，但是并不做严格要求。

5. 二进制数据类型

二进制数据是一些用十六进制表示的数据。例如，将十进制数据245表示成十六进制数据就应该是F5。在SQL Server中，可以使用三种数据类型存储二进制数据，分别是binary、varbinary和image。

二进制数据类型同字符数据类型非常相似。使用binary数据类型定义的列或变量，具有固定的长度，最大长度可以达到8KB字节；使用varbinary数据类型定义的列或变量具有不固定的长度，其最大长度不得超过8KB字节；image数据类型可以用于存储字节数超过8KB字节的数据，如Microsoft Word文档、Microsoft Excel图表以及图像数据（包括.GIF、.BMP、.JPEG文件）等。

一般来说，最好使用binary或 varbinary数据类型存储二进制数据。只有在数据的字节数超过了8KB的情况下，才使用image数据类型。考虑到维护方便、效率以及程序开发的方便性，一般尽量不用，即不将其存入数据库中，而是采用varchar指向其相应的存储路径。

在对二进制数据进行插入操作时，必须在数据常量前面增加一个前缀0x。

6. 双字节数据类型

在SQL Server安装过程中，允许选择一种字符集。使用 Unicode 数据类型，列中可以存储任何由Unicode 标准定义的字符。在 Unicode 标准中，包括了以各种字符集定义的全部字符。Unicode数据类型，所占用的字节是使用非 Unicode数据类型所占用的字节的两倍。SQL Server提供的双字节数据类型共有三类，即nchar、nvarchar、ntext。

（1）nchar(n)。nchar(n)是固定长度的双字节数据类型，括号里的n用来定义数据的最大长度。n的取值范围是1 ～ 4000，所以使用nchar数据类型所能存储的最大字符数是4000个字符。由于存储的都是双字节字符，所以双字节数据的存储空间为：字符数 × 2（字节）。

nchar数据类型的其他属性及使用方法与char数据类型一样。例如，在有多余字节的情况下也会自动加上空格进行填充。

（2）nvarchar(n)。nvarchar(n)数据类型存储可变长度的双字节数据类型，括号里的n用来定义数据的最大长度。n的取值为0 ～ 4000。所以使用nvarchar数据类型所能存储的最大字符数也是4000。nvarchar数据类型的其他属性及使用方法与varchar数据类型一样。

（3）ntext。ntext数据类型存储的是可变长度的双字节字符，ntext数据类型突破了前两种双字节数据类型不能超过4000个字符的规定，最多可以存储多达$2^{30}-1$个双字节字符。ntext数据类型的其他属性及使用方法与text数据类型一致。

7. 用户定义数据类型及使用

用户定义数据类型并不是真正的数据类型，它只是提供了一种加强数据库内部和基本数据类型之间一致性的机制。通过使用用户定义数据类型能够简化对常用规则和默认值的管理。

在例2-4中，已经在数据库xssjk中创建了4个表：学生表、课程表、成绩表、班级表，具体过程在此不再重复。在第5章中，我们将进一步完善这4个表的数据库完整性定义，以实现如主键、空值等数据库完整性的要求。

3.2.2 查看和修改表结构

创建基本表后，由于应用环境和应用需求的变化，可能要修改基本表的结构，如增加新列、定义主键、空值等约束条件、修改原有的列定义和约束条件等。

扫一扫，看视频

在SSMS的"对象资源管理器"中找到要查看的表所在的数据库，选中树形结构中的"表"，在列表中选择一个要查看和修改的表，右击该表，在弹出快捷菜单中选择"设计"命令，如图3-8所示。

在打开的修改数据表结构对话框中，使用与建表时相似的方法可以修改列的数据类型、名称等属性，也可以添加或删除列、指定表的主键等。如图3-9所示，选中某一列，右击，在弹出的快捷菜单中选择"设置主键"命令可以将此列设为主键，选择"删除列"命令可以删除此列。

图 3-8　选择"设计"命令　　　图 3-9　修改数据表结构对话框

3.2.3　删除表

当不再需要某个表时，可以将其删除。一旦一个表被删除，那么它的数据、结构定义、约束、索引等都将被永久删除。建立在该表上的视图不会删除，但却无法使用，系统将继续保留其定义，如果重新恢复该表，这些视图可重新使用。

扫一扫，看视频

使用SSMS删除一个表非常简单，只需在"对象资源管理器"中找到要删除的表右击，在弹出的快捷菜单中选择"删除"命令即可。

3.3　定义数据表的约束

关系数据库的实体完整性和参照完整性是关系数据库必须满足的完整性约束条件，被称作是关系的两个不变性，应该由关系数据库系统自动支持。约束是SQL Server提供的自动保持数据库完整性的一种机制，能够在数据进入数据库之前，自动检查数据的状态和状态切换，判定它们是否合理，是否能够接受。当表删除时，表所带的约束也随之删除。

SQL Server提供的数据库完整性机制主要包括约束（Constraint）、默认（Default）、规则（Rule）、触发器（Trigger）、存储过程（Stored Procedure）等，使用约束优先于使用规则、默认和触发器。

在SQL Server中，既可以用T-SQL命令创建和修改约束（详见4.3.2小节），也可以在SSMS中进行这些设置。本节主要介绍SSMS中5类完整性约束条件的设置。

3.3.1　Null/NOT Null 约束

在SSMS"对象资源管理器"的树形目录中找到要建表的数据库xssjk，展开该数据库。选择"表"并右击，在弹出的快捷菜单中选择"新建"→"表"命令，在每一列后面可以设置是否允许Null值，如图3-10所示。

扫一扫，看视频

图 3-10　设置 Null /NOT Null

3.3.2　PRIMARY KEY 约束

扫一扫，看视频

　　在数据表中，有一列或多列的组合，其值可以唯一指定一行记录，这样的一列或多列可以设为表的主键（PRIMARY KEY），通过它强制表的实体完整性。一个表只能有一个主键，主键不允许为Null，且不同两行的键值不能相同。用PRIMARY KEY定义了主键后，每当用户程序对该表进行插入或更新操作时，DBMS将按照完整性规则自动进行检查。

　　（1）检查主键值是否唯一，若不唯一，则拒绝插入或修改。

　　（2）检查主键的各个属性是否为空，只要有一个为空，就拒绝插入或修改。

　　在SSMS的"对象资源管理器"中找到要查看的表所在的数据库，选中树形结构中的"表"节点，在列表中选择一个要查看和修改的表，右击，在弹出的快捷菜单中选择"设计"命令，选中某一列，右击，在弹出的快捷菜单中选择"设置主键"命令，可将此列设为主键。若两个以上属性组成主键，按住Ctrl键的同时，选择另外一个属性，再右击，在弹出的快捷菜单中选择"设置主键"命令即可。例如，在"成绩"表中，将学号和课程号同时设为主键，如图3-11所示。

图 3-11　设置 PRIMARY KEY 约束

3.3.3　UNIQUE 约束

扫一扫，看视频

　　唯一性（UNIQUE）约束指定一列或多列的组合的值具有唯一性，以防止在列中输入重复的值。主键也强制执行唯一性，但主键不允许为Null，而唯一性约束指定的列可以为Null，且每个表中的主键只能有一个，而唯一性约束却可以有多个。

在SSMS的"对象资源管理器"中找到"学生"表右击，在弹出的快捷菜单中选择"设计"命令，弹出设计表窗口，在该窗口中，新增一列"身份证号码"，然后右击该列，在弹出的快捷菜单中的选择"索引/键"命令，进入"索引/键"设置窗口，单击"添加"按钮，新建唯一键，如图3-12所示。

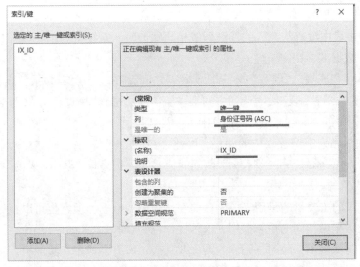

图 3-12　设置 UNIQUE 约束

3.3.4　CHECK 约束

CHECK约束用于限制输入到一列或多列的值的范围，从逻辑表达式判断输入数据的有效性，也就是输入的值必须满足检查约束的条件，否则数据无法正常输入，以此来保证数据的域完整性。

扫一扫，看视频

在SSMS的"对象资源管理器"中找到"成绩"表，右击，在弹出的快捷菜单中选择"设计"命令，弹出设计表窗口。在该窗口中，右击"成绩"列，在弹出的快捷菜单中选择"CHECK约束"命令，进入设置窗口，单击"添加"按钮，在约束表达式编辑框中编写成绩应满足的逻辑表达式。新建的CHECK约束如图3-13所示。

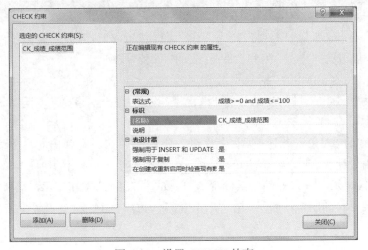

图 3-13　设置 CHECK 约束

🌐 3.3.5　FOREIGN KEY 约束

外键（FOREIGN KEY）定义了表之间的关系。通过将一个表中的主键值的列添加到另一个表中，创建两个表之间的连接，这个列就成为第二个表的外键。其中，第一个表称为主表，第二个表称为从表。当向从表中插入数据时，若与之相关联的主表中没有与插入的外键列值相同的值时，系统将会拒绝插入数据，以此通过外键约束来保证数据的参照完整性。

例如，"学生""成绩""课程"这三个数据表之间存在以下逻辑联系："成绩"表中的"学号"列的值必须是"学生"表"学号"列中的某一值，因为选修课的学生必须是学校学生中的一员；而"成绩"表中的"课程号"列的值必须是"课程"表"课程号"列中的某一值，因为学生选修的课程必须是已列在课程表中的课程。因此，在"成绩"表中，应建立两个外键约束，用来限制"成绩"表中"学号"和"课程号"两列的值必须分别来自"学生"表的"学号"列和"课程"表的"课程号"列。

尽管外键约束的主要目的是用来控制存储在从表中的数据，但它也可以根据主表中数据的修改对从表中的数据做相同的更新操作，这种操作称为级联（Cascade）操作，即当删除或修改主表中的行造成与从表不一致时，则删除或修改从表中所有造成不一致的行。SQL Server提供了级联删除和级联修改两种级联操作以保证数据的完整性。这样，当在主表中更新列值时，与之相关联的从表中的外键列也将被相应地进行更新。

在SQL Server中，参照完整性违约处理的操作包括以下几种。

（1）拒绝（NO ACTION）执行。不允许该操作执行。该策略一般设置为默认策略。

（2）级联（CASCADE）操作。

1）级联删除确定当主表中某行被删除时，从表中所有相关行也被删除。

2）级联修改确定当主表中某行的键值被修改时，从表中所有相关行的该外键值也将被自动修改为新值。

（3）设置为空值。当删除或修改主表的一个元组时造成了不一致，则将从表中的所有造成不一致的元组的对应属性设置为空值。

【例 3-1】创建外键约束并设置级联操作

在"成绩"表中，将"学号"和"课程号"两列设置为外键，它们的值分别参照"学生"表的"学号"列和"课程"表的"课程号"列。

（1）在SSMS的"对象资源管理器"中，首先，在"学生"表中将"学号"列设置为主键，在"课程"表中将"课程号"设置为主键。接着，创建"成绩"表，包含"学号""课程号""成绩"三个列。

（2）在SSMS的"对象资源管理器"中找到"成绩"表右击，在弹出的快捷菜单中选择"设计"命令，弹出设计表窗口。在该窗口中，右击"学号"列，在弹出的快捷菜单中选择"关系"命令，如图3-14所示，进入外键关系设置窗口，单击"添加"按钮，添加名称为"FK_成绩_学号"的外键关系，如图3-15所示。在"INSERT和VPDATE规范"处设置主表和从表的关系，如图3-16所示。

图 3-14 设置 FOREIGN KEY 约束

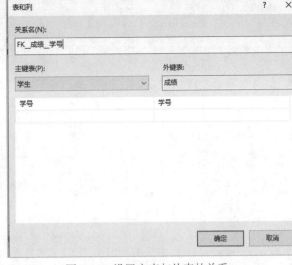

图 3-15 设置主表与从表的关系

（3）在图 3-16 中的 "INSERT 和 UPDATE 规范" 处双击可以设置级联更新和级联删除。当在 "学生" 表中更新某一学生的学号或删除某一学生时，会级联更新 "成绩" 表中相应的学号或删除该同学的所有成绩记录。

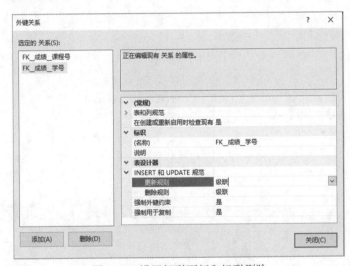

图 3-16 设置级联更新和级联删除

（4）以同样的方法可以设置 "FK_成绩_课程号" 的外键关系，外键表为 "成绩" 表并选择 "课程号" 字段，主键表为 "课程" 表并选择 "课程号" 字段，同时设置如图 3-17 所示的 "INSERT 和 UPDATE 规范"。当在 "课程" 表中修改某一课程的课程号时，"成绩" 表中相应课程的课程号也会级联修改；如果在 "课程" 表中删除一门课程，则会提示违反约束，删除不成功。

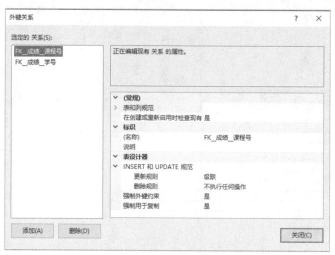

图 3-17　设置"FK_ 成绩 _ 课程号"的外键关系

3.4 数据更新

扫一扫，看视频

新创建的表中没有任何数据，可以通过数据更新操作向表中插入新数据、修改表中的数据和删除表中的数据。

使用SSMS可以对一个表中的数据进行查看、插入、修改及删除等操作，方法如下：

（1）在"对象资源管理器"的树形目录中找到存放表的数据库。

（2）展开数据库，选中要操作的数据表。

（3）右击要操作的表，在弹出的快捷菜单中选择"编辑前200行"命令，如图3-18所示。

（4）打开的窗口如图3-19所示。在此窗口可以实现查看表中的数据、为表添加数据、修改数据以及删除数据的操作。

图 3-18　选择"编辑前 200 行"命令

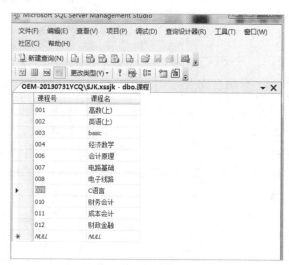

图 3-19　显示表中的数据

3.5 创建数据库关系图

数据库关系图以图形方式显示数据库的结构。使用数据库关系图可以创建和修改表、列、关系和键。此外，还可以修改索引和约束。

创建数据库关系图步骤如下：

（1）选择xssjk数据库，右击"数据库关系图"选项，在弹出的快捷菜单中选择"新建数据库关系图"命令，如图3-20所示。

（2）在弹出的"添加表"对话框中，单击选定的表，单击"添加"按钮，把选定的表添加到关系图中，如图3-21所示。这里可以按住Ctrl键选择多个表。

图 3-20　新建数据库关系图

图 3-21　添加表

（3）表之间已有的联系会显示出来，也可以按照表间的参照关系，新建它们之间的连接。例如，建立"课程"表与"成绩"表之间的主外键参照关系时，选中"课程"表中的某列向"成绩"表拖动，在弹出的"表和列"窗口中，主键表选择"课程"，下面的字段选择"课程号"，外键表选择"成绩"，下面的字段选择"课程号"，如图3-22所示，这样就建立了两个表之间的参照关系，可以自己定义关系名保存这个关系。

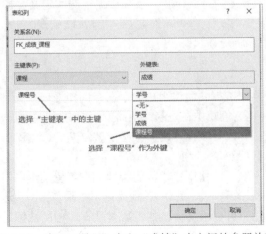

图 3-22　建立"课程"表和"成绩"表之间的参照关系

SQL Server 的可视化操作

扫一扫，看视频

（4）参照图3-23建立所有关系之后，单击"保存"按钮即可。

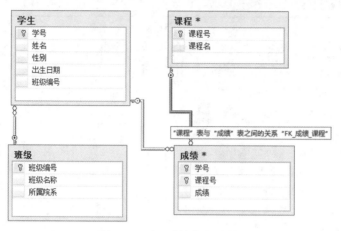

图 3-23　建立表之间的连接

3.6　视图

3.6.1　视图的概念

视图是从一个或多个表（或视图）中导出的虚拟表，其中的行和列数据来自定义视图的查询所引用的基本表（有时为了与视图区别，也称表为基本表），并且在引用视图时动态生成。视图通常用来集中、简化和自定义每个用户对数据库的不同认识。例如，对于一个学校，其学生的情况保存在数据库的一个或多个基本表中，而作为学校的不同职能部门，所关心的学生数据内容是不同的。即使是同样的数据，也可能有不同的操作要求，于是就可以根据用户的不同需求，在数据库上定义对数据库所要求的数据结构，这种根据用户观点所定义的数据结构就是视图。

视图与基本表不同，视图是一个虚表，即对视图中的数据不进行实际存储。数据库中只存储视图的定义，对视图的数据进行操作时，系统根据视图的定义去操作与视图相关联的基本表。若基本表的数据发生变化，则这种变化可以自动地反映到视图中。视图一经定义，就可以像基本表一样被查询和有条件更新。

1. 视图的优点

（1）视图可以为用户集中数据，简化用户的数据查询和处理。有时用户所需要的数据分散在多个表中，定义视图可将它们集中在一起，从而方便用户进行数据查询和处理。

（2）视图可以屏蔽数据库的复杂性。用户不必了解复杂的数据库中的表结构，而且数据表的更改也不会影响用户对数据库的使用。

（3）视图可作为安全机制，简化用户权限的管理。只需授予用户使用视图的权限，而不必授予用户直接访问视图关联的基本表的权限，既简化了权限管理，也增加了安全性。

（4）便于数据共享。用户可以根据自己的需要对数据库中的数据定制不同的视图模式，从而共享数据库中的数据。

（5）可以重新组织数据以便输出到其他应用程序中。

2. 使用视图时的注意事项

（1）只有在当前数据库中才能创建视图。

（2）视图的命名必须遵循标识符命名规则，且不能与表同名。而且对于每个用户，视图名必须是唯一的，即对不同用户，即使是定义相同的视图，也必须使用不同的名字。

（3）不能把规则、默认值或AFTER触发器与视图相关联。

（4）不能在视图上建立任何索引，包括全文索引。

（5）可以基于已存在的视图创建新视图，但嵌套不得超过 32 层。根据视图的复杂性及可用内存，视图嵌套的实际限制可能低于该值。

（6）定义视图的查询不能包含COMPUTE子句、COMPUTE BY子句或INTO关键字。

（7）定义视图的查询不能包含ORDER BY子句，除非在SELECT语句的选择列表中还有一个TOP子句。

🌀 3.6.2　创建视图

视图在数据库中是作为一个对象来存储的。创建视图前，要保证创建视图的用户已被数据库所有者授权使用CREATE VIEW语句，并且有权操作视图所涉及的表或其他视图。创建视图可以在SSMS中进行，也可以使用T-SQL的CREATE VIEW语句来创建。
扫一扫，看视频

用户使用SSMS可以在图形界面下创建视图，这是一种最快捷的方式。下面以在xssjk数据库中创建"不及格成绩表"（描述学生选课的情况）视图来说明创建视图的过程。

（1）打开SSMS，在"对象资源管理器"中展开需要建立视图的数据库xssjk，选中"视图"服务选项，右击，在弹出的快捷菜单中选择"新建视图"命令，弹出"添加表"对话框，如图3-24所示。

图 3-24　"添加表"对话框

在"添加表"对话框中，有"表""视图""函数""同义词"4个选项卡，分别列出了当前数据库xssjk中存在的可用的表、视图、函数和同义词。在此可以选择创建视图所用到的对象。

（2）添加对象完毕后，单击"关闭"按钮，进入视图设计窗口。该窗口又分为多个子窗口，如图3-25所示。

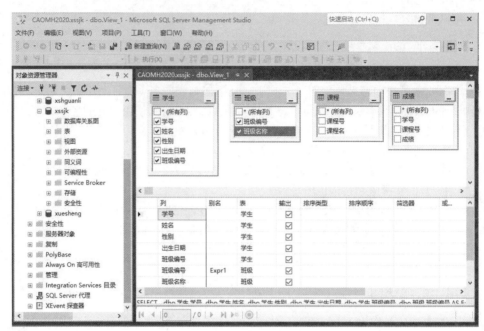

图 3-25　创建视图窗口

第一个子窗口显示了视图所用到的对象的图形表示，用户可以在此选择视图中要包含的列，只需勾选列前的复选框即可。对于多个表之间的连接操作，可以通过在某个表的相关列上单击，拖动鼠标移动到要连接的表的相应列上来实现，如图3-26所示。选中连接线，右击，在弹出的快捷菜单中选择相应命令可以修改连接的属性。

图 3-26　建立表之间的连接

第二个子窗口显示了用户选择的列的列名、别名、表名、是否输出、顺序类型等属性，用户可以在此设置视图属性，如图3-27所示。

列	别名	表	输出	排序类型	排序顺序	筛选器	或...	或...	或...
学号		学生	☑						
姓名		学生	☑						
性别		学生	☑						
班级名称		班级	☑						
课程名		课程	☑						
成绩		成绩	☑			<60			

图 3-27　设置视图属性窗口

可以在"别名"列为选择列设置一个别名。可以在"排序类型"和"排序顺序"列上选择排序依据的列和排序的方式。在"筛选器"上还可以编辑选择的条件"成绩<60"。出现在此列的多个条件之间将以AND来连接。若要编辑以OR来连接的条件，则可以在每个"或..."列上编

3

辑一个条件。

第三个子窗口显示根据用户设置的属性自动生成的T-SQL代码。

```
SELECT dbo.学生.学号, dbo.学生.姓名, dbo.学生.性别, dbo.班级.班级名称, dbo.课程.课程名,
dbo.成绩.成绩
FROM dbo.学生 INNER JOIN
            dbo.班级 ON dbo.学生.班级编号 = dbo.班级.班级编号 INNER JOIN
            dbo.成绩 ON dbo.学生.学号 = dbo.成绩.学号 INNER JOIN
            dbo.课程 ON dbo.成绩.课程号 = dbo.课程.课程号
WHERE       (dbo.成绩.成绩 < 60)
```

单击工具栏中的"执行SQL"按钮,将在第四个子窗口中显示视图的查询结果,如图3-28所示。在此可以通过查看数据来验证创建的视图是否正确。

学号	姓名	性别	班级名称	课程名	成绩
9601002	罗军	男	96计算机	高数(上)	54
9601003	张英	女	96计算机	电路基础	54
9601004	王静波	男	96计算机	电子线路	55
9601005	蔡尧	男	96计算机	英语(上)	43
9601006	高峰	男	96计算机	电路基础	43
9601007	孙琴	女	96计算机	英语(上)	58
9601007	孙琴	女	96计算机	C语言	56
9602002	沈小华	女	96财会	财政金融	43

图 3-28　显示视图的查询结果

设置完视图的各个属性后,单击工具栏中的"保存"按钮,输入视图的名称,单击"确定"按钮,视图即可创建完成。

3.6.3　更新视图

通过更新视图数据(包括插入、修改和删除)可以修改基本表数据,但并不是所有的视图都可以更新,只有对满足更新条件的视图才能进行更新。

满足下列条件,即可通过视图修改基本表中的数据。

(1)任何修改都只能引用一个基本表的列。

(2)视图中要求修改的列必须直接引用表列中的基本数据。不能通过任何其他方式对这些列进行派生,如通过统计函数计算列、集合运算等。

(3)被修改的列不受GROUP BY、HAVING、DISTINCT或TOP子句的影响。

另外还应注意以下附加准则。

(1)如果在视图定义中使用了WITH CHECK OPTION子句,则所有在视图上执行的数据修改语句都必须符合定义视图的SELECT语句中所设置的条件。当通过视图修改行时注意不要让它们在修改完成后从视图中消失。任何可能导致行消失的修改都会被取消,并显示错误。

(2)INSERT 语句不允许为空值,并且没有 DEFAULT 定义的基础表中的所有列指定值。在基础表的列中修改的数据必须符合对这些列的约束。例如,为空值、约束及 DEFAULT 定义等。如果要删除一行,则相关表中的所有基于 FOREIGN KEY 的约束必须要仍然得到满足,删除操作才能成功。

(3)不能对视图中的 text、ntext 或 image 列使用 READTEXT 语句或 WRITETEXT 语句。

扫一扫,看视频

SQL Server 的可视化操作

3.7 习题

一、填空题

1. SQL Server提供的系统数据类型有_____、_____、_____、_____、_____和货币数据，也可以使用用户定义的数据类型。

2. SQL Server的数据库包含三类文件：_____、_____和_____；包含四个系统数据库：_____、_____、_____和msdb数据库。

二、操作题

1. 创建图书数据库（BookSys），并在数据库中建立如表3-2～表3-4所示的数据表。

表3-2　图书信息（tsxx）表

图书编号	书　名	价　格	出版社	出版日期	作　者
（tusbh）	（shum）	（jiag）	（chubs）	（chubrq）	（zuoz）

注意：图书编号、书名不能为空。

表3-3　读者信息（dzxx）表

读者编号	姓　名	身份证号	级　别
（duzbh）	（xingm）	（shenfzh）	（jib）

注意：读者编号、姓名不能为空。

表3-4　借阅信息（jyxx）表

图书编号	读者编号	借阅日期	还书日期	是否续借
（tusbh）	（duzbh）	（jieyrq）	（huansrq）	（shifxj）

注意：图书编号、读者编号不能为空。

2. 完成如下操作。

（1）向读者信息表中添加列："联系方式"（可以为空）。

（2）修改"出版社"列的定义，长度修改为200。

（3）删除"联系方式"列。

3. 完成如下数据操作。

（1）向各表插入若干数据。

（2）修改读者信息表中读者编号为00001001的读者的级别为2级。

（3）删除借阅信息表中读者编号为00001001的读者借阅图书编号为10010001图书的记录。

第 4 章

T-SQL 基础及应用

学习目标

    本章主要讲解 T-SQL 语言的基础与应用，主要包括数据定义、数据查询、数据操纵和数据控制 4 部分功能。SQL 语言简洁方便，是目前应用最广的关系数据库语言。其中 SELECT 语句具有强大的查询功能，有的用户甚至只需要熟练掌握 SELECT 语句，就可以轻松地利用数据库来完成自己的工作。通过本章的学习，读者应该掌握以下内容：

- 数据库和数据表的定义
- 基于单表的简单查询
- 基于多表的连接查询
- 子查询的建立和使用
- 数据表中数据的操纵
- 视图的创建、修改和删除

内容浏览

4.1 SQL语言的发展

SQL(Structrued Query Language,结构化查询语言)是1974年由Boyce和Chamberlin提出的。1975—1979年,IBM公司San Jose Research Laboratory研制的关系数据库管理系统的原型系统System R实现了这种语言。由于它功能丰富、语言简洁、使用方法灵活,备受用户及计算机工业界欢迎,被众多计算机公司和软件公司采用。经各公司的不断修改、扩充和完善,SQL语言最终发展成为关系数据库的标准语言。1986年10月由美国国家标准协会(ANSI)公布了SQL的第一个标准SQL-86,1987年国际标准化组织(ISO)正式采纳SQL-86作为国际标准。

自SQL成为国际标准语言以后,各个数据库厂家纷纷推出各自支持的SQL软件或与SQL兼容的接口软件。这就有可能使将来大多数数据库均用SQL作为共同的数据存取语言和标准接口,使不同数据库系统之间的交互操作有了共同的基础。

SQL成为国际标准,对数据库以外的领域也产生了很大影响,有不少软件产品将SQL语言的数据查询功能与图形功能、软件工程工具、软件开发工具、人工智能程序结合起来。SQL已成为关系数据库领域中一个主流语言。

SQL语言集数据查询、数据操纵、数据定义和数据控制功能于一体。它是一个综合的、通用的、功能极强、同时又简洁易学的语言。其主要特点包括以下几个方面。

1. 综合统一

非关系模型(层次模型、网状模型)的数据语言一般分为模式数据定义语言、外模式数据定义语言、子模式数据定义语言以及数据操纵语言。它们分别完成模式、外模式、内模式的定义和数据存取、处理等功能。而SQL语言则集数据定义语言、数据操纵语言、数据控制语言(Data Control Language, DCL)的功能于一体,语言风格统一,可以独立完成数据库生命周期中的全部活动,包括定义关系模式、建立数据库以及录入数据、数据库查询、更新、维护、数据库重构、数据库安全性控制等一系列操作,这就为数据库应用系统开发提供了良好的环境。

2. 高度非过程化

非关系数据模型的数据操纵语言是面向过程的语言。要完成某项请求,必须指定存取路径。而用SQL语言进行数据操作,用户只需提出"做什么",而不必指明"怎么做"。因此,用户无须了解存取路径,存取路径的选择以及SQL语句的操作过程由系统自动完成。这不但大大减轻了用户负担,而且有利于提高数据独立性。

3. 用同一种语法结构提供两种使用方式

SQL语言既是自含式语言,又是嵌入式语言。作为自含式语言,它能够独立地用于联机交互的使用方式,用户可以在终端键盘上直接键入SQL命令对数据库进行操作;作为嵌入式语言,SQL语句能够嵌入到高级语言(如C、C++、Java等)程序中,供程序员设计程序时使用。而在两种不同的使用方式下,SQL语言的语法结构基本上是一致的。这种以统一的语法结构提供两种不同的使用方式的做法,为用户提供了极大的灵活性与方便性。

4.语言简洁，易学易用

SQL语言功能极强，但由于设计巧妙，语言十分简洁，完成数据定义、数据操纵、数据控制的核心功能只用了9个命令：CREATE、DROP、ALTER、SELECT、INSERT、UPDATE、DELETE、GRANT和REVOKE，如表4-1所示。而且SQL语言的语法简单，接近英语口语，因此容易学习，容易使用。

表4-1　SQL语言的命令动词

SQL 功能	动　　词
数据查询	SELECT
数据定义	CREATE、DROP、ALTER
数据操纵	INSERT、UPDATE、DELETE
数据控制	GRANT、REVOKE

T-SQL语言是Microsoft开发的一种SQL语言。它不仅包含SQL-86和SQL-92的大多数功能，而且还对SQL进行了一系列的扩展，增加了许多新特性，增强了可编程性和灵活性。该语言是一种非过程化语言，功能强大，简单易学，既可以单独执行，直接操作数据库，也可以嵌入到其他语言中执行。T-SQL语言主要包括：

- 数据定义语言
- 数据操纵语言
- 数据控制语言
- 系统存储过程
- 一些附加的语言元素

4.2　T-SQL的语法规则

1.语法中的符号约定

T-SQL语法中的符号及其含义如表4-2所示。

表4-2　T-SQL 语法中的符号及其含义

符　　号	含　　义
大写	关键字
斜体或中文	参数，使用时需要替换成具体内容
|	分隔括号或大括号内的语法项目，只能选一项
[ ]	可选的语法项
{ }	必选的语法项
[, ...n]	前面的项可重复 n 次，各项之间用逗号分隔
[...n]	前面的项可重复 n 次，各项之间用空格分隔
<标签>	语法块的名称。用于对过长语法或语法单元部分进行标记
<标签> :: =	对语法中 <标签> 指定位置进行进一步的定义

例如，SELECT子句的语法如下：

```
SELECT [ALL|DISTINCT]
  <目标列表达式> [别名] [ , <目标列表达式> [别名]] ...
```

```
FROM <表名或视图名> [别名] [，<表名或视图名> [别名]] ...
    [WHERE <条件表达式>]
    [GROUP BY <列名1>[，<列名1'>] ...[HAVING <条件表达式>]]
    [ORDER BY <列名2> [ASC|DESC] [，<列名2'> [ASC|DESC] ] ... ]
```

2. 标识符

标识符用于标识服务器、数据库、数据库对象、变量等。标识符有以下两种类型。

（1）常规标识符。常规标识符是指符合标识符格式规则的标识符。标识符的格式规则如下。

- 长度不超过128个字符。
- 开头字母为a～z或A～Z、#、_ 或 @ 以及来自其他语言的字母字符。
- 后续字符可以是a～z、A～Z、来自其他语言的字母字符、数字、#、$、_、@。
- 不允许嵌入空格或其他特殊字符。
- 不允许与保留字同名。

（2）分隔标识符。对于不符合格式规则的标识符，当用于T-SQL语句时，必须用双引号或方括号括起来。例如，在对象名称或对象名称的组成部分中，使用保留字或使用未列为限定标识符的字符时，必须使用双引号或方括号进行分隔，如SELECT * FROM "Blanks in Table Name"。

3. 数据类型

使用SQL Server创建数据库中的表时，要对表中的每一列定义一种数据类型，数据类型决定了表中的某一列可以存放什么数据。除了定义表需要指定数据类型外，使用视图、存储过程、变量、函数等都需要用到数据类型。

SQL Server提供了丰富的系统定义的数据类型，用户还可以在此基础上自定义数据类型，详细内容参见3.2.1小节。

4. 变量

变量是可以保存特定类型的单个数据值的对象，可以对其赋值并参与运算，其值在运行过程中可以发生改变。SQL Server的变量分为全局变量和局部变量两种。

（1）全局变量。全局变量是系统内部使用的变量，它们不是由用户的程序定义的，而是由系统定义和维护的，用户只能使用预先说明及定义的全局变量。全局变量通常用来存储一些配置设定值和统计数据。引用全局变量时，必须以标记符"@@"开头。局部变量的名称不能与全局变量的名称相同，否则会出现不可预测的结果。例如：

- @@VERSION用于返回SQL Server当前安装的日期、版本和处理器类型。
- @@CONNECTIONS用于返回自上次启动SQL Server以来连接或试图连接的次数。
- @@LANGUAGE用于返回当前使用的语言名。

（2）局部变量。局部变量由用户自己定义并赋值，作用范围仅限制在定义局部变量的批处理、存储过程或语句块程序的内部，常用来保存临时数据。例如，可以使用局部变量保存表达式的计算结果，可以作为计数器保存循环执行的次数，或者用来保存由存储过程返回的数据值。批处理是客户端作为一个单元发出的一个或多个SQL语句的集合，从应用程序一次性地发送到SQL Server执行，使用GO语句将多条SQL语句进行分隔，其中每两个GO之间的SQL语句就是一个批处理单元。语句块是包含在BEGIN和END语句之间的多个T-SQL语句。

1）局部变量的声明。局部变量必须先用DECLARE声明，并且局部变量名必须以@开头，符合标识符的命名规则。其声明格式如下：

```
DECLARE { @局部变量名  数据类型 } [ ,...n]
```

数据类型可以是系统定义的数据类型，也可以用户定义数据类型，但不能是text、ntext或image数据类型。

局部变量定义后初始值为Null。在数据库内Null是特殊值，代表未知值的概念。Null不同于空字符或0。空字符实际上是有效字符，0是有效数字。Null也不同于零长度字符串，Null只是表示该值未知这一概念。

【例4-1】声明变量

```
DECLARE @MyCounter   int      --定义变量@MyCounter为整型变量
DECLARE @LastName  nvarchar(30),@FirstName  nvarchar(20),@State  nchar(2)
                             --定义变量@LastName为长度是30的变长字符型变量
                             --定义变量@FirstName为长度是20的变长字符型变量
                             --定义变量@State为长度是2的定长字符型变量
```

扫一扫，看视频

2）局部变量的赋值。在T-SQL中，必须使用SET或SELECT语句给局部变量赋值。格式如下：

```
SET  @局部变量名 = 表达式
```

或

```
SELECT  @局部变量名 = 表达式
```

两者区别：SET语句一般用于赋给变量一个指定的常量，SELECT语句一般用于从表中查询出数据然后赋给变量。

【例4-2】定义局部变量@myvar，并为其赋值，最后显示@myvar的值

```
DECLARE  @myvar char(20)
SET      @myvar = 'This is a test'   --用SET赋值
PRINT    @myvar                      --用PRINT语句显示
```

【例4-3】定义局部变量@myvar1和@myvar2，并为它们赋值，最后显示@myvar1和@myvar2的值

```
DECLARE  @myvar1 char(20),   @myvar2 char(20)
SELECT   @myvar1 = 'Hello!', @myvar2 = 'How are you!'  --用SELECT赋值
SELECT   @myvar1,            @myvar2                   --用SELECT显示
```

【例4-4】从学生表中查询学号是9601003的学生的学号和姓名并存储到局部变量@snum和@sname中

```
DECLARE  @snum  nvarchar(8), @sname  nvarchar(8)
SELECT   @snum = 学号, @sname = 姓名 from 学生 where 学号='9601003'
SELECT   @snum, @sname
```

5. 运算符

SQL Server运算符有以下几类：算术运算符、字符串连接运算符、赋值运算符、比较运算符、逻辑运算符、位运算符、一元运算符等。

（1）算术运算符：+、-、*、/、%（取模）。

（2）字符串连接运算符：+，将两个字符串串联起来，构成字符串表达式。例如：'abc' + 'def'，结果为 'abcdef'。

（3）赋值运算符：=。

（4）比较运算符：=、>、<、>=、<=、<>、!=、!<、!>。

（5）逻辑运算符：NOT、AND、OR、ALL、ANY、BETWEEN、IN、LIKE、EXISTS、SOME等，运算结果为TRUE或FALSE。

（6）位运算符：按位与&、按位或|、按位异或^。

（7）一元运算符：只对一个表达式执行操作，包括正号+、负号–、按位取反～。

（8）运算符优先级顺序如表4-3所示。

表4-3　运算符优先级顺序

优先级（从高到低）	运　算　符
1	（　）（小括号）
2	+（正）、–（负）、～（按位取反）
3	*（乘）、/（除）、%（模）
4	+（加）、+（字符串连接）、–（减）
5	=、>、<、>=、<=、<>、!=、!>、!<（比较运算符）
6	^（位异或）、&（位与）、|（位或）
7	NOT
8	AND
9	ALL、ANY、BETWEEN、IN、LIKE、OR、SOME
10	=（赋值）

6.函数

这里省略常用函数，只介绍聚合函数。

聚合函数（见表4-4）用于对数据库表中的一列或几列数据进行统计汇总，常用于查询语句中。

表4-4　聚合函数及其功能

聚合函数	功　　能
AVG(表达式)	返回表达式（含列名）的平均值
COUNT(表达式)	对表达式指定的列值进行计数，忽略空值
COUNT(*)	对表或组中的所有行进行计数，包含空值
MAX(表达式)	表达式中最大的值
MIN(表达式)	表达式中最小的值
SUM(表达式)	表达式值的合计

7.流程控制语句

流程控制语句用于控制T-SQL语句、语句块和存储过程的执行流程。这些语句可用于T-SQL语句、批处理和存储过程中。如果不使用流程控制语句，则各T-SQL语句按其出现的先后顺序执行。使用流程控制语句可以按需要控制语句的执行次序和执行分支。以下是几种常用的控制语句。

（1）BEGIN…END语句。BEGIN…END语句用于将多个T-SQL语句定义成一个语句块。语句块可以在程序中视为一个单元处理。BEGIN…END语句的语法如下：

```
BEGIN
   { SQL语句|语句块 }
END
```

其中，SQL语句为一条T-SQL语句；语句块为用BEGIN和END定义的语句块。可以看出，在一个语句块中可以包含另一个语句块。

（2）IF…ELSE语句。IF…ELSE语句的语法如下：

```
IF 条件表达式
   { SQL语句1 | 语句块1 }
[ ELSE
   { SQL语句2 | 语句块2 } ]
```

其中，各参数的含义如下。

1）条件表达式：返回TRUE或FALSE的表达式。

2）SQL语句：一条T-SQL语句。

3）语句块：用BEGIN和END定义的语句组。

功能：当条件表达式的值为TRUE时，执行SQL语句1或语句块1；当条件表达式的值为FALSE时，执行SQL语句2或语句块2。如果省略ELSE部分，则表示当条件表达式的值为FALSE时不执行任何操作。

【例4-5】在学生表中，每月1日选出本月出生的学生的名单举办生日庆祝会

```
USE xssjk
   DECLARE  @Today  int
   SET @Today=DAY(GETDATE())
   IF (@Today=1)
      BEGIN
         SELECT 学号,姓名 AS 本月寿星,出生日期
         FROM   学生
         WHERE MONTH(出生日期)= MONTH(GETDATE())
      END
```

扫一扫，看视频

（3）WHILE循环语句。WHILE语句的语法如下。

```
WHILE 条件表达式
{ SQL语句 | 语句块 }
```

功能：从WHILE语句开始，计算条件表达式的值，当条件表达式的值为TRUE时，执行循环体，然后返回WHILE语句，再计算条件表达式的值，如果仍为TRUE，则再执行循环体，直到某次条件表达式的值为FALSE时，则不执行循环体，而直接执行WHILE循环之后的其他语句。

【例4-6】使用WHILE循环语句求1～100的奇数和

```
DECLARE @i smallint,@sum smallint
SET @i=1
SET @sum=0
WHILE @i<=100
   BEGIN
     SET @sum=@sum+@i
     SET @i=@i+2
   END
PRINT '1~100的奇数和为'+str(@sum)
```

扫一扫，看视频

在循环体中可以包含BREAK语句和CONTINUE语句。执行BREAK语句将完全跳出循环，结束WHILE循环的执行；执行CONTINUE语句将使循环跳过CONTINUE语句后面的语句，回

到WHILE循环的第一条语句。例如，例4-6可以改写为例4-7。

【例4-7】在WHILE循环中使用BREAK和CONTINUE语句求1～100的奇数和

扫一扫，看视频

```
DECLARE @i smallint,@sum smallint
SET @i=0
SET @sum=0
WHILE @i>=0
    BEGIN
        SET @i=@i+1
        IF @i<=100
            IF (@i % 2)=0
                CONTINUE
            ELSE
                SET @sum=@sum+@i
        ELSE
            BEGIN
                PRINT '1~100的奇数和为'+str(@sum)
                BREAK
            END
    END
```

（4）注释语句。注释用于对代码行或代码段进行说明，或者暂时禁用某些代码行。注释是程序代码中不执行的文本字符串。使用注释对代码进行说明，可以使程序代码更易于理解和维护。注释通常用于说明代码的功能，描述复杂计算或解释编程方法，记录程序名称、作者姓名、主要代码更改的日期等。向代码中添加注释时，需要用一定的字符进行标识。SQL Server支持如下两种类型的注释字符。

- "/*…*/"：可与代码处在同一行，也可另起一行，甚至用在可执行代码内。从"/*"到"*/"之间的全部内容均为注释部分。对于多行注释，必须使用"/*"开始注释，使用"*/"结束注释。注释行上不应出现其他注释字符。
- "--"：注释单行，从双连字符开始到行尾均表示注释。如注释多行，需要在每一行的开始都使用双连字符"--"。

【例4-8】使用"/* … */"给程序添加注释

```
/*打开xssjk数据库*/
USE xssjk
/*从学生表中选择所有的行和列*/
SELECT * FROM 学生
ORDER BY 学号 ASC     --按学号列的升序排序
/*这里不一定要指定ASC，因为ASC成绩是默认值*/
```

（5）RETURN语句。RETURN语句的语法格式如下：

RETURN [整数表达式]

功能：用于无条件地终止一个查询、存储过程或批处理，当执行RETURN语句时，位于RETURN语句之后的程序将不会被执行。在RETURN后面的括号内可以指定一个具有整数值的表达式，用于向调用过程或应用程序返回整数值。如果没有为RETURN指定整数值，则将返回0。

4.3 数据定义

4.3.1 数据库的创建和使用

1. 使用CREATE语句创建数据库

T-SQL提供了数据库创建语句CREATE DATABASE。其语法格式如下:

```
CREATE DATABASE database_name        /*指定数据库逻辑名称*/
[ON
[<filespec>[,…n]]
[,<filegroup>[,…n]]]              /*指定数据文件及文件组属性*/
[LOG ON  {<filespec>[,…n]}]       /*指定日志文件属性*/
[COLLATE <collation_name>]        /*指定数据库的默认排序规则*/
[FOR LOAD|FOR ATTACH]             /*FOR LOAD从一个备份数据库向新建数据库加载数据;
                                   FOR ATTACH从已有的数据文件向数据库添加数据*/
```

其中,各参数的含义如下。

(1) database_name是所创建的数据库的逻辑名称。数据库名称在当前服务器中必须唯一,且符合标识符的命名规则,最多可以包含128个字符。

(2) ON子句用于指定数据文件及文件组属性,具体属性值在<filespec>中指定。<filespec>的语法格式如下:

```
<filespec>::=  [PRIMARY]
        (NAME='数据文件逻辑文件名',
         FILENAME='存放数据库的物理路径和文件名'
        [, SIZE=数据文件的初始大小]
        [, MAXSIZE=指定文件的最大大小]
        [, FILEGROWTH=指出文件每次的增量])
```

<filegroup>项用于定义用户文件组及其文件。<filegroup>的语法格式如下:

```
<filegroup>::= FILEGROUP 文件组名
```

(3) LOG ON子句用于指定事务日志文件的属性,具体属性值在<filespec>中指定。

如果在定义时没有指定ON子句和LOG ON子句,系统将采用默认设置,自动生成一个主要数据文件和一个事务日志文件,并将文件存储在系统默认的路径上。

【例4-9】创建一个名为School的数据库

要求有三个文件,其中,主要数据文件为10MB,最大为50MB,每次增长20%;辅助数据文件属于文件组Fgroup,文件为10MB,大小不受限制,每次增长10%;事务日志文件大小为20MB,最大为100MB,每次增长10MB。文件存储在"c:\db\"路径下。

扫一扫,看视频

注意:School数据库的物理文件创建在"c:\db\"路径下,在运行下面语句前要先在c盘建立db文件夹,确定此路径是存在的。

```
CREATE DATABASE School              /*数据库名为School*/
ON PRIMARY                          /*主文件组*/
  (NAME='School_Data1',            /*主文件逻辑名称*/
   FILENAME='c:\db\School_Data1.mdf',  /*主文件物理名称*/
   SIZE=10MB,
```

```
        MAXSIZE=50MB,
        FILEGROWTH=20%),
  FILEGROUP Fgroup                          /*文件组*/
    (NAME='School_Data2',                   /*主文件逻辑名称*/
     FILENAME='c:\db\ School_Data2.ndf',    /*主文件物理名称*/
     MAXSIZE=UNLIMITED,                     /*增长不受限制*/
     SIZE=10MB,
     FILEGROWTH=10MB)
  LOG ON
    (NAME='School_Log',                     /*日志文件逻辑名称*/
     FILENAME='c:\db\School_Log.ldf',       /*日志文件物理名称*/
     SIZE=20MB,
     MAXSIZE=100MB,
     FILEGROWTH=10MB)
```

2. 使用T-SQL语句修改数据库

T-SQL提供了数据库修改语句ALTER DATABASE，用于在数据库中添加或删除文件和文件组，并更改数据库或其文件和文件组的属性。其语法格式如下：

```
ALTER DATABASE database_name                 /*指定要修改的数据库的名称*/
    ADD FILE <filespec>[,...n][TO FILEGROUP filegroup_name]
                                             /*向数据库文件组中增加数据文件*/
    |ADD LOG FILE <filespec>[,...n]          /*增加事务日志文件*/
    |REMOVE FILE logical_file_name           /*删除数据文件*/
    |ADD FILEGROUP filegroup_name            /*增加文件组*/
    |REMOVE FILEGROUP filegroup_name         /*删除文件组*/
    |MODIFY FILE <filespec>                   /*修改文件属性*/
```

【例4-10】为School数据库增加一个数据文件

要求物理文件名为School_Data3.ndf，初始大小为5MB，最大为50MB，每次扩展1MB。

扫一扫，看视频

```
ALTER DATABASE School
ADD FILE
(NAME ='School_Data3',
FILENAME='c:\db\School_Data3.ndf',
SIZE=5MB,
MAXSIZE=50MB,
FILEGROWTH=1MB)
```

【例4-11】接例4-10，将新增加的数据文件School_Data3的逻辑名改为School_Datanew，结果可以在School数据库属性的文件选项中查看

扫一扫，看视频

```
ALTER DATABASE School
MODIFY FILE (NAME = 'School_Data3', NEWNAME = 'School_Datanew')
```

关于ALTER DATABASE 语句更详细的用法可以参考SQL Server的联机丛书，此处不再赘述。

3. 使用T-SQL语句查看数据库信息

使用系统存储过程sp_helpdb可以查看数据库信息。其语法格式如下：

```
sp_helpdb [数据库名]
```

例如，查看School数据库的属性代码为

```
sp_helpdb  School
```

4. 使用T-SQL语句删除数据库

使用T-SQL提供的DROP DATABASE语句可以删除数据库。使用DROP DATABASE语句可以一次删除多个数据库。其语法格式如下：

```
DROP DATABASE databasename
```

例如，删除School数据库的代码为

```
DROP  DATABASE  School
```

4.3.2 数据表的创建和使用

1. 使用CREATE TABLE命令创建数据表

在T-SQL中，可以用CREATE TABLE命令创建表，表中列的定义必须用括号括起来。一个表最多有1024列。CREATE TABLE的基本语法格式如下：

```
CREATE TABLE <表名>
    (<列名> <数据类型> [DEFAULT] [ <列级完整性约束条件> ]
    [, <列名> <数据类型> [DEFAULT] [ <列级完整性约束条件>] ] ...
    [, <表级完整性约束条件> ] );
```

其中，各参数的含义如下。

（1）<表名>：所要定义的基本表的名字。

（2）<列名>：组成该表的各个属性（列）。

（3）DEFAULT：设置默认值。若该字段未输入数据，则以该默认值自动填入该字段。

（4）<列级完整性约束条件>：涉及相应属性列的完整性约束条件。

（5）<表级完整性约束条件>：涉及一个或多个属性列的完整性约束条件。

2. 定义数据表的完整性约束

3.3节介绍了SSMS中数据库完整性约束的可视化创建方法，本小节将介绍T-SQL中约束的定义语句。约束是SQL Server自动强制数据库完整性的方式之一，定义了列中允许的取值，主要分为列约束和表约束。列约束是对某一个特定列的约束，包含在列定义中，不必指定列名；表约束与列定义相互独立，通常对多个列一起进行约束，必须指出要约束的列的名称。

完整性约束的基本语法格式如下：

```
[ CONSTRAINT <约束名> ] <约束类型>
```

其中，各参数的含义如下。

（1）<约束名>：指定约束的名称，可以省略，如不指定约束名，系统会给定一个名称。

（2）<约束类型>：在定义完整性约束时必须指定完整性约束的类型。

SQL Server中可以定义5种类型的完整性约束，下面分别加以介绍。

（1）非空值约束：Null/NOT Null。Null值不是0，也不是空字符串，而是表示"不确定""没有数据"的意思。当某一字段必须要输入值才有意义的时候，可以设置为NOT Null。例如，可以要求学生表中姓名字段不能为空。该约束只能用于定义列约束。其语法格式如下：

```
[CONSTRAINT <约束名>] [Null | NOT Null]
```

（2）唯一性约束：UNIQUE。UNIQUE约束用于指明某一列或多个列的组合上的取值必须唯一，既可用于列约束，也可用于表约束。使用UNIQUE约束的字段允许为Null值，系统将自动为这些字段创建唯一索引。其语法格式如下：

```
[CONSTRAINT <约束名>] UNIQUE                          --定义列约束
[CONSTRAINT <约束名>] UNIQUE（列名，列名，...）        --定义表约束
```

（3）主键约束：PRIMARY KEY。PRIMARY KEY约束用于定义基本表的主键，起唯一标识作用，其值不能为Null，也不能重复，以此来保证实体的完整性，既可用于列约束，也可用于表约束。其语法格式如下：

```
[CONSTRAINT <约束名>] PRIMARY KEY                     --定义列约束
[CONSTRAINT <约束名>] PRIMARY KEY（列名，列名，...）  --定义表约束
```

PRIMARY KEY约束与UNIQUE约束类似，系统都会通过建立唯一索引来保证列取值的唯一性，但它们之间存在着很大的区别。

- 在一个基本表中只能有一个PRIMARY KEY约束，但可以定义多个UNIQUE约束。
- PRIMARY KEY约束中的任何一个列都不能出现Null值；而对于UNIQUE约束，其值允许为空。
- 不能为同一个列或同一组列，既定义PRIMARY KEY约束，又定义UNIQUE约束。

（4）参照完整性约束：FOREIGN KEY。FOREIGN KEY约束指定某一列或一组列作为外键，其中，包含外键的表称为从表，包含外键所引用的主键或唯一键的表称主表。系统保证从表在外键上的取值要么是主表中某一个外键值，要么取空值，以此保证两个表之间的参照完整性。

FOREIGN KEY既可用于列约束，也可用于表约束，其语法格式如下：

```
[CONSTRAINT <约束名>] FOREIGN KEY (<列名>)
REFERENCES <主表名> (<列名>[{<列名>}])
    [ ON DELETE { CASCADE | NO ACTION | SET DEFAULT |SET Null } ]
    [ ON UPDATE { CASCADE | NO ACTION | SET DEFAULT |SET Null } ]
```

【例4-12】创建学生表、课程表、成绩表，并定义主键和参照完整性

首先，创建学生表。

扫一扫，看视频

```
CREATE TABLE 学生
(学号 nvarchar(7)  PRIMARY KEY,
姓名 nvarchar(8)  UNIQUE,
性别 nvarchar(2)  DEFAULT '男',
出生日期 datetime,
班级编号 nvarchar(4)
);
```

然后，创建课程表。

```
CREATE TABLE 课程
  (课程号 nvarchar(3)  NOT Null,
  课程名 nvarchar(24)  Null,
  CONSTRAINT C1 PRIMARY KEY(课程号)
  );
```

最后，创建成绩表。

```
CREATE TABLE 成绩
  (学号 nvarchar(7),
  课程号 nvarchar(3),
  成绩 smallint,
  PRIMARY KEY(学号,课程号),
  FOREIGN KEY (学号) REFERENCES 学生(学号)
      ON DELETE CASCADE      /*当删除学生表中的行时，级联删除成绩表中相应的行*/
      ON UPDATE CASCADE,     /*当更新学生表中的学号时，级联更新成绩表中相应的行*/
```

```
FOREIGN KEY (课程号) REFERENCES 课程(课程号)
    ON DELETE NO ACTION     /*当删除课程表中的行造成了与成绩表的不一致时，拒绝执行*/
    ON UPDATE CASCADE       /*当更新课程表中的课程号时，级联更新成绩表中相应的行*/
);
```

（5）CHECK约束。CHECK约束用来检查字段值所允许的范围，如一个字段只能输入0～100的整数，性别字段只能输入"男"或"女"等。一个表中可以定义多个CHECK约束，每个字段只能定义一个CHECK约束。当执行插入、修改等语句时，CHECK约束将验证输入的数据。

CHECK约束既可用于列约束，又可用于表约束，其语法格式如下：

```
[CONSTRAINT <约束名>] CHECK (<条件>)
```

【例4-13】建立包含CHECK约束的学生登记表Student

扫一扫，看视频

```
CREATE TABLE Student
    ( Sno  NUMERIC(6)  CHECK (Sno BETWEEN 90000 AND 99999),
                                                  --学号在90000～99999
    Sname  CHAR(20)  NOT Null,
    Sage  NUMERIC(3)  CHECK (Sage < 30),        --年龄小于30
    Ssex  CHAR(2) CHECK (Ssex IN ( '男','女')),   —性别只能是"男"或"女"
    CONSTRAINT StudentKey PRIMARY KEY(Sno)
    );
```

3. 使用ALTER TABLE语句修改表结构

由于应用环境和应用需求的变化，可能要修改基本表的结构。例如，新增列和完整性约束，修改原有的列和完整性约束等，主要有以下三种修改方式。

（1）添加列和完整性约束。向表中增加一列时，应使新增加的列有默认值或允许为空值。SQL Server将向表中已存在的行填充新增列的默认值或空值。如果既没有提供默认值也不允许为空值，那么新增列的操作将会出错，因为SQL Server不知道该怎么处理那些已经存在的行。可以一次向表中添加多个列和完整性约束，它们之间用逗号分开即可。向表中添加列和完整性约束的语句格式如下：

```
ALTER TABLE 表名 ADD <列定义> | <完整性约束>
```

【例4-14】向学生表中添加两个新的列（邮箱Email和电话phone），并设置电话的默认值为000000

```
ALTER TABLE 学生
ADD Email varchar(20) Null,
    phone char(11) Null,
    CONSTRAINT c_phone  default('000000') for phone;
```

扫一扫，看视频

（2）删除列和完整性约束。删除列和完整性约束的语句格式如下：

```
ALTER TABLE  表名
DROP  < COLUMN 列名>  |  < CONSTRAINT 约束名>
```

【例4-15】删除学生表的Email列和c_phone完整性约束

```
ALTER TABLE   学生
DROP  column  Email,
    CONSTRAINT  c_phone;
```

扫一扫，看视频

（3）修改列定义。修改列定义包括修改列的数据类型、数据长度以及是否允许

T-SQL基础及应用

为空值等，这些值都可以在表创建好以后修改。

修改列定义的语法格式如下：

```
ALTER TABLE 表名
ALTER COLUMN <列名> <数据类型> [Null | NOT Null]
```

注意：使用此方式有以下一些限制。

- 不能改变列名。
- 不能将含有空值数据的列的定义改为NOT Null。
- 若列中已有数据，则不能减少该列的宽度，也不能改变其基本数据类型。
- 只能修改Null/NOT Null约束，其他类型的约束才可以通过先删除后添加的方式修改。

【例4-16】将学生表的姓名列改为最大长度为16的varchar型数据，并允许为空

```
ALTER TABLE 学生
ALTER COLUMN 姓名 varchar(16)  Null;
```

扫一扫，看视频

4. 使用DROP TABLE语句删除表

在T-SQL语句中，DROP TABLE语句可以用来删除表。其语法格式如下：

```
DROP TABLE 表名
```

需要注意的是，DROP TABLE语句只能删除自己建立的表，不能用来删除系统表。删除后，该表的数据和在此表上所建的索引都被删除，建立在该表上的视图不会删除，但已无法使用。

【例4-17】删除学生表

```
use xssjk
go
DROP TABLE 学生
```

扫一扫，看视频

4.4 T-SQL简单查询

数据查询是数据库中最常用的操作，SELECT语句在任何一种SQL语言中都是使用频率最高的语句。可以说SELECT语句是SQL语言的灵魂。SELECT语句的作用是让数据库服务器根据客户端的要求搜寻出用户所需要的信息资料，并按用户规定的格式进行整理后返回给客户端。用户使用SELECT语句除了可以查看普通数据库中的表格和视图的信息外，还可以查看SQL Server的系统信息。

本章通过对xssjk数据库的查询操作来讲解SELECT语句的使用，对于查询的结果使用文本方式显示。SELECT语句的一般格式如下：

```
SELECT [ALL|DISTINCT] [TOP n | TOP n PERCENT]
   <目标列表达式> [[AS]别名] [，<目标列表达式> [[AS]别名]] ...
FROM <表名或视图名> [[AS]别名] [，<表名或视图名> [[AS]别名]] ...
   [WHERE <条件表达式>]
   [GROUP BY <列名1>[, <列名1' >] ... [HAVING <条件表达式>]]
   [ORDER BY <列名2> [ASC | DESC] [, <列名2' > [ASC | DESC] ] ... ]
```

目标列表达式可以是下列格式。

```
[ <表名>.] *
[<表名>.]<属性列名表达式>[, [<表名>.]<属性列名表达式] ...
```

其中，各参数的含义如下。

（1）<属性列名表达式>：由属性列、作用于属性列的集函数和常量、任意算术运算（+、－、*、/）组成的运算公式。

（2）SELECT子句：指定要显示的属性列。

（3）FROM子句：指定查询对象（基本表或视图）。

（4）WHERE子句：指定查询条件。

（5）GROUP BY子句：对查询结果按指定列的值分组，该属性列值相等的元组为一个组。通常会在每组中作用集函数。

（6）HAVING短语：筛选出满足指定条件的组。

（7）ORDER BY子句：对查询结果表按指定列值的升序或降序排序。

◎ 4.4.1　最简单的 SELECT 语句

1. 选择表中的全部列

一般格式如下：

```
SELECT * FROM 表名        /*用 "*" 表示表中所有的列*/
```

【例4-18】查询学生表中的所有学生信息

```
use xssjk
go
SELECT * FROM 学生
```

扫一扫，看视频

在SSMS的"对象资源管理器"的菜单栏下方的工具栏中，单击"新建查询"按钮，输入查询语句后，单击"执行"按钮，即可得到如图4-1所示的查询结果。

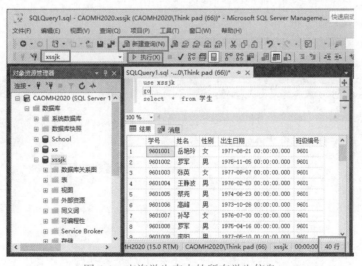

图 4-1　查询学生表中的所有学生信息

注意查看右下角操作影响的记录行数。这个查询结果一共返回了40行数据，通过这一查询可以看出使用SQL语句所操作的是数据集合，而不是单独的行。

T-SQL基础及应用

2. 选择表中部分列

当要求输出表中的部分列时，其语法格式如下：

SELECT 属性列名1 [AS][别名1], 属性列名2 [AS][别名2], ...FROM 表名

服务器会按用户指定列显示，并可通过指定别名改变查询结果列标题的名字。

【例4-19】查询学生表中的所有学生的学号、姓名信息，并将列标题改为SNO、Sname

SELECT 学号 AS SNO，姓名 AS Sname FROM 学生

或

SELECT 学号 SNO，姓名 Sname FROM 学生

扫一扫，看视频

服务器返回的结果如图4-2所示。

图4-2 查询学生表中的所有学生的学号、姓名信息，并将列标题改为 SNO、Sname

3. 使用TOP关键字

TOP关键字，让用户指定返回前面一定数量的数据。当查询到的数据量非常庞大（如有100万行），但又没有必要对所有数据进行浏览时，使用TOP关键字查询可以大大减少查询花费的时间。其语法格式如下：

SELECT [TOP n | TOP n PERCENT] 列名1[, 列名2, ..., 列名n] FROM 表名

其中，各参数的含义如下。

（1）TOP n：表示返回最前面的n行数据，n表示返回的行数。

（2）TOP n PERCENT：表示返回前面的百分之n行数据。

【例4-20】从学生表中返回前5行数据

SELECT TOP 5* FROM 学生

服务器返回的结果如图4-3所示。

扫一扫，看视频

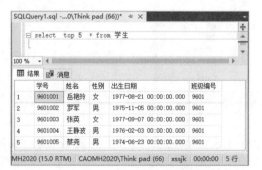

图4-3 从学生表中返回前 5 行数据

【例4-21】从学生表中返回前10%的数据

```
SELECT  TOP 10 percent * FROM 学生
```

服务器返回的结果如图4-4所示。

扫一扫,看视频

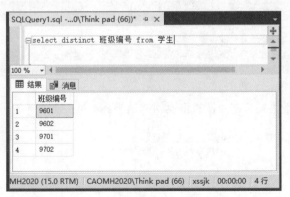

图4-4　从学生表中返回前10%的数据

4. 使用DISTINCT关键字

前面介绍的最基本的查询方式会返回从表格中搜索到的所有行的数据,而不管这些数据是否重复,这常常不是用户所希望看到的。使用DISTINCT关键字能够从返回的结果数据集合中删除重复的行,使返回的结果更简洁。

在使用DISTINCT关键字后,如果表中有多个为Null的数据,服务器会把这些数据视为相等。当同时对两列或多列数据进行查询时,如果使用了DISTINCT关键字,将返回这两列或多列数据的唯一组合。

【例4-22】查询学生表中所有学生的班级编号(要求重复信息只输出一次)

由于一个班级中的学生有多个,所以会有重复的班级编号出现。若使用DISINCT关键字,就可以过滤掉重复的班级编号。代码如下:

```
SELECT distinct 班级编号 FROM 学生
```

扫一扫,看视频

服务器返回的结果如图4-5所示,只返回了4个班级编号,有36个重复的数据被过滤掉了。

图4-5　查询学生表中所有学生的班级编号(要求重复信息只输出一次)

5. 使用计算列

在进行数据查询时,经常需要对查询到的数据进行再次计算处理。T-SQL允许直接在

SELECT语句中使用计算列。计算列并不存在于表格所存储的数据中,它是通过对某些列的数据进行演算得来的。

扫一扫,看视频

```
select 学号,课程号,成绩,成绩*(1+0.1)
from   成绩
```

服务器返回的结果如图4-6所示。

SQLQuery1.sql -...0\Think pad (66))* ⊣ ×

```
select 学号, 课程号, 成绩,成绩*(1+0.1)
from   成绩
```

100 % ▾ ◀

▦ 结果 ▣ 消息

	学号	课程号	成绩	(无列名)
1	9601001	001	76	83.6
2	9601001	002	84	92.4
3	9601001	003	62	68.2
4	9601001	007	77	84.7
5	9601001	008	66	72.6

H2020 (15.0 RTM) | CAOMH2020\Think pad (66) | xssjk | 00:00:00 | 180 行

图 4-6 将成绩表中各门课程的成绩提高 10%

如果没有为计算列指定列名,则此列将显示无列名。

在T-SQL的计算列上,允许使用+、−、*、\、/、%,以及按照位进行计算的逻辑运算符号AND(&)、OR(|)、XOR(^)、NOT(~)和字符串连接符(+)。

6. 操作查询的列名

T-SQL提供了在SELECT语句中操作列名的方法。用户可以根据实际需要对查询数据的列标题进行修改,或者为无标题的列加上临时的标题。

对列名进行操作有以下三种方式。

(1)采用符合ANSI规则的标准方法,在列表达式后面给出列名。

(2)用“=”连接列表达式。

(3)用AS关键字连接列表达式和指定的列名。

扫一扫,看视频

```
01  select 学号, 课程号, 成绩 '原始成绩', 成绩+成绩* 0.1 '调整后成绩' from  成绩
02  select '学号'=学号, '课程号'=课程号, '原始成绩'=成绩, '调整后成绩'=成绩+成绩* 0.1 from 成绩
03  select 学号 , 课程号, 成绩 as '原始成绩', 成绩+成绩* 0.1  as '调整后成绩'
    from  成绩
```

分别执行上面三条语句,服务器查询返回的结果都相同,如图4-7所示。

▦ 结果 ▣ 消息

	学号	课程号	原始成绩	调整后成绩
1	9601001	001	76	83.6
2	9601001	002	84	92.4
3	9601001	003	62	68.2
4	9601001	007	77	84.7
5	9601001	008	66	72.6

2020 (15.0 RTM) | CAOMH2020\Think pad (66) | xssjk | 00:00:00 | 180 行

图 4-7 修改计算列的列标题

4.4.2 带条件的查询

使用WHERE子句的目的是从表格的数据集中过滤出符合条件的行。其语法格式如下：

```
SELECT 列名1[, 列名2, …, 列名n]
FROM 表名
WHERE 条件
```

使用 WHERE 子句可以限制查询的范围，提高查询效率。在使用时，WHERE 子句必须紧跟在FROM 子句之后。WHERE 子句中的条件表达式包括算术表达式和逻辑表达式两种；SQL Server 对WHERE子句中的查询条件的数目没有限制。

1. 使用算术表达式

使用算术表达式的查询条件的一般表示形式为

```
表达式  算术操作符  表达式
```

其中，表达式可以是常量、变量和列表达式的任意有效组合。

WHERE子句中允许使用的算术操作符包括=、>=、<=、>、<、<>。

【例4-25】查询成绩表中成绩达到优秀的学生信息

```
SELECT 学号，课程号，成绩
FROM   成绩
WHERE  成绩>=90
```

服务器返回的结果如图4-8所示。

扫一扫，看视频

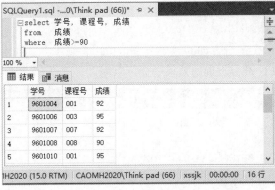

图 4-8 使用比较运算符进行条件查询

2. 使用逻辑表达式

当需要指定一个以上的多重查询条件时，需要用逻辑运算符将其连接成逻辑表达式。在 T-SQL里的逻辑表达式共有以下三个。

- NOT：非，对表达式的否定。
- AND：与，连接多个条件，所有的条件都成立时为真。
- OR：或，连接多个条件，只要有一个条件成立就为真。

三种运算的优先级关系从高到低为NOT>AND>OR，可以通过括号改变其优先级关系。

在T-SQL中逻辑表达式共有三种可能的结果值，分别是TRUE、FALSE和UNKNOWN。 UNKNOWN 是由值为Null的数据参与逻辑运算得出的结果。

【例4-26】查询学生表中班级编号为9601的所有男生信息

```
SELECT  *
FROM   学生
WHERE  性别='男' and 班级编号='9601'
```

查询结果如图4-9所示。

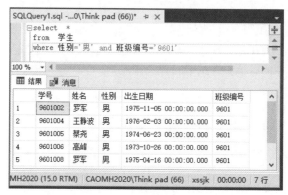

图4-9　使用逻辑表达式进行多重条件查询

3. 确定范围

使用BETWEEN关键字可以更方便地限制查询数据的范围。范围搜索返回介于两个指定值之间的所有值。使用BETWEEN限制查询数据范围时同时包括了边界值，而用NOT BETWEEN进行查询时没有包括边界值。

语法格式如下：

表达式 [NOT] BETWEEN 表达式1 AND 表达式2

使用BETWEEN表达式进行查询的效果完全可以用含有"＞="和"＜="的逻辑表达式来代替。使用NOT BETWEEN进行查询的效果完全可以用含有"＞"和"＜"的逻辑表达式来代替。

【例4-27】查询成绩表中成绩在90～100的学生信息

```
SELECT  *
FROM   成绩
WHERE  成绩 BETWEEN 90 AND 100
```

查询结果如图4-10所示。

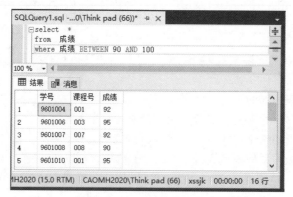

图4-10　使用 BETWEEN 表达式确定查询范围

4.确定集合

使用IN关键字可以查询属性值属于指定集合的元组。同BETWEEN关键字一样，IN的引入也是为了更方便地限制检索数据的范围。其语法格式如下：

表达式 [NOT] IN （表达式1, 表达式2 [, …, 表达式n]）

IN 关键字之后的各项必须用逗号隔开，并且要括在括号内。

【例4-28】查询学生表中9601、9602、9701三个班中的学生信息

```
SELECT  *
FROM 学生
WHERE 班级编号  IN ('9601', '9602','9701')
```

扫一扫，看视频

此语句也可以用逻辑运算符OR实现。

```
SELECT  *
FROM 学生
WHERE 班级编号='9601'  OR 班级编号='9602'  OR 班级编号='9701'
```

5.空值处理

当需要判断一个列是否为Null（空）值时，可以使用IS（NOT）Null关键字来判断。

【例4-29】查询成绩表中成绩为空的学生信息

```
SELECT  *
FROM 成绩
WHERE 成绩 IS  Null
```

扫一扫，看视频

4.4.3 模糊查询

在实际应用中，当用户不知道完全精确的值时，可以使用LIKE或NOT LIKE子句进行模糊查询。LIKE关键字搜索与指定模式匹配的字符串、日期或时间值。其语法格式如下：

表达式 [NOT] LIKE 模式表达式

LIKE关键字使用常规表达式包含值所要匹配的模式。模式表示要搜索的字符串的形式，模式字符串常与通配符配合使用。SQL Server提供了以下4种通配符供用户灵活实现复杂的查询条件。

- %（百分号）：表示0个或多个任意字符。
- _（下划线）：表示单个的任意字符。
- [ ]（封闭方括号）：表示方括号中列出的任意一个字符。
- [^]: 任意一个没有在方括号里列出的字符。

下面来看一下模糊查询的使用方法。

【例4-30】查询学生表中所有姓"李"的学生信息

```
SELECT  *
FROM 学生
WHERE 姓名 LIKE '李%'
```

扫一扫，看视频

查询结果如图4-11所示。

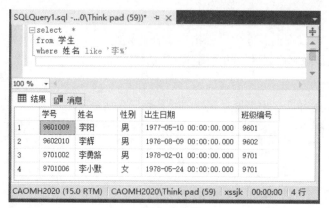

图 4-11　查询学生表中所有姓"李"的学生

扫一扫,看视频

```
SELECT  *
FROM  学生
WHERE  学号  LIKE  '96_2%'
```

查询结果如图4-12所示。

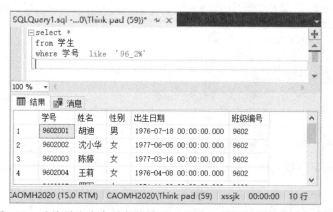

图 4-12　查询学生表中所有学号以 96 开头，第四位是 2 的学生信息

4.4.4　函数的使用

SQL Server提供了一系列统计函数，这些函数把存储在数据库中的数据描述为一个整体而不是一行行孤立的记录。通过使用这些函数可以实现数据集合的汇总或是求平均值等各种统计运算。

1.常用统计函数

最常见的统计函数如表4-4所示。

扫一扫,看视频

```
SELECT   SUM(成绩)  总分,AVG(成绩)  平均分
FROM    成绩
WHERE   学号='9601001'
```

查询结果如图4-13所示。

```
SQLQuery2.sql -...0\Think pad (68))*  ⊣ X
□SELECT SUM(成绩) 总分,AVG(成绩) 平均分
 FROM 成绩
 WHERE 学号='9601001'

100 % ▾ ◀
⊞ 结果 ▤ 消息
       总分   平均分
1      450   75

CAOMH2020 (15.0 RTM)  CAOMH2020\Think pad (68)  xssjk  00:00:00  1 行
```

图 4-13　查询成绩表中学号为 9601001 的学生的总成绩和平均成绩

使用统计函数所返回的结果同使用计算列一样，没有列标题。不过用户可以像使用计算列一样，为统计函数返回的结果指定一个临时列名。例如，可以为上例的"AVG(成绩)"指定列名为"平均分"。

【例4-33】查询学生表中9601班的学生总数

```
SELECT COUNT(学号)
FROM 学生
WHERE 班级编号='9601'
```

扫一扫，看视频

2. 与统计函数一起使用DISTINCT关键字

在T-SQL中，允许与统计函数[如COUNT()、SUM()和AVG()]一起使用DISTINCT关键字，消除重复行。COUNT(*)不允许使用DISTINCT关键字，不消除重复行。

【例4-34】统计成绩表中有成绩的学生人数

```
SELECT COUNT(DISTINCT 学号)
FROM 成绩
```

在本例中返回的结果是40，表示40个学生；若不用DISTINCT关键字，则返回的结果为180，即成绩表中所有的记录行数。

扫一扫，看视频

4.4.5　查询结果排序

在T-SQL语言中，用于排序的是ORDER BY子句。ORDER BY子句必须出现在其他子句之后。其语法格式如下：

ORDER BY 表达式1 [ASC | DESC] [, 表达式2[ASC | DESC][, ...n]]

其中，表达式是用于排序的列。可以用多列进行排序，各列在ORDER BY子句中的顺序决定了排序过程中的优先级。text、ntext或image类型的列不允许出现在ORDER BY子句中。

默认情况下，ORDER BY按升序进行排列，即默认使用的是ASC关键字。如果用户特别要求按降序进行排列，必须使用DESC关键字。

【例4-35】查询成绩表中002号课程的信息并按成绩升序排列

```
SELECT  *FEOM 成绩
```

```
WHERE  课程号 = '002'
ORDER BY  成绩
```

扫一扫，看视频

如果在某一列中使用了一个计算列。例如，对某一列的值使用了函数或者表达式，而用户又希望针对该列的值进行排序，那么必须在ORDER BY子句中再包含该函数或者表达式，或者使用为该计算列临时分配的列名。用户也可以根据未曾出现在SELECT列表中的值进行排序。

【例4-36】查询学生表中学生的学号、姓名，并按出生日期降序排列，学号升序排列

扫一扫，看视频

```
SELECT   学号,姓名
FROM     学生
ORDER BY   出生日期   DESC ,学号
```

4.4.6 使用分组

在大多数情况下，使用统计函数返回的是所有数据行的统计结果。如果需要按某属性列或属性列的组合在行的方向上进行分组，在分组的基础上再进行查询或统计，就要使用GROUP BY子句。

1. 简单分组

【例4-37】查询成绩表中各门课程的选课人数

扫一扫，看视频

```
SELECT 课程号，COUNT(课程号) AS 选课人数
FROM   成绩
GROUP BY 课程号
```

查询结果如图4-14所示。

![SQLQuery窗口截图]
```
SQLQuery1.sql -...0\Think pad (59))*  -|- ×
SELECT 课程号, COUNT(课程号) AS 选课人数
FROM  成绩
GROUP BY 课程号
```

	课程号	选课人数
1	001	20
2	002	40
3	003	20
4	004	20

CAOMH2020 (15.0 RTM) | CAOMH2020\Think pad (59) | xssjk | 00:00:00 | 11 行

图 4-14   查询成绩表中各门课程的选课人数

通过这个结果可以看出，GROUP BY子句可以将查询结果中的各行按一列或多列取值相等的原则进行分组。所有的统计函数都是在对查询出的每一行数据进行了分组以后，再进行的统计计算。所以在结果集合中，对进行分类的列的每一种数据都有一行统计结果值与之对应。分组一般与统计函数一起使用。

GROUP BY子句中不支持对列分配的别名，也不支持任何使用了统计函数的集合列。需要特别注意的是，对SELECT后面的每一列数据除了出现在统计函数中的列以外，都必须出现在GROUP BY子句中。

例如，图4-15中的查询是错误的：选择列表中的列"学号"无效，因为该列既没有包含在聚合函数中，也没有包含在GROUPBY子句中。

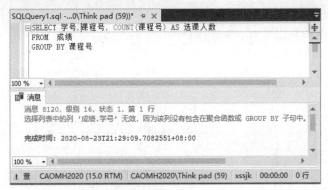

图4-15　查询错误提示

我们也可以根据多列进行分组。这时，统计函数按照这些列的唯一组合进行统计计算。

【例4-38】查询成绩表中每个学生的总成绩并进行降序排列

```
SELECT  学号，SUM(成绩) AS  总成绩
FROM    成绩
GROUP BY 学号
ORDER BY SUM(成绩)   DESC
```

扫一扫，看视频

查询结果如图4-16所示。

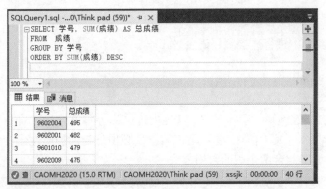

图4-16　查询成绩表中每个学生的总成绩并进行降序排列

2. 使用HAVING筛选结果

可以对符合条件的信息进行分组统计。

【例4-39】查询成绩表中选修三门以上课程的学生的学号

```
SELECT  学号，COUNT(课程号) AS课程数
FROM    成绩
GROUP BY 学号
HAVING   COUNT(*) >3
```

扫一扫，看视频

【例4-40】查询成绩表中全部及格的学生中平均成绩大于75分的学生信息

```
SELECT    学号，AVG(成绩) 平均成绩 FROM 成绩
```

```
WHERE 成绩>=60
GROUP BY 学号
HAVING AVG(成绩)>75
ORDER BY 平均成绩
```

扫一扫，看视频

　　由本例可以发现，WHERE子句和HAVING子句的根本区别在于作用对象不同。WHERE子句作用于基本表或视图，是在求平均值之前从表中选择所需要的行；HAVING子句则是在进行统计计算后产生的结果中选择需要的行。HAVING子句必须用在GROUP BY子句之后，但GROUP BY子句可以没有HAVING子句。

4.5　T-SQL高级查询

4.5.1　连接查询

　　在数据库的应用中，用户经常需要从多个相关的表中查询数据。当查询同时涉及两个及两个以上的表时，称为连接查询。用来连接两个表的条件称为连接条件或连接谓词。连接谓词中的列名称为连接字段。连接条件中的各连接字段类型必须是可比的，但不必是相同的。

　　表的连接方法有以下两种。

　　（1）使用FROM 子句和WHERE 子句指定连接。其语法格式如下：

```
SELECT 列
FROM 表1, 表2
WHERE表1.列1 比较运算符 表2.列2
```

　　（2）使用关键字JOIN进行连接。其语法格式如下：

```
SELECT 列
FROM 表1 [INNER|RIGHT|LEFT|FULL] JION 表2
ON 表1.列1 比较运算符 表2.列2
```

　　当连接所用的比较运算符为"="时，这种内连接称为等值连接。自然连接是一种特殊的等值连接，它要求两个关系(表)中进行比较的分量必须是相同的属性组，并且在结果中把重复的属性列去掉。它是组合两个表的常用方法。

【例4-41】查询学生表和成绩表中学生的学号、姓名和成绩信息

扫一扫，看视频

方法1：

```
SELECT 学生.学号, 学生.姓名, 成绩.成绩
FROM    学生,成绩
WHERE   学生.学号=成绩.学号
```

　　当在查询中引用多个表时，所有列引用都必须是明确的。在查询所引用的两个或多个表中，任何重复的列名都必须用表名加以限定。例如，例4-41中的学号列在两个表中都存在，引用的时候要加上表名加以限定。

方法2：

```
SELECT 学生.学号, 学生.姓名, 成绩.成绩
FROM    学生 JOIN 成绩
  ON    学生.学号=成绩.学号
```

　　在上述查询中，学生表与成绩表通过学号列进行连接，这样可以在一次查询中从两个表中

获得数据。

　　如果某个列名在查询用到的两个或多个表中不重复，则对该列的引用就不必加表名来限定。但由于没有指明提供每个列的表，因此这样的 SELECT 语句有时会难以理解。如果所有的列都用它们的表名加以限定，将会提高查询的可读性。

【例4-42】查询学生表、成绩表和课程表中学生的学号、姓名、所选课程的课程号、课程名和成绩信息

方法1：

```
SELECT    学生.学号,学生.姓名,学生.性别,课程.课程名,成绩.成绩
FROM      课程,成绩,学生
WHERE （ 课程.课程号 = 成绩.课程号）AND（成绩.学号 = 学生.学号）
```

方法2：

```
SELECT    学生.学号,学生.姓名,学生.性别,课程.课程名,成绩.成绩
FROM      课程
INNER JOIN  成绩 ON  课程.课程号 =  成绩.课程号
INNER JOIN  学生 ON  成绩.学号 =  学生.学号
```

　　通过上述查询，可以将学生、课程和成绩三个表连接起来，同时把学生、课程和成绩信息对应起来。
　　上述普通连接操作只输出满足连接条件的元组，而外连接操作以指定表为连接主体，将主体表中不满足连接条件的元组一并输出。外连接可以是左向外连接、右向外连接或完整外部连接。以主表所在的方向区分外部连接，主表在左边，则称为左连接；主表在右边，则称为右连接。

【例4-43】查询学生表中每个学生及其选修课程的情况（包括没有选修课程的学生——用外连接操作）

　　为了验证效果，我们在xssjk的成绩表中将学号为9601001的学生的成绩信息删除，执行下列代码后，结果如图4-17所示，不符合条件的列被填入Null值后，再返回结果集。

```
SELECT    S.学号,S.姓名,C.课程号,C.成绩
FROM      学生 AS S  LEFT JOIN 成绩 AS C
ON        S.学号= C.学号
```

扫一扫，看视频

```
□SELECT   S.学号,S.姓名,C.课程号,C.成绩
  FROM    学生 AS S LEFT JOIN 成绩 AS C
  ON   S.学号= C.学号
```
100 % ▾ ◂

田 结果 消息

	学号	姓名	课程号	成绩
169	9702009	齐茹	002	62
170	9702009	齐茹	004	74
171	9702009	齐茹	006	67
172	9702010	谢珊	002	85
173	9702010	谢珊	004	71
174	9702010	谢珊	006	82
175	9601001	岳艳玲	Null	Null

CAOMH2020 (15.0 RTM) | CAOMH2020\Think pad (61) | xssjk | 00:00:00 | 175 行

图4-17　查询学生表中每个学生及其选修课程的情况

4.5.2　子查询

　　子查询是指将SELECT…FROM…WHERE语句块作为另一条SELECT语句的一部分，外

层的SELECT语句被称为外部查询，内层的SELECT语句被称为内部查询（或子查询）。

子查询受下列限制的制约。

（1）通过比较运算符引入的子查询选择列表只能包括一个表达式或列名称（对 SELECT * 执行的 EXISTS 或对列表执行的 IN 子查询除外）。

（2）如果外部查询的WHERE 子句包括列名称，则它必须与子查询选择列表中的列是连接兼容的。

（3）text、ntext和 image 数据类型不能用在子查询的选择列表中。

（4）由于必须返回单个值，所以由未修改的比较运算符（即后面未跟关键字 ANY 或 ALL 的运算符）引入的子查询不能包含 GROUP BY 和 HAVING 子句。

（5）包含 GROUP BY 的子查询不能使用 DISTINCT 关键字。

（6）不能指定 COMPUTE 和 INTO 子句。

（7）只有指定了 TOP 时才能指定 ORDER BY。

（8）不能更新使用子查询创建的视图。

子查询分为以下两种。

1. 嵌套子查询

嵌套子查询的执行不依赖于外部查询。

嵌套子查询的执行过程：首先执行子查询，子查询得到的结果集将不被显示出来，而是传给外部查询，作为外部查询的条件使用；然后执行外部查询，并显示查询结果。子查询可以多层嵌套。

嵌套子查询一般也分为两种：子查询返回单个值和子查询返回一个值列表。

（1）返回单个值。该值被外部查询的比较操作（如=、!=、<、<=、>、>=）使用，该值可以是子查询中使用统计函数得到的值。

【例4-44】查询成绩表中"张英"同学的选课信息

扫一扫，看视频

```
SELECT  *
FROM   成绩
WHERE  学号= (SELECT 学号
              FROM 学生
              WHERE 姓名='张英')
```

例4-44的查询也可以用前面讲过的表连接来实现，代码如下：

```
SELECT 成绩.学号, 课程号, 成绩
FROM   学生,成绩
WHERE  成绩.学号=学生.学号  AND  姓名='张英'
```

得到的结果与例4-44使用子查询一样，但连接操作要比子查询快，所以能使用表连接时尽量使用表连接。

（2）返回一个值列表。该值列表被外部查询的IN、NOT IN、ANY、SOME或ALL操作使用。

IN表示属于，即外部查询中用于判断的表达式的值与子查询返回的值列表中的某一个值相等；NOT IN表示不属于。

【例4-45】查询学生表中选修006号课程的学生的学号、姓名

```
SELECT 学号,姓名  FROM 学生
WHERE 学号 IN
              (SELECT 学号
```

```
FROM 成绩
WHERE 课程号='006')
```

在这个例子中，选修006号课程的学生可能有多个，故子查询返回的将是一个多行单列的值列表集合，故在外层查询中要使用IN集合运算。

ANY、SOME和ALL用于一个值与一组值进行比较运算，其中ANY和SOME在SQL-92标准中是等同的。以">"为例，">ANY"表示大于集合中的任意一个，">ALL"表示大于集合中的所有值。例如，">ANY(1, 2, 3)"表示大于1，而">ALL(1, 2, 3)"表示大于3。

【例4-46】查询成绩表中比学号为9701001的学生的所有成绩都高的学生的学号

```
SELECT 学号 FROM 成绩
WHERE 成绩>ALL
            (SELECT 成绩
             FROM    成绩
             WHERE   学号= '9701001 ')
```

扫一扫, 看视频

在例4-46中，使用ALL来限制大于集合中所有的值，即大于集合中的最大值，在此可以使用统计函数MAX()将子查询的结果转化为单值，该例与下面的语句等同。

```
SELECT 学号  FROM 成绩
WHERE 成绩> (SELECT  MAX(成绩)
             FROM    成绩
             WHERE   学号='9701001 ')
```

由分析可知，ALL、ANY（SOME）转化为等同的单值运算的对应方式如表4-5所示。

表4-5 ANY和ALL的使用方法

使用形式	等同形式	意　义
>ANY 或 >SOME	>MIN()	大于集合中的任意一个，即大于集合中的最小值
<ANY 或 <SOME	<MAX()	小于集合中的任意一个，即小于集合中的最大值
>ALL	>MAX()	大于集合中的每一个，即大于集合中的最大值
<ALL	<MIN()	小于集合中的每一个，即小于集合中的最小值

2. 相关子查询

在相关子查询中，子查询的执行依赖于外部查询，多数情况下是子查询的WHERE子句中引用了外部查询表中的属性值。

相关子查询的执行过程与嵌套子查询完全不同，嵌套子查询中子查询只执行一次，而相关子查询中的子查询需要重复地执行，为外部查询可能选择的每一行均执行一次。相关子查询的执行过程如下。

（1）子查询为外部查询的每一行执行一次，外部查询将将子查询引用的列的值传给子查询。

（2）外部查询根据子查询返回的结果判断此行是否满足查询条件。如果满足，则把该行放入外部查询的结果集中。

（3）再回到（1），重复执行这一过程，直到处理完外部表的每一行。

【例4-47】查询成绩表中大于指定课程平均成绩的学生信息

```
SELECT  *  FROM  成绩  S1
WHERE  成绩> (SELECT  AVG(成绩)
             FROM   成绩  S2
             WHERE  S1.课程号=S2.课程号)
```

扫一扫, 看视频

思考：例4-47与下面的语句比较一下结果有什么不同？

```
SELECT  *  FROM  成绩  S1
WHERE  成绩>  (SELECT  AVG(成绩)
              FROM  成绩)
```

此外，使用存在量词EXISTS、NOT EXISTS谓词也可以进行相关子查询。带有EXISTS谓词的子查询不返回任何数据，只产生逻辑真值TRUE或逻辑假值FALSE。若内层查询结果非空，则返回逻辑真值；若内层查询结果为空，则返回逻辑假值。NOT EXISTS谓词则正好相反。

由EXISTS、NOT EXISTS引出的子查询，其目标列表达式通常都用"*"，因为带EXISTS的子查询只返回逻辑真值或逻辑假值，给出的列名并无实际意义。

【例4-48】查询学生表和成绩表中所有选修001号课程的学生姓名

扫一扫，看视频

```
SELECT  姓名   FROM   学生
    WHERE EXISTS
        (SELECT *
         FROM 成绩    /*相关子查询*/
    WHERE  成绩.学号=学生.学号 AND 课程号= '001')
```

分析：本查询涉及学生和成绩两个表。在学生表中依次取每个元组的"学号"值，用此值去检查"成绩"关系。若成绩表中存在这样的元组，其"学号"值等于此"学生.学号"值，并且其"课程号" = '001'，则取此"学生.姓名"送入结果关系。

EXISTS谓词也可以用之前讲过的连接或IN操作实现，而NOT EXISTS则可以实现很多新功能。

【例4-49】查询学生表和成绩表中选修所有课程的学生姓名

扫一扫，看视频

```
SELECT  姓名 FROM 学生
 WHERE NOT EXISTS
    (SELECT * FROM 课程
          WHERE NOT EXISTS
            (SELECT * FROM 成绩 WHERE 学号=学生.学号 AND
                课程号=课程.课程号))
);
```

3. 在查询的基础上创建新表

使用SELECT INTO语句可以在查询的基础上创建新表，用SELECT INTO语句首先创建一个新表，然后用查询的结果填充新表。其语法格式如下：

```
SELECT 列
INTO 新表
FROM 源表
[WHERE 条件1]
[GROUP BY 表达式1]
[HAVING 条件2]
[ORDER BY 表达式2[A成绩|DE成绩]]
```

【例4-50】将学生选课的情况，包括学号、姓名、课程号、课程名和成绩5项内容保存为新表SC

扫一扫，看视频

```
SELECT 学生.学号, 学生.姓名, 课程.课程号, 课程.课程名, 成绩.成绩
    INTO SC
FROM 学生, 课程, 成绩
WHERE  学生.学号=成绩.学号 AND  课程.课程号=成绩.课程号
```

4.6　视图

4.6.1　创建视图

视图在数据库中是作为一个对象来存储的。创建视图前，要保证创建视图的用户已被数据库所有者授权使用CREATE VIEW语句，并且有权操作视图所涉及的表或其他视图。在T-SQL语言中用于创建视图的语句是CREATE VIEW语句。

语法格式如下：

```
CREATE VIEW 视图名 [(<视图列名>[,<视图列名>]...)]
[WITH <view_attribute>  [,...] ]
AS
子查询语句
[WITH CHECK OPTION]
```

其中，各参数的含义如下。

（1）列名。视图中包含的列可以有多个列名，最多可引用1024个列。若使用与源表或视图中相同的列名，则不必给出列名。选择列表可以是基表中列名的完整列表，也可以是其部分列表。

下列情况中必须指定视图中每列的名称。

- 视图中的任何列都是从算术表达式、内置函数或常量派生而来。
- 视图中有两列或多列具有相同名称（通常由于视图定义包含连接，因此来自两个或多个不同表的列具有相同的名称）。
- 希望为视图中的列指定一个与其源列不同的名称。无论重命名与否，视图列都会继承其源列的数据类型。

（2）WITH <view_attribute>属性可以取以下值。

- ENCRYPTION：加上这个选项则视图是加密的。因此，创建视图时需要将脚本保存，否则将无法修改视图。
- SCHEMABINDING：指定将视图与其所依赖的表或视图结构进行定义绑定；绑定后，如果需要修改底层表结构，则先要删除或修改底层表上绑定的视图。在定义视图索引时，必须指定SCHEMABINDING。
- VIEW_METADATA：指定为引用视图的查询请求浏览模式的元数据时，向DBLIB、ODBC或OLEDB API返回有关视图的元数据信息，而不是返回底层表的元数据信息。

（3）查询语句。用来创建视图的SELECT语句。可在SELECT语句中查询多个表或视图，以表明新创建的视图所参照的表或视图，可以是任意复杂的SELECT语句，但通常不允许含有ORDER BY子句和DISTINCT短语。通常建议在视图外部进行ORDER BY。

（4）WITH CHECK OPTION。指出在视图上所进行的修改都要符合查询语句所指定的限制条件，这样可以确保数据修改后，仍可通过视图看到修改的数据。

【例4-51】创建成绩视图，查询学生选课的信息，包括学号、姓名、课程号、课程名和成绩

扫一扫，看视频

```
CREATE VIEW 成绩视图
AS
SELECT 学生.学号，学生.姓名，课程.课程号，课程.课程名，成绩.成绩
FROM   学生，课程，成绩
WHERE  学生.学号=成绩.学号 AND  课程.课程号=成绩.课程号
```

创建视图时，源表可以是基本表，也可以是视图。

【例4-52】创建视图V_AVG，查询每个学生的学号、姓名和平均分

扫一扫，看视频

```
CREATE VIEW  V_AVG(学号，姓名，平均分)
AS
SELECT 学号，姓名，AVG(成绩)
FROM   成绩视图
GROUP BY 学号，姓名
```

4.6.2 查询视图

视图定义后，可以像查询基本表那样对视图进行查询。

【例4-53】查询成绩视图中不及格的学生的成绩信息

```
SELECT *
FROM 成绩视图
WHERE 成绩<60
```

扫一扫，看视频

从例4-53可以看出，创建视图可以向最终用户隐藏复杂的表连接，简化用户的SQL程序设计。视图还可通过在创建视图时指定限制条件和指定列来限制用户对基本表的访问。例如，若限定某用户只能查询成绩视图，实际上就是限制了它只能查询学生的成绩信息；在创建视图时可以指定列，实际上也就是限制了用户只能访问这些列，从而视图也可看作是数据库的一种安全机制。

4.6.3 修改视图

使用视图查询时，若在其关联的基本表中添加了新字段，则必须重新创建视图或修改视图的定义才能查询到新字段。

【例4-54】修改成绩视图，查询学生选课的信息，包括学号、课程名和成绩

扫一扫，看视频

```
ALTER VIEW 成绩视图
AS
SELECT 学生.学号，课程.课程名，成绩.成绩
FROM   学生，课程，成绩
WHERE  学生.学号=成绩.学号 AND  课程.课程号=成绩.课程号
```

4.6.4 更新视图

由于视图是一张虚表，所以对视图的更新，最终转换成对基本表的更新，其更新操作包括添加、修改和删除数据，语法与对基本表的更新操作一样。

注意：并不是所有的视图都可以更新。例如：

● 如果视图的SELECT目标列包含聚集函数，则不能更新。
● 如果视图的SELECT子句使用了DISTINCT，则不能更新。
● 如果视图中包括了GROUP BY子句，则不能更新。
● 如果视图中包括经算术表达式计算出来的列，则不能更新。
● 如果视图是由某个表的列构成，但并没有包括主键，则不能更新。

【例4-55】受限更新WITH CHECK OPTION

```
CREATE VIEW D_stu  AS
 SELECT 学号,姓名,性别 FROM 学生 WHERE 性别='女' WITH CHECK OPTION

 UPDATE D_stu SET 性别='男' WHERE 姓名='张英'     --不能更新为性别"男"
 INSERT INTO D_stu VALUES('2000003','zhang','男') --不能插入性别为"男"的记录
```

扫一扫，看视频

WITH CHECK OPTION表示对视图进行UPDATE、INSERT和DELETE操作时要保证更新、插入或删除的行满足视图定义中的条件（即子查询中的条件表达式）。

4.6.5 删除视图

如果与视图相关联的表或视图被删除，则该视图将不能再使用。但此视图不会自动被删除，需要用户显式地删除。

【例4-56】删除成绩视图

```
DROP VIEW 成绩视图
```

扫一扫，看视频

4.7 数据操纵

SQL提供的数据操纵语言主要包括插入数据、修改数据和删除数据三类语句。

4.7.1 向表中插入数据

SQL提供如下两种插入数据方式。

1.插入单个元组

语法格式如下：

```
INSERT
INTO <表名> [(<属性列1>[, <属性列2 >...)]
VALUES (<常量1> [, <常量2>] ... )
```

功能：将新元组插入指定表中。

在VALUES中给出的数据与用CREATE TABLE定义表时给定的列名顺序、类型和数量均相同即可。

【例4-57】向课程表中添加一条记录

```
INSERT  INTO 课程
```

扫一扫，看视频

```
VALUES ('080', '数据库原理与应用')
```

　　　　若对表中的结构不明确，即对列的顺序不明确，则要在表名后面给出具体的列名，而且列名顺序、类型和数量也要与VALUES中给出的数据一一对应。如上面的语句也可以写成以下形式：

```
INSERT  INTO 课程 (课程号, 课程名)
VALUES ('080', '数据库原理与应用')
```

注意：

（1）输入数据的顺序和数据类型必须与表中列的顺序和数据类型一致。

（2）列名与数据必须一一对应，当每列都有数据输入时，列名可以省略，但输入数据的顺序必须与表中列的定义顺序相一致。

（3）可以不给全部列赋值，但没有赋值的列必须是可以为空的列。

（4）插入字符型和日期型数据时要用单引号引起来。

2. 将子查询结果插入指定表中（添加多行数据）

语法格式如下：

```
INSERT
INTO <表名> [(<属性列1> [, <属性列2>... )]
子查询;
```

功能：将子查询结果插入指定表中。

通过在INSERT语句中嵌套子查询，可以将子查询的结果作为批量数据，一次向表中添加多行数据。

DBMS在执行插入语句时会检查所插元组是否破坏表上已定义的完整性规则。如实体完整性、参照完整性、用户定义的完整性，对于有NOT Null约束的属性列是否提供了非空值、对于有UNIQUE约束的属性列是否提供了非重复值、对于有值域约束的属性列所提供的属性值是否在值域范围内等。

【例4-58】添加批量数据

创建一个新的数据表S：

扫一扫，看视频

```
CREATE TABLE S
  (SNO CHAR(7)   NOT Null,
   SNAME CHAR(20)  NOT Null,
   CSRQ DATETIME)
```

假设学生表中已有一批数据，可以从学生表中选择部分数据插入到新表S中，此处将所有女生的信息插入到新表S中。

```
INSERT INTO S
SELECT 学号,姓名,出生日期
FROM 学生
WHERE 性别='女'
```

4.7.2 修改表中数据

当数据添加到表中后，会经常需要修改，如客户的地址发生了变化，货品库存量的增减等。使用UPDATE语句可以实现数据的修改，其语法格式如下：

```
UPDATE 表名
```

```
SET <列名>= <表达式> [, <列名>= <表达式>...]
[ WHERE 条件 ]
```

功能：修改指定表中满足WHERE子句条件的行。

【例4-59】将成绩表中006号课程的成绩加10

```
UPDATE 成绩
SET      成绩=成绩+10
WHERE    课程号='006'
```

扫一扫，看视频

在此例中，只有满足WHERE子句条件的行被修改。

4.7.3 删除表中数据

当数据的添加工作完成以后，随着使用和对数据的修改，表中可能存在一些无用的数据，这些无用数据不仅会占用空间，还会影响修改和查询数据的速度，所以应及时将它们删除。

其语法格式如下：

```
DELETE  FROM <表名>
[WHERE <条件>]
```

功能：删除指定表中满足WHERE子句条件的元组。

其中，表名是要删除数据的表的名字。如果DELETE语句中没有WHERE子句限制，表中的所有记录都将被删除。

【例4-60】删除学生表中学号为9601003的学生信息

```
DELETE FROM 学生
WHERE 学号='9601003'
```

扫一扫，看视频

执行结果：

(1 行受影响)

4.8 习题

操作题

1. 根据第3章习题建立的BookSys数据库，完成以下查询语句。

（1）查询图书馆中所有的图书、出版社、作者信息。

（2）查询读者的所有信息。

（3）查询本地SQL Server服务器的版本信息。

（4）查询前10项读者借阅图书的信息。

（5）查询前10%的读者借阅图书的信息。

（6）查询所有借书的读者的编号，要求取消重复行。

（7）查询图书价格打8折后的图书名称、原价和折后价格，分别以"图书名称""原价""折后价格"为列名显示。

（8）查询价格大于等于20元的图书信息。

（9）查询"中国水利水电出版社"出版的价格大于等于20元的图书信息。

（10）查询价格在20～40之间的图书信息。

（11）查询由"中国水利水电出版社""高等教育出版社""清华大学出版社"出版的所有图书。

（12）查询李姓读者的信息。

（13）查询姓名是三个字的读者的信息。

（14）计算图书馆图书的总价格和平均价格。

（15）计算出自"中国水利水电出版社"的图书数量。

（16）按读者级别由高到低输出读者信息。

（17）统计各出版社在图书馆中藏书的数量并输出数量大于20的图书信息。

（18）查询借过书的读者的借阅信息，包括读者姓名、借书书名、借阅日期、还书日期及书的价格。

（19）查询所有读者的借阅信息，包括读者姓名、借书书名、借阅日期、还书日期及书的价格。

（20）查询所有图书被借的信息，包括读者姓名、借书书名、借阅日期、还书日期及书的价格。

（21）查询图书价格大于图书平均价格的所有图书信息。

（22）查询"李青"曾出版过书的出版社和还出版了哪些书。

（23）查询价格大于"中国水利水电出版社"出版的任意书的价格的图书信息。

（24）查询价格不大于"中国水利水电出版社"出版的所有书的价格的图书信息。

2. 根据第3章习题建立的BookSys数据库，建立视图显示读者借书的信息（包括读者姓名、借书书名、借阅日期）。

第 5 章

数据库的完整性控制

学习目标

本章主要讲述数据库完整性的含义和数据库完整性控制机制，重点介绍了 SQL Server 2019 中数据库完整性的几种实现方法，介绍了规则和默认的使用方法。通过本章的学习，读者应该掌握以下内容：

- 熟练掌握数据库完整性的含义
- 掌握数据库完整性的控制机制以及实现方法
- 熟悉使用完整性规则实现数据库完整性的方法
- 熟悉使用默认值实现数据库完整性的方法

内容浏览

5.1 完整性概述

5.1.1 数据库完整性的含义

数据库的完整性是指确保数据库中数据的正确性、有效性和相容性，防止错误的数据进入数据库造成无效操作。数据库是现实世界的映像，现实世界中各实体以及实体之间存在各种约束关系，如一个学生不能有两个学号、年龄必须是数值型数据等。因此，在数据库的设计中，必须考虑其完整性设计。DBMS应尽可能地自动防止数据库中出现语义不合理现象，减轻用户和程序员操作时的负担。

5.1.2 完整性规则的组成

为了维护数据库的完整性，DBMS必须提供一组完整性规则，用来检查数据库中的数据，看其是否满足语义约束。具体地说，完整性规则由三部分组成。

（1）完整性约束条件的定义机制：DBMS应提供定义数据库完整性约束条件的机制，并把它们作为模式的一部分存入数据库中。

（2）完整性检查机制：检查用户发出的操作请求是否违背了完整性约束条件，提供完整性检查的方法。

（3）违约处理：如果发现用户的操作请求使数据违背了完整性约束条件，则采取一定的动作来保证数据的完整性。

一个完善的完整性控制机制应该允许用户定义各类完整性约束条件。完整性规则从执行时间上可分为立即执行约束（Immediate Constraints）和延迟执行约束（Deferred Constrainsts）。立即执行约束是指语句执行完后立即检查是否违背完整性约束。延迟执行约束是指整个事务执行结束后，再对约束条件进行完整性检查，结果正确后才能提交。例如，银行转账必须转出和转入都执行成功了，才能进行完整性检查。

关系模型的完整性包括实体完整性、参照完整性和用户定义的完整性。对于违反实体完整性和用户定义完整性的操作一般都是采用拒绝执行的方式进行处理；而对于违反参照完整性的操作，既可以拒绝执行，也可以接受这个操作，同时执行一些附加的操作，以保证数据库的状态正确。例如，在第3章中定义了学生表和成绩表之间的级联更新、级联删除操作，当在学生表中更新某一学生的学号或删除某一学生时，会级联更新成绩表中相应的学号或删除该同学的所有成绩记录。

数据库系统的整个完整性控制都是围绕着完整性约束条件进行的，所以，完整性约束条件是完整性控制机制的核心。

5.1.3 数据库完整性的分类

完整性约束条件作用的对象可以是列、元组和关系三种对象，其中列约束对属性的数据类型、范围、精度、空值等进行约束；元组约束是对元组中各个属性列间的联系进行约束；关系约束则是对若干元组间、关系集合上以及关系之间的联系的约束。常见的约束包含以下几种。

1. 域完整性

域完整性是指列的值域的完整性，又称为列完整性。它施加于某一列上，对给定列限制列的数据类型、数据格式、取值范围和是否空值等，以保证表中的列不能输入无效的值。例如，在学生表中，限制"性别"列只能输入"男""女"两值之一，其他数据不能被接受，以此来保证域完整性。实现域完整性可以通过定义相应的数据类型、CHECK约束、DEFAULT、NOT Null等方法来实现。

2. 实体完整性

实体完整性是指关系中的所有元组都是唯一的，没有两个完全相同的元组，即没有完全相同的两行，因此实体完整性又称为行完整性。实体完整性规则用来确保每个关系中的所有行能唯一地标识，一般通过UNIQUE约束、PRIMARY KEY约束及identity属性来实现。例如，在学生表中，若以"学号"为主键，则"学号"不能为空，且不能重复，即表中的每个学生必须有独一无二的学号，以此来保证实体完整性。

3. 参照完整性

在关系数据模型中，表与表之间的关联是使用外键来定义的。例如，学生和成绩两个表之间的关联是通过在成绩表中将学号属性作为外键来实现的。这就要求我们在向成绩表中插入新的一行时，必须确保选课的学生已经存在于学生表中。

参照完整性约束是在两个表的行之间维持一致性的规则。这个规则要求，如果一个表中有外键，则每个外键的取值必须与关联的另一个表的主键取值匹配，或者必须为Null，以此来保证主表中的数据与从表中的数据的一致性。除了定义外键关系以外，还可以用触发器来维护参照完整性。

4. 统计约束

统计约束是指某个属性值与一个关系多个元组的统计值之间必须满足某种约束条件。例如，规定部门经理的工资只能在职工平均工资的2～5倍之间。这里职工平均工资就是一个统计计算值。

这几种常见约束中，实体完整性约束和参照完整性约束是关系模型的两个极其重要的约束，被称为关系的两个不变性。

5.1.4 数据库完整性的实施

为了保证数据库的完整性，SQL Server提供了一系列的定义完整性的机制和完整性检查的方法，并能够进行违约处理。具体可以分为以下两种形式来实施。

（1）声明式数据完整性：将数据所需符合的条件融入对象的定义中，主要通过针对表和字段的定义声明以及使用约束、默认值和规则等方法来实现。

（2）程序化数据完整性：即通过程序代码完成所需符合条件的实施，在SQL Server中可以使用存储过程或触发器来实现。

综上所述，SQL Server中实施数据完整性的方法有5种：约束、默认值、规则、存储过程和触发器。在选用实施数据库完整性的方法时，应优先选用约束，因为约束的执行速度比默认值和规则快。在第3章和第4章中已经详细介绍了约束的使用，在本章中主要讨论规则和默认值的内容，第6章将讨论存储过程和触发器。

5.2 使用规则

扫一扫，看视频

　　规则是对数据库中存储在表中的列或用户定义数据类型中的值的规定和限制。规则是一种单独存储的独立的数据库对象，可以绑定到表的一列或多列上，其作用类似于CHECK约束，但两者略有区别。CHECK约束是在CREATE TABLE或ALTER TABLE语句中定义，嵌入了被定义的表结构，也就是说删除表的时候CHECK约束也随之被删除；而规则的使用需要用 CREATE RULE语句进行定义，作为一种单独的数据库对象，它是独立于表的，删除表并不能删除规则，需要用DROP RULE语句才能删除。规则和CHECK约束可以同时使用，表的列可以有一个规则及多个约束，使用约束优先于使用规则，但CHECK约束不能直接作用于用户定义的数据类型。

　　在SQL Server 2019中，规则的创建、绑定、解除和删除操作既可以使用T-SQL语句实现，也可以在SSMS中进行。下面将使用规则来实现限制成绩表中的成绩列的值在0~100。

5.2.1 创建规则

　　CREATE RULE语句用于在当前数据库中创建规则，其语法格式如下：

```
CREATE  RULE rule_name
 AS condition_expression
```

　　其中，各参数的含义如下。

　　（1）rule_name：新建的规则名称。

　　（2）condition_expression：定义规则的条件，可以是能用于WHERE条件子句中的任何表达式，包含算术运算符、关系运算符和谓词。

【例5-1】要求成绩列的值为0 ～ 100（创建一个成绩范围规则）

```
CREATE RULE score_rule
AS @成绩 >=0  and @成绩 <=100;
```

5.2.2 绑定规则

　　要使用规则，必须将定义好的规则和列或者用户定义数据类型进行绑定。只有绑定后，规则才可以发生作用。表的一列或一个用户定义数据类型只能与一个规则进行绑定，而一个规则可以绑定到多个对象上。

　　系统存储过程sp_bindrule用于绑定一个规则到表的一列或一个用户定义数据类型上，其语法格式如下：

```
EXEC Sp_bindrule [ @rulename= ] 'rule',
[@objname=] 'object_name'
[, [@futureonly=] 'futureonly' ]
```

　　其中，各参数的含义如下。

　　（1）[@rulename=] 'rule'：指定规则名称。

　　（2）[@objname=] 'object_name'：指定规则绑定的对象，可以是列或用户定义数据类型。如果是表的列，则object_name采用格式table.column书写；否则认为它是用户定义数据类型。

（3）[, [@futureonly=] 'futureonly']：仅在绑定规则到用户定义数据类型时使用。

【例5-2】将已定义好的score_rule规则绑定到成绩表的成绩列中

```
EXEC sp_bindrule score_rule, '成绩.成绩';
```

5.2.3　解除规则绑定

当已绑定规则的列或者用户定义数据类型不再需要使用规则时，可以对其进行解除规则绑定。

系统存储过程sp_unbindrule 可解除规则与列或用户定义数据类型的绑定，其语法格式如下：

```
EXEC Sp_unbindrule [@objname=] 'object_name'
[, [@futureonly=] 'futureonly' ]
```

其中，各参数的含义如下。

（1）[@objname=] 'object_name'：指定解除规则绑定的对象，可以是列或用户定义数据类型。如果是表的列，则object_name采用table.column格式书写；否则，认为它是用户定义数据类型。

（2）[, [@futureonly=] 'futureonly']：指定现有的由此用户定义数据类型的列解除与规则的绑定，如果不指定此项，则所有以此用户定义数据类型定义的列将随之解除与此规则的绑定。

【例5-3】解除绑定在成绩表的成绩列中的score_rule规则

```
EXEC sp_unbindrule   '成绩.成绩';
```

5.2.4　删除规则

对于不再使用的规则，可以对其进行删除。在删除规则前必须先解除规则的绑定。

DROP RULE语句用于在当前数据库中删除一个或多个规则，其语法格式如下：

```
DROP  RULE { rule_name}[,...n]
```

其中，rule_name：要删除的规则名称。

【例5-4】删除已创建的score_rule规则

```
DROP RULE score_rule;
```

5.3　使用默认值

默认值是一种数据库对象，与DEFAULT约束功能相似，两者的区别类似于规则与CHECK约束在使用上的区别。DEFAULT约束是和表的定义联系在一起的，删除表的同时DEFAULT约束也被删除，而默认值对象的使用需要用CREATE DEFAULT语句进行定义，作为一种单独的数据库对象，它是独立于表的，删除表并不能删除默认值对象。

扫一扫，看视频

在SQL Server 2019中，默认值的创建、绑定、解除和删除操作可以使用T-SQL语句来实现，下面将使用默认值将学生表中的"性别"列的默认值设置为"男"。

5.3.1 创建默认值

CREATE DEFAULT语句用于在当前数据库中创建默认值，其语法格式如下：

```
CREATE DEFAULT default_name
 AS constant_expression
```

其中，各参数的含义如下。

（1）default_name：新建的默认值名称。

（2）constant_expression：只包含常量值的表达式（不能包括任何列或其他数据库对象的名称）。可以使用任何常量、内置函数或数学表达式。

【例5-5】将学生表中的性别列的默认值设置为"男"（创建一个默认值对象）

```
CREATE DEFAULT sex_default
AS '男'
```

5.3.2 绑定默认值

创建完默认值对象后，就可以将它绑定到表上的某列，从而开始使用该默认值。

系统存储过程sp_bindefault用于绑定一个默认值到表的一列或一个用户定义数据类型上，其语法格式如下：

```
EXEC Sp_bindefault [ @defname= ] 'default',
[@objname=] 'object_name'
[, [@futureonly=] 'futureonly' ]
```

其中，各参数的含义如下。

（1）[@defname=] 'default'：指定默认值名称。

（2）[@objname=] 'object_name'：指定默认值绑定的对象，可以是列或用户定义数据类型。如果是表的列，则object_name采用table.column格式书写；否则，认为它是用户定义数据类型。

（3）[, [@futureonly=] 'futureonly']：仅在绑定默认值到用户定义数据类型时使用。

【例5-6】将已定义好的sex_default绑定到学生表的性别列中

```
EXEC sp_bindefault  sex_default, '学生.性别'
```

5.3.3 解除默认值绑定

当已绑定默认值的列不再需要使用默认值时，可以对其进行解除默认值绑定，将其从表的列上分离开来，在执行删除默认值之前，该默认值对象仍存储在数据库中，还可以再绑定到其他数据上。

系统存储过程sp_unbindefault 可解除默认值与列或用户定义数据类型的绑定，其语法格式如下：

```
EXEC Sp_unbindefault [@objname=] 'object_name'
[, [@futureonly=] 'futureonly' ]
```

其中，各参数的含义如下。

（1）[@objname=] 'object_name'：指定解除默认值绑定的对象，可以是列或用户定义数据类型。如果是表的列，则object_name采用table.column格式书写；否则，认为它是用户定义数据类型。

（2）[, [@futureonly=] 'futureonly']：指定现有的由此用户定义数据类型的列解除与默认值的绑定，如果不指定此项，则所有由此用户定义数据类型定义的列也将随之解除与此默认值的绑定。

【例5-7】解除绑定在学生表的性别列中的默认值

```
EXEC sp_unbindefault  '学生.性别'
```

5.3.4 删除默认值

对于不再使用的默认值，可以对其进行删除。在删除默认值前必须先解除默认值的绑定。DROP DEFAULT语句用于在当前数据库中删除一个或多个默认值，其语法格式如下：

```
DROP DEFAULT { default_name}[,...n]
```

其中，default_name：要删除的默认值名称。

【例5-8】删除已创建的sex_default

```
DROP DEFAULT  sex_default
```

5.4 习题

一、选择题

1. 不允许在关系中出现重复记录的约束通过_____实现。
    A. CHECK   B. DEFAULT
    C. FOREIGN KEY   D. PRIMARY KEY 或UNIQUE
2. 参照完整性规则：表的_____必须是另一个表主键的有效值或空值。
    A. 主关键字   B. 次关键字   C. 外关键字   D. 主属性
3. 定义主键实现的是数据库完整性中的_____。
    A. 实体完整性   B. 参照完整性   C. 域完整性   D. 用户定义的完整性
4. 下列约束中用于限制列的取值范围的约束是_____。
    A. PRIMARY KEY   B. CHECK   C. DEFAULT   D. NOT Null

二、简答题

1. 什么是数据库的完整性？SQL Server中有哪些完整性规则？简述它们的内容。
2. 什么是数据库的完整性约束条件？可分为哪几类？分别实现数据库的哪种完整性规则？简述它们的内容。
3. 简述主键约束和唯一性约束的异同点。
4. 简述默认值和规则的概念与作用。

三、操作题

1. 假设有下面两个关系模式：

教师（教师号，姓名，年龄，职称，工资，系编号），其中教师号为主键。

系别（系编号，名称，系主任，电话），其中系编号为主键。

用T-SQL语句和使用SSMS两种方法完成下列操作。

（1）定义每个模式的主键。

（2）定义参照完整性。

（3）定义教师工资默认为1200元。

（4）定义每位教师的年龄不得超过60岁。

（5）定义系别名称不可重复。

2. 假设有下面关系模式：

学生（学号，姓名，性别，专业），主键是（学号）。

课程（课程号，课程名，学分），主键是（课程号）。

选修（学号，课程号，分数），主键是（学号，课程号）。

请使用CREATE TABLE语句定义学生、课程、选修表的参照完整性，包括主键、外键及级联更新。

第 6 章

存储过程和触发器

学习目标

存储过程和触发器在 SQL Server 2019 应用操作中具有相当重要的作用，本章主要介绍存储过程的基本概念，存储过程的创建、调用、修改、删除以及存储过程的应用操作；触发器的基本概念，触发器的创建、调用、删除以及触发器的应用操作。通过本章的学习，读者应该掌握以下内容：

- 存储过程和触发器的作用
- 存储过程和触发器的创建方法
- 存储过程和触发器的执行方法
- 存储过程和触发器的查看、删除以及修改等操作

内容浏览

6.1 存储过程

6.1.1 存储过程概述

存储过程（Stored Procedure）是存储在SQL Server数据库中的一种编译对象。它是为了完成特定功能而在数据库服务器中执行的一系列T-SQL语句的集合，经编译器编译后存储在数据库服务器端。因此，存储过程比普通的T-SQL语句的执行效率更高，同时可以很方便地被应用程序和其他存储过程调用。

存储过程是流程控制语句和T-SQL语句的预编译集合，作为一个单元进行处理，同时以一个名称来标识，它可以接受输入参数、输出参数，返回单个或多个结果集以及返回值，还可以执行系统函数和管理操作。存储过程可以由客户调用，也可以由触发器或另一个存储过程调用，涉及的参数可以被传递和返回，出错的代码也可以被检验。存储过程与其他编程语言中的过程有些相似。

一般来讲，存储过程与存储在客户计算机本地的T-SQL语句相比，其优势主要表现在以下几个方面。

1. 执行速度快、效率高

存储过程在创建时，SQL Server就对其进行编译、分析和优化，在第一次被执行后就存储在服务器的内存中，这样应用程序再运行存储过程时就不需要再对存储过程进行编译，从而大大加快了执行的速度。

2. 允许模块化程序设计

存储过程在创建完毕后被存储在其隶属的数据库中，可以在程序中被多次调用，而不必重新编写该T-SQL语句，可独立于程序源代码而单独修改。

3. 减少网络流量

存储过程是保存在数据库服务器上的一组T-SQL代码，在对其进行调用时，只需使用存储过程名和参数即可，从而减少了网络流量。

4. 可作为安全机制使用

数据库用户可以通过得到权限来执行存储过程，不必给予用户直接访问数据库对象的权限。同时参数化存储过程有助于保护应用程序不受SQL Injection的攻击。

6.1.2 存储过程的类型

按照存储过程定义的主体，SQL Server支持的存储过程主要有以下4种类型。

1. 系统存储过程（System Stored Procedures）

系统存储过程是由系统默认提供的存储过程，主要存储在master数据库中，其前缀为"sp_"，并且存储过程主要是从系统表中获取信息。从逻辑意义上来讲，系统存储过程出现在每个系统定义数据库和用户定义数据库的sys架构中。系统存储过程可以在任意一个数据库中对其进行调用，在调用时不必在存储过程名前加上数据库名。

2. 扩展存储过程（Extended Stored Procedures）

扩展存储过程通常以"xp_"为前缀，是SQL Server的实例可以动态加载和运行的动态链接库DLL。不过该功能在以后版本的SQL Server中有可能会被废除，所以最好不使用。

3. 用户存储过程（User-defined Stored Procedures）

用户为了完成某一特定的功能，可以自己创建存储过程，如输入参数、向客户端返回表格或标量结果、消息等，也可以返回输出参数。本节中所涉及的存储过程主要是指用户自定义存储过程。

4. 临时存储过程（Temporary Stored Procedures）

临时存储过程通常以"#"或"##"为前缀，分别代表局部临时存储过程和全局临时存储过程，不论创建的是本地临时存储过程还是全局临时存储过程，只要SQL Server停止运行，它们将自动被删除。

6.1.3 创建存储过程

在SQL Server 2019中创建存储过程主要有两种方式：一种方式是在SSMS中创建存储过程；另一种方式是通过 CREATE PROCEDURE语句来创建存储过程。

1. 在SSMS中创建存储过程

利用SSMS创建存储过程就是创建一个模板，通过改写模板创建存储过程。具体参考步骤如下。

（1）启动SSMS，展开要创建存储过程的数据库，在"可编程性"选项中，可以看到存储过程列表中系统自动为数据库创建的系统存储过程。如图6-1所示，右击"存储过程"，在弹出的快捷键菜单中选择"新建存储过程"命令。

图 6-1 选择"新建存储过程"命令

（2）系统弹出"存储过程"模板，用户可以参照模板在其中编辑相关命令，如图6-2所示。

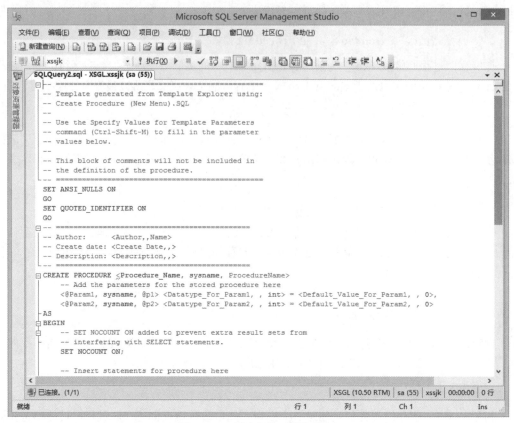

图 6-2　"新建存储过程"模板

（3）命令编辑成功后，进行语法检查，然后单击工具栏中的"执行"按钮，即可将存储过程保存到数据库中。

（4）刷新"存储过程"子目录，可以观察到下方出现刚才新建的存储过程。

注意：用户只能在当前数据库中创建存储过程，数据库的拥有者拥有默认的创建权限，权限也可以传递给其他用户。

2. 利用CREATE PROCEDURE 语句创建存储过程

利用 CREATE PROCEDURE 语句创建存储过程的语法格式如下：

```
CREATE { PROC | PROCEDURE } procedure_name [ ; number ]
    [ { @parameter data_type }
    [ VARYING ] [ = default ] [ [ OUT [ PUT ] ] [ , ... n]
[ WITH { RECOMPILE | ENCRYPTION | RECOMPILE , ENCRYPTION } [ , ... n ] ]
[ FOR REPLICATION ]
AS sql_statement [ ...n ]
```

其中，各参数的含义如下。

（1）procedure_name：新建存储过程的名称。过程名称要符合标识符命名规则，且对于数据库及其所有者必须唯一。它的后面是一个可选项number，用来对同名的过程分组，可以用一条 DROP PROCEDURE 语句将同组的过程一起删除。

（2）@parameter：存储过程参数。在CREATE PROCEDURE语句中可以声明一个或多个参数，各参数间用逗号隔开。存储过程最多可以指定2100个参数，使用"@"符号作为第一个字符来指定参数名称，参数名称必须符合标识符的规则。

（3）data_type：参数的数据类型。所有的数据类型均可以当作存储过程的参数类型。

（4）OUTPUT：表明该参数是返回参数。该选项的值能够返回给调用此过程的应用程序。

（5）FOR REPLICATION：指定不能在订阅服务器上执行为复制创建的存储过程。使用FOR REPLICATION 选项创建的存储过程可用作存储过程筛选，且只能在复制过程中执行。本选项不能和WITH RECOMPILE选项一起使用。

（6）sql_statement：过程中要包含的任意数量和类型的T-SQL语句。

注意：

（1）存储过程最大不能超过128MB。

（2）用户定义的存储过程只能在当前数据库中创建，但临时存储过程通常是在tempdb数据库中创建的。

（3）SQL Server 允许在存储过程创建时引用一个不存在的对象，在创建时，系统只是检查存储过程的语法。

【例6-1】创建一个无参数存储过程，输出所有学生的姓名、课程名称和成绩信息

```
USE xssjk
GO
CREATE PROCEDURE  student_sc
 AS
SELECT  姓名，课程名，成绩
FROM    学生，课程，成绩
WHERE   学生．学号 = 成绩.学号 and 课程.课程号 = 成绩.课程号
GO
```

扫一扫，看视频

刷新xssjk数据库，找到xssjk的"存储过程"子目录即可观察到存储过程student_sc已经存在。执行本存储过程的代码如下：

```
EXEC dbo.student_sc
```

【例6-2】创建含有输入参数的存储过程（在xssjk中根据参数指定的学号，查询某个学生的基本情况）

```
USE xssjk
GO
CREATE PROCEDURE  get_student
    @number   char(7)
AS
    SELECT * FROM 学生 WHERE 学生.学号 = @number
GO
```

扫一扫，看视频

执行本存储过程的代码如下：

```
EXEC get_student 9601001
```

【例6-3】创建带有返回参数的存储过程，用输出参数返回指定学生的所有课程平均成绩

```
USE xssjk
GO
CREATE PROCEDURE  student_avg
    @student_name  nchar(8),
    @average  numeric(6,2)  OUTPUT
AS
```

扫一扫，看视频

```
SELECT @average=AVG（成绩）
FROM    学生,课程,成绩
WHERE   学生.学号=成绩.学号 and 课程.课程号=成绩.课程号 and  姓名=@student_name
GO
```

执行本存储过程的代码如下：

```
DECLARE @x numeric
EXEC student_avg 李阳,@x OUTPUT
SELECT @x
```

注意：创建存储过程时可以根据需要声明输入参数和输出参数，调用程序通过输入参数向存储过程传送数据值；存储过程通过输出参数把计算结果传回给调用的程序。不管在创建存储过程时还是在执行存储过程中，输出参数必须用OUTPUT标识。

【例6-4】创建带有默认参数的存储过程

用输出参数返回指定学生的所有课程的考试成绩的平均值。若不指定学生姓名，则返回所有学生的所有课程的考试成绩的平均值。

扫一扫，看视频

```
USE xssjk
GO
CREATE PROCEDURE    student_avg1
    @student_name   nchar(8)= Null,
    @average numeric(6,2)  OUTPUT
AS
    SELECT @AVERAGE=AVG(成绩)
    FROM    学生,课程,成绩
    WHERE   学生.学号=成绩.学号 and   成绩.课程号=课程.课程号
    and （ 姓名=@student_name  or @student_name  IS  Null)
GO
```

执行本存储过程的代码如下：

```
DECLARE @y  numeric
EXEC student_avg1  @student_name=罗军,@average=@y  OUTPUT
SELECT @y
```

或者不提供学生姓名时执行过程的代码如下：

```
DECLARE @y  numeric
EXEC student_avg1  @student_name=Null,@average=@y  OUTPUT
SELECT @y
```

在本实例中，定义输入参数@student_name的同时，为输入参数指定默认值为Null，即在执行过程不提供学生姓名时，默认是所有学生考试的平均成绩。

6.1.4 查看存储过程信息

存储过程在创建以后，它的名字被存储在系统表sysobjects中，它的源代码被存储在系统表syscomments中。用户可以使用系统存储过程来查看之前创建的存储过程的相关信息。

（1）sp_help 用于显示存储过程的信息，如存储过程相关信息、创建日期等。使用方法如下：

```
EXEC[UTE]   sp_help 存储过程名
```

```
USE xssjk
GO
EXEC sp_help  student_sc
GO
```

程序运行结果如图6-3所示。

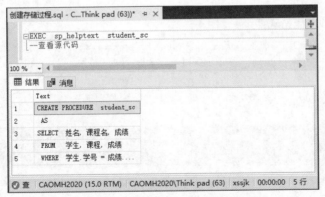

图 6-3　查看存储过程 student_sc 的基本信息

（2）sp_helptext 用于查看存储过程的源代码。使用方法如下：

EXEC[UTE] sp_helptext 存储过程名

【例6-6】查看存储过程student_sc的源代码

```
USE xssjk
GO
EXEC  sp_helptext  student_sc
```

程序运行结果如图6-4所示。

图 6-4　查看存储过程 student_sc 的源代码

注意：如果创建存储过程时使用了WITH ENCRYPTION选项，那么无论是使用对象资源浏览器还是使用sp_helptext都将无法查看存储过程的源代码。

（3）sp_depends用于显示和存储过程相关的数据库对象。使用方法如下：

EXEC[UTE] sp_depends 存储过程名

【例6-7】查看与存储过程student_sc 相关的数据库对象信息

扫一扫，看视频

```
USE  xssjk
GO
EXEC  sp_depends  student_sc
GO
```

程序运行结果如图6-5所示。

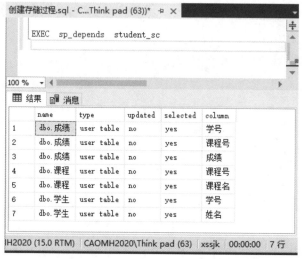

图 6-5 查看与存储过程 student_sc 相关的数据库对象

6.1.5 修改存储过程

在使用过程中，一旦发现存储过程不能完成需要的功能或功能需求发生改变，则需要修改原有的存储过程。修改存储过程可以在SSMS中右击要修改的存储过程，在弹出的快捷菜单中选择"修改"命令，与创建时的步骤基本类似；也可以通过T-SQL中的ALTER PROCEDURE语句来修改存储过程。

ALTER 语句的语法格式如下：

```
ALTER { PROC | PROCEDURE } procedure_name [ ; number]
   [ { @parameter data_type } ] [ VARING ] [ =default ] [ OUT [ PUT ] ] [ , ...n ]
[ WITH { RECOMPILE | ENCRYPITION | RECOMPILE , ENCRYPTIOM } [ ,...N ] ]
[ FOR REPLICATION ]
AS  sql_statement [ ...n ]
```

【例6-8】修改存储过程student_sc（除了用于计算指定学生的姓名、成绩，还用于显示学生的学号）

```
USE xssjk
GO
ALTER PROCEDURE student_sc
AS
    SELECT 学生.学号, 姓名, 课程名, 成绩
    FROM   学生, 课程, 成绩
    WHERE  学生.学号 = 成绩.学号 and 课程.课程号 = 成绩.课程号
```

6.1.6 删除存储过程

对于不再需要的存储过程可以在SSMS中右击要删除的存储过程，在弹出的快捷菜单中选择"删除"命令将其删除；同时也可用T-SQL语句中的DROP PROCEDURE命令将其删除。如果其他存储过程调用某个已删除的存储过程，则SQL Server会在执行该调用过程时显示一条错误的信息。如果定义了同名或参数相同的新存储过程来替换已删除存储过程，那么引用该存储过程的其他过程仍能执行。

删除存储过程的T-SQL语句规则为：

```
DROP PROCEDURE { procedure_name } [ ,... ]
```

【例6-9】删除存储过程student_sc

```
DROP PROCEDURE student_sc
```

6.2 触发器

6.2.1 触发器概述

在SQL Server数据库系统中，存储过程和触发器都是SQL语句和流程控制语句的集合。触发器就本质而言是一种特殊类型的存储过程，它是与表事件相关的特殊的存储过程，它的执行不是由程序调用，也不是手工启动，而是由事件来触发。例如，对一个表进行操作（INSERT、DELETE、UPDATE）时，就会被系统自动激活并执行。

在下列情况下，使用触发器将比较方便。

（1）触发器可以查询其他表，可以实现比约束更为复杂的完整性要求。例如，CHECK约束只能根据逻辑表达式或同一表中的另一列来验证列值。如果应用程序要求根据另一个表中的列验证列值，则必须使用触发器。

（2）触发器可以实现数据库中多张表的级联修改。

（3）触发器可以强制数据库间的引用完整性，以便在多个表中添加、更新或删除行时，保留这些表之间定义的关系。

（4）触发器可以评估数据修改前后的表状态，并根据其差异采取对策。

（5）触发器可以撤销或者回滚违反引用完整性的操作，防止非法修改数据。

在SQL Server 2019中，包含以下三种常规类型的触发器DML触发器、DDL触发器和登录触发器。

1. DML触发器

DML触发器是在执行DML事件时被激活而自动执行的触发器。DML事件包括在指定表或视图中修改数据的INSERT语句、UPDATE语句和DELETE语句。DML触发器有助于在表或视图中修改数据时使用强制业务规则，从而扩展数据的完整性。

DML触发器可以分为以下两类。

（1）AFTER触发器。这类触发器是在记录改变完成之后才会被激活执行，主要是用于记录变更后的处理或检查，一旦发现错误，也可以用ROLLBACK TRANSACTION语句来回滚本次的操作。这种触发器只能在表上定义，不能在视图上定义。

（2）INSTEAD OF触发器。与AFTER触发器不同，一般用于取代原本的操作，在记录变更之前发生，它并不执行原来SQL语句里的操作（DELETE、INSERT、UPDATE），而是去执行触发器本身定义的操作。这种触发器可以定义在表上或视图上。

DML触发器使用两种特殊的表：删除的表（DELETED表）和插入的表（INSERTED表）。SQL Server会自动创建和管理这两种表。这两种表的结构总是与被该触发器作用的表的结构相同。用户可以使用这两种驻留内存的临时表来测试特定数据修改的影响，以及设置DML触发器操作条件，但不能直接修改表中的数据或对表执行数据定义语言操作，如 CREATE INDEX。触发器工作完成后系统自动删除这两种表。

DELETED表用于存储由于执行DELETE和UPDATE语句而要从表中删除的所有行。在执行DELETE或UPDATE语句的过程中，行从触发器表中删除，并传输到DELETED表中。deleted表和触发器表通常没有相同的行。

INSERTED表用于存储由于执行INSERT和UPDATE语句而要向表中插入的所有行。在执行插入或更新事务过程中，新行会同时添加到INSERTED表和触发器表中。INSERTED表中的行是触发器表中的新行的副本。

更新事务类似于在删除操作之后执行插入操作。首先，旧行被复制到DELETED表中；然后，新行被复制到触发器表和INSERTED表中。

2. DDL触发器

DDL触发器是在响应DDL语句时触发，一般用于在数据库中执行管理任务，如防止数据库表结构被修改、审核和规范数据库操作等。

与DML触发器一样，DDL触发器也是通过事件激活并执行其中的SQL语句的。但与DML触发器不同的是，DML触发器是响应UPDATE、DELETE或INSERT语句而激活的，DDL触发器是响应CREATE、ALTER、GRANT、DROP、DENY或REVOKE等语句而激活的。

一般来说，在以下几种情况下可以使用DDL触发器：

（1）数据库里的库架构或数据表架构很重要，不允许被修改。

（2）防止数据库或数据表被误删除。

（3）在修改某个数据表结构的同时修改另一个数据表的相应的结构。

（4）要记录对数据库结构操作的事件。

DDL触发器只有AFTER类型触发器，即仅在运行触发DDL触发器的DDL语句后，DDL触发器才会被激活。

3. 登录触发器

登录触发器是为响应LOGON事件而激活的触发器。 与 SQL Server实例建立用户会话时将引发此事件。登录触发器将在登录的身份验证阶段完成之后，且用户会话实际建立之前激发。 如果身份验证失败，将不激发登录触发器。

6.2.2 创建触发器

和创建存储过程一样，触发器也可以通SSMS和CREATE TRIGGER语句创建。

1. 在SSMS中创建触发器

在SSMS中创建触发器的步骤如下。

（1）打开SSMS，在"对象资源管理器"中展开"数据库"下的xssjk数据库，然后找到其中的一个表，如"学生"表，选择"触发器"选项，右击，在弹出的快捷菜单中选择"新建触发器"命令，如图6-6所示。

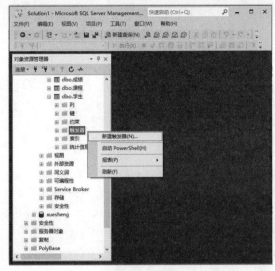

图 6-6　在 SSMS 中创建触发器

（2）在"查询"菜单中选择"指定模板参数的值"命令，弹出"指定模板参数的值"对话框，如图6-7所示。

图 6-7　指定模板参数的值

（3）在出现触发器的T-SQL语句后，编辑相关的命令替换注释"-- Insert statements for trigger here"即可，如图6-8所示。

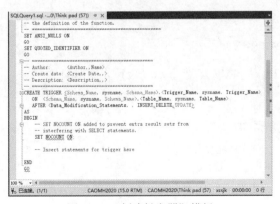

图 6-8　"创建触发器"模板

（4）命令编辑成功后，进行语法检查，然后单击工具栏中的"！"按钮，至此一个触发器被成功创建。

2. 使用CREATE TRIGGER 语句创建触发器

（1）创建DML触发器。使用CREATE TRIGGER语句创建DML触发器的语法格式如下：

```
CREARE TRIGGER trigger_name
ON { table | view }
[ WITH ENCRYPTION ]
{ { { FOR | AFTER | INSTEAD OF }
{ [ INSERT ] [ , ] [ UPDATE ] [ , ] [ DELETE ] }
AS  sql_statement [ , ...n ]
```

其中，各参数的含义如下。

1）trigger_name：触发器的名称，触发器名称必须符合标识符规则且在数据库中必须唯一，不能以"#"或"##"开头。

2）table | view：需要执行触发器的表或视图。视图上不能定义FOR和AFTER触发器，只能定义INSTEAD OF触发器。

3）WITH ENCRYPTION：对触发器进行加密处理，以防止将触发器作为SQL Server 复制的一部分发布，这是为了满足数据安全的需要。

4）FOR | AFTER：指定触发器只有在相应的DML所有操作都已经执行后才激发。如果仅指定FOR关键字，则AFTER是默认设置。所有的引用级联操作和约束检查必须成功完成后，才能执行此触发器。

5）INSTEAD OF：指定执行触发器而不是执行触发SQL语句，从而替代触发语句的操作。在表或视图上都可以定义一个INSTEAD OF触发器。

6）INSERT、DELETE或UPDATE：指定激活触发器的操作，必须至少指定一个选项，允许使用以任意顺序组合的关键字，多个选项需要用逗号分隔。

7）sql_statement：触发器代码，根据数据修改或定义语句来检查或更改数据，通常包含流程控制语句等，一般不应向应用程序返回结果。

【例6-10】为学生表创建一个触发器，用来禁止更新学号列的值

程序代码如下：

扫一扫，看视频

```
USE xssjk
GO
CREATE TRIGGER Tri_stu
ON  学生
AFTER  UPDATE
AS
IF  UPDATE(学号)
BEGIN
RAISERROR ('不能修改学号', 10 , 2)
ROLLBACK
END
```

此时，若有如下更新语句：

```
UPDATE  学生  SET  学号='2001007'
WHERE   学号='9601006'
```

则提示"不能修改学号"，更新语句将不会被执行，如图6-9所示。

图 6-9 创建触发器 Tri_stu

【例6-11】为成绩表创建一个触发器，用来禁止用户对成绩表中的数据进行任何修改

```
USE xssjk
GO
CREATE  TRIGGER  Tri_sc
ON  成绩
INSTEAD  OF  UPDATE
AS
    RAISERROR('不能修改成绩表中的数据',10 , 2)
GO
```

扫一扫，看视频

此时，若有如下更新语句：

```
UPDATE 成绩  SET 成绩 = 成绩+200
```

则显示"不能修改成绩表中的数据"，更新语句将不会被执行，如图6-10所示。

图 6-10 创建触发器 Tri_sc

【例6-12】为成绩表创建一个名为insert_sc的触发器，实现参照完整性

```
USE  xssjk
GO
CREATE TRIGGER  insert_sc  ON 成绩
FOR  INSERT
AS
IF  NOT  EXISTS ( SELECT  课程号  FROM  课程  WHERE
```

扫一扫，看视频

```
课程号 = ( SELECT  课程号  FROM  inserted ) )
     BEGIN
         DECLARE  @number  VARCHAR ( 3 )
         SET  @number = ( SELECT  课程号  FROM  inserted )
     PRINT  '你在课程表中要插入的记录, 在课程表中不存在这样的课程号:'+@number
         ROLLBACK
END
```

当向成绩表中插入课程表中不存在的100时，系统给出报错信息，如图6-11所示。

```
insert into 成绩 values ('9702010','100',70)
```

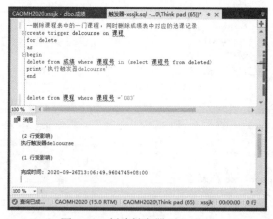

图 6-11　创建触发器 insert_sc

【例6-13】删除课程表中的一门课程，同时删除成绩表中对应的选课记录

扫一扫，看视频

```
CREATE TRIGGER delcourse on 课程
FOR  DELETE
AS
    BEGIN
        delete from 成绩 where 课程号 in (select 课程号 from deleted)
        print '执行触发器delcourse'
    END
```

执行下列代码，程序运行结果如图6-12所示。

```
delete from 课程 where 课程号 ='083'
```

图 6-12　创建触发器 delcourse

【例6-14】创建一个触发器，当修改成绩表时，提示修改记录的条数

```
USE   xssjk
GO
IF   EXISTS ( SELECT   name   FROM   sysobjects
WHERE   name= ' Tri_insc 'and   type='TR ' )
DROP   TRIGGER    Tri_insc
GO
CREATE   TRIGGER   Tri_insc
ON   成绩
AFTER   UPDATE
AS
DECLARE   @count   int
SELECT   @count = @@rowcount
PRINT   '共修改了' + char (48 + @count)+ '行'
RETURN
GO
```

扫一扫，看视频

（2）创建DDL触发器。使用CREATE TRIGGER创建DDL触发器的语法格式如下：

```
CREARE TRIGGER trigger_name
ON { ALL Server | Database }
[ WITH  ENCRYPTION ]
{ FOR | AFTER } {event_type | event_group }[ , ...n ]
AS  sql_statement [;]
```

其中，各参数的含义如下。

1）trigger_name：触发器名称，必须符合标识符命名规则。

2）ALL Server：指定DDL触发器的作用域为当前服务器。

3）Database：指定DDL触发器的作用域为当前数据库。

4）WITH ENCRYPTION：将触发器的定义文本进行加密处理。

5）FOR | AFTER：指定DDL触发器仅在触发SQL语句中的所有操作都已成功执行后才被触发。

6）event_type：激活DDL触发器的事件名称，如CREATE_TABLE、DROP_TABLE、ALTER_TABLE等。

7）event_group：预定义的T-SQL语言事件分组，执行任何属于event_group的事件后，都将激活DDL触发器。

8）sql_statement：触发器代码。

【例6-15】创建一个DDL触发器，禁止用户修改和删除当前数据库中的表并进行提醒

```
CREATE TRIGGER DDL_TableTrigger
ON DATABASE
FOR DROP_TABLE, ALTER_TABLE
AS
    PRINT '对不起，您不能对数据表进行操作，请联系DBA'
    ROLLBACK
```

扫一扫，看视频

【例6-16】创建一个DDL触发器，禁止用户删除数据库

```
CREATE TRIGGER DDL_DataBaseTrigger
ON ALL SERVER
FOR DROP_DATABASE
AS
```

扫一扫，看视频

```
PRINT '对不起,您不能删除数据库,请联系DBA'
ROLLBACK;
```

6.2.3 管理触发器

管理触发器主要是对触发器进行查看、删除、修改和禁用或启用等操作。

使用系统提供的存储过程sp_help、sp_helptext和sp_depends分别查看触发器的不同信息。

(1) sp_help:显示触发器的名称、类型、创建时间等基本信息。

(2) sp_helptext:显示触发器的源代码。

(3) sp_helptrigger:显示指定表中已创建的所有类型的触发器。

(4) sp_depends:显示该触发器参考的对象清单。

以上4个系统存储过程的具体规则参考存储过程的语法格式。

【例6-17】管理触发器的系统存储过程使用示例

```
EXEC  sp_help    Tri_insc            --参数为对象名称
EXEC  sp_helptext    Tri_insc        --参数为对象名称
EXEC  sp_helptrigger   '成绩','update'  --参数为表名及触发器类型,触发器类型可以省略
EXEC  sp_depends   成绩               --参数为对象名称
```

6.2.4 修改触发器

创建完触发器后,用户可以使用SSMS或ALTER TRIGGER语句进行修改。

1. 使用SSMS修改触发器

使用SSMS修改触发器的操作步骤如下。

(1)打开"对象资源管理器"并展开"数据库"子目录。

(2)选择触发器所在的数据库。

(3)选择触发器所在的表,展开表中的"触发器"子目录。

(4)右击要修改的触发器,在弹出的快捷菜单中选择"修改"命令。

(5)在弹出的触发器编辑窗口中,用户可以直接进行修改。修改完毕后单击工具栏中的"!"按钮,执行该触发器,将修改后的触发器保存到数据库中。

2. 利用ALTER TRIGGER语句修改触发器

(1)利用ALTER TRIGGER语句修改DML触发器的语法格式如下:

```
ALTER TRIGGER trigger_name
ON { table | view }
[ WITH  ENCRYPTION ]
{ { { FOR | AFTER | INSTEAD  OF }
{ [ INSERT ] [ , ] [ UPDATE ] [ , ] [ DELETE ] }
AS  sql_statement [ , ...n ]
```

(2)利用ALTER TRIGGER语句修改DDL触发器的语法格式如下:

```
ALTER TRIGGER  trigger_name
ON { ALL Server | Database }
[ WITH  ENCRYPTION ]
{ FOR | AFTER } {event_type | event_group }[ , ...n ]
AS  sql_statement [;]
```

注意：相关参数的含义与CREATE TRIGGER语句中的参数相同，此处不再赘述。

3. 使触发器失效

在有些情况下，用户希望暂停触发器的作用，但并不想删除它，这时就可以通过DISABLE TRIGGER语句使触发器无效，其语法格式如下：

```
DISABLE TRIGGER  Trigger_name  ON Object_name
```

【例6-18】使例6-15中创建的触发器失效并进行验证

```
select *  into table_1 from 课程      --产生一个临时表table_1
drop table table_1                   --删除失败
DISABLE TRIGGER DDL_Table Trigger  ON  DATABASE
drop table table_1                   --删除成功
```

4. 使触发器重新有效

要使触发器重新有效，其语法格式如下：

```
ENABLE TRIGGER  Trigger_name  ON Object_name
```

6.2.5 删除触发器

删除触发器，它所基于的表和数据不会受到影响。删除表则将自动删除其上的所有触发器。删除触发器的方法有以下两种。

1. 使用SSMS删除触发器

使用SSMS删除触发器的操作步骤与修改相近，只是在右击触发器时，从弹出的快捷菜单中选择"删除"命令，单击"确定"按钮，即可删除该触发器。

2. 利用DROP TRIGGER语句删除触发器

（1）删除DML触发器：DROP TRIGGER Trigger_name。
（2）删除DDL触发器：DROP TRIGGER Trigger_name ON DATABASE。

6.3 习题

一、选择题

1.下面有关存储过程的叙述错误的是_____。
　　A. SQL Server 允许在存储过程创建时引用一个不存在的对象
　　B. 使用存储过程可以减少网络流量
　　C. 存储过程可以带多个输入参数，也可以带多个输出参数
　　D. 在一个存储过程中不可以调用其他存储过程
2.存储过程是SQL Server 服务器的一组预先定义并_____的T-SQL语句。
　　A. 保存　　　　　　　　B. 解释　　　　　　　　C. 编译　　　　　　　　D. 编写
3.下面有关触发器的叙述错误的是_____。
　　A. 触发器是一个特殊的存储过程　　　　　　B. 在一个表上可以定义多个触发器

C. 触发器不可以引用所在数据库以外的对象　　　D. 触发器在CHECK 约束之前执行

4. 一个表上可以有_____不同类型的触发器。

A. 1种　　　　　　　　B. 2种　　　　　　　　C. 3种　　　　　　　　D. 无限制

二、填空题

1. 一个存储过程的名称不能超过_____个字符。

2. 使用_____可以对存储过程的定义文本进行查看。

3. 在SQL Server 2019中，常规触发器分别是DML触发器、_____触发器和_____触发器。

4. 用_____语句可以删除触发器。

三、简答题

1. 简述存储过程的含义，存储过程的分类。

2. 简述存储过程的优点。

3. 简述触发器的含义及其主要功能。

4. 简述AFTER触发器与INSTEAD OF触发器的不同点。

第 7 章

数据库的安全性

学习目标

本章主要讲述了 SQL Server 数据库系统的各种可配置安全特性。使用这些功能，DBA 还可以根据所处环境的特定安全风险实现经过优化的防御，给用户提供一个良好的信息管理安全策略。通过本章的学习，读者应该掌握以下内容：

- 了解 SQL Server 2019 的安全机制
- 掌握服务器登录账户的管理和服务器角色的设置
- 掌握数据库用户的管理和固定数据库角色的设置
- 掌握数据库用户的权限管理方法

内容浏览

7.1 SQL Server 2019 的安全性机制

数据库的安全性是指保护数据库免受非法、非授权用户的使用、泄露、更改和破坏。SQL Server 2019 安全性体系由 4 层构成：操作系统的安全性、服务器的安全性、数据库的安全性以及表和列级的安全性，如图 7-1 所示。

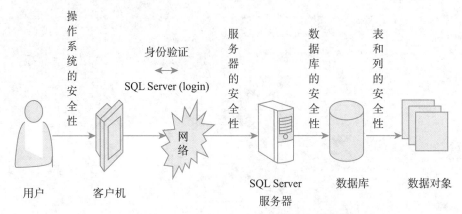

图 7-1　SQL Server 2019 安全性体系

7.1.1　操作系统的安全性

一般情况下，数据库管理系统是运行在某一特定的操作系统平台上的应用程序，SQL Server 2019 也是如此，所以操作系统的安全性直接影响 SQL Server 的安全性。

用户使用计算机通过网络实现对 SQL Server 服务器的访问时，用户首先要获得客户计算机操作系统的使用权。

通过实现网络互联，用户首先需要登录运行 SQL Server 服务器的主机，才能够更进一步地操作。SQL Server 可以直接访问网络端口，所以可以实现对 Windows NT 或 Windows 2000 Server 安全体系以外的服务器及其数据库的访问。

操作系统的安全性是操作系统管理员或者网络管理员的任务。由于 SQL Server 2019 采用集成的 Windows NT 网络安全性的机制，这样可以让操作系统安全性的地位得到提升，同时也加大了管理数据库系统安全性的难度。

7.1.2　服务器的安全性

SQL Server 服务器的安全性是建立在控制服务器登录账户和密码的基础上的。SQL Server 2019 采用了标准 SQL Server 登录和集成 Windows 登录两种方式。无论使用哪种登录方式，客户在登录时提供的登录账户和密码决定了用户能否获得 SQL Server 服务器的访问权，以及用户在访问 SQL Server 时拥有的权限。

管理和设计合理的登录方式是 SQL Server 数据库管理员的重要任务，也是 SQL Server 的安全体系中重要的组成部分。

SQL Server 2019 事先设计了许多固定的服务器的角色，可供具有服务器管理员资格的用户分配各用户使用的权限。拥有固定服务器角色的成员可以拥有服务器级的管理权限。

注意：SQL Server不允许建立服务器级的角色。

7.1.3　数据库的安全性

建立用户的登录账户信息时，SQL Server 2019会提示用户选择默认的数据库，并给用户分配权限。以后用户每次连接上服务器后，都会自动转到默认的数据库上。如果在设置登录账户时没有指定默认的数据库，则用户的权限将局限在master数据库中。

默认情况下，只有数据库的所有者才可以访问该数据库内的对象，数据库所有者可以给其他用户分配访问权限，以便让其他用户也拥有针对该数据库的访问权。SQL Server 2019在数据库级的安全级别上设置了很多固定角色，可以用来在当前数据库内向用户分配部分权限。同时，还允许用户在数据库上建立新的角色，然后赋予该角色多个权限，最后再通过角色将权限赋予SQL Server 2019的其他用户，使其他用户获取具体的数据库的操作权限。

7.1.4　表和列级的安全性

表和列级的安全性是核查用户权限的最后一个安全等级。在创建数据库对象时，SQL Server自动将该数据库对象的所有权赋予该对象的创建者。默认情况下，只有数据库的所有者可以在该数据库下进行操作。当一个普通用户想访问数据库内的对象时，必须事先由数据库的所有者赋予该用户关于某指定对象的指定操作权限。例如，一个用户想访问某数据库表的信息，则他必须在成为数据库的合法用户的前提下，获得由数据库所有者分配的针对该表的访问许可。

7.2　管理服务器的安全性

SQL Server 2019服务器的安全性是建立在对服务器登录名和密码的控制基础之上的，用户在登录服务器时所采用的登录名和密码，决定了用户在成功登录服务器后所拥有的访问权限。

7.2.1　SQL Server 2019 的身份验证模式

当用户使用SQL Server 2019时，需要经过两个安全性阶段，即身份验证阶段和权限认证阶段。

（1）身份验证阶段，用户在SQL Server 2019上获得对任何数据库的访问权限之前，必须登录到SQL Server 2019上，并且被认为是合法的。SQL Server 2019提供两种身份验证模式，即Windows 身份验证模式和混合身份验证模式（SQL Server和Windows身份验证模式），对用户进行验证。如果验证通过了，则用户可以连接到SQL Server 2019服务器上；否则，服务器将拒绝用户登录，从而保证了系统的安全性。

（2）权限认证阶段，用户验证通过后登录到SQL Server 2019上，此时系统将检查用户是否有访问服务器上数据的权限。

1. Windows身份验证模式

在使用Windows身份验证连接到SQL Server时，Windows将完全负责对客户端进行身份验证。在这种情形下，将按其Windows用户账户来识别客户端。当用户通过Windows用户账户进行连接时，SQL Server则使用Windows操作系统中的信息验证用户名和密码。因此，用户不必再重复提交用户名和密码即可登录。

默认情况下，SQL Server 2019使用本地账户来登录。例如，这里使用Windows身份验证模式登录本机的SQL Server 2019服务器，如图7-2所示。

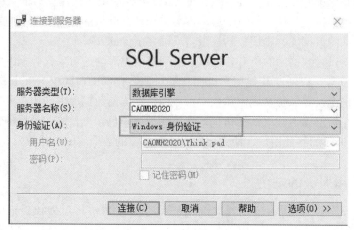

图 7-2　Windows 身份验证模式

注意：在Windows身份验证模式下，用户要遵从Windows安全模式的所有规范，管理员可以用这种模式去锁定用户、审核登录和迫使用户周期性地更改登录密码。

2. 混合身份验证模式

混合身份验证模式允许以Windows身份验证或SQL Server身份验证模式进行验证，具体使用的验证方式取决于在通信时使用的网络库。如果一个用户使用TCP/IP Sockets进行登录验证，则使用SQL Server身份验证；如果用户使用命名管道，则登录时将使用Windows身份验证。

使用SQL Server 身份验证的连接界面如图7-3所示。

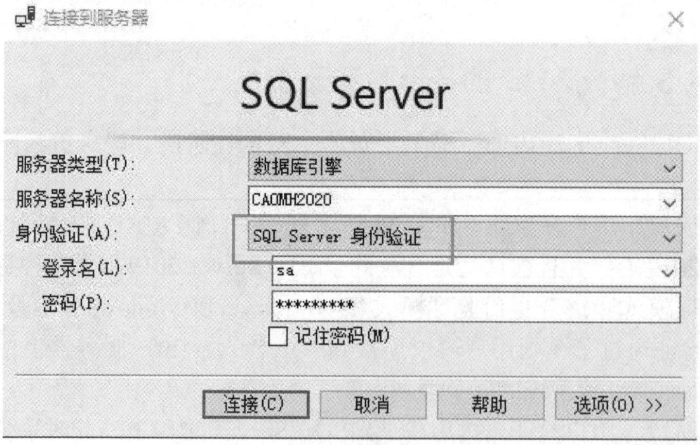

图 7-3　SQL Server 身份验证

在使用SQL Server身份验证模式时，用户必须提供登录名和密码，SQL Server通过检查是否注册了该SQL Server登录账户，或者指定的密码是否与之前记录的密码相匹配进行身份验证。如果SQL Server未设置登录账户，则身份验证将失败，而且用户会收到错误信息。

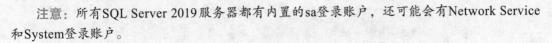

注意：所有SQL Server 2019服务器都有内置的sa登录账户，还可能会有Network Service和System登录账户。

3.设置身份验证模式

安装SQL Server 2019时，安装程序会提示用户选择服务器身份验证模式，在使用过程中，也可以根据需要重新设置服务器的身份验证模式。具体过程如下。

（1）在SSMS的"对象资源管理器"中右击服务器，在弹出的快捷菜单中选择"属性"命令，弹出"服务器属性"窗口。

（2）在"服务器属性"窗口的"选择页"列表中选择"安全性"选项，然后在"服务器身份验证"下，选择新的服务器身份验证模式选项，单击"确定"按钮，如图7-4所示。

（3）重新启动SQL Server，使设置生效。

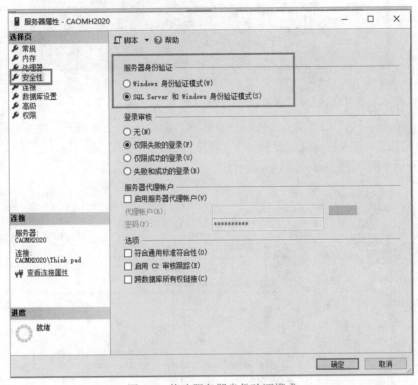

图 7-4　修改服务器身份验证模式

7.2.2　SQL Server 2019 登录账户

在SQL Server中，登录账户有两种：一种是能登录到SQL Server的登录账户，属于服务器级的安全策略；另一种是使用数据库的用户账号，必须要有用户账号，才能存取数据库。

扫一扫，看视频

1.使用SSMS创建登录账户

在SSMS中创建服务器的登录账户的步骤如下。

（1）在SSMS的"对象资源管理器"中，选择"安全性"选项。在"登录名"上右击，在弹出的快捷键菜单中选择"新建登录名"命令，如图7-5所示。

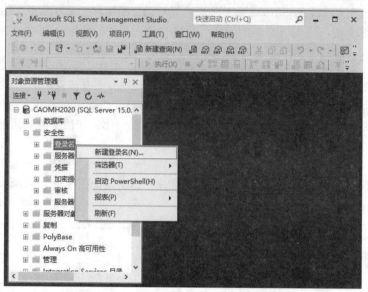

图 7-5　在"对象资源管理器"中创建登录账户

（2）在"登录名"对话框中，先选择登录的验证模式。如果选中了"Windows身份验证"单选按钮，则"登录名"设置为Windows登录账户，因此无须设置密码；如果选中了"SQL Server身份验证"单选按钮，则需设置一个"登录名"以及"密码"和"确认密码"。取消勾选"强制实施密码策略"复选框，如图7-6所示。

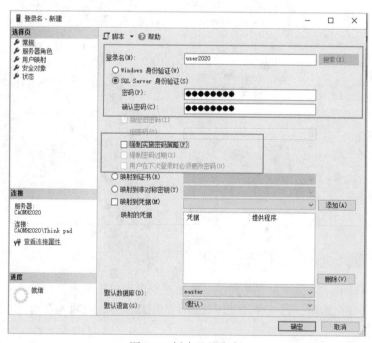

图 7-6　创建登录账户

（3）在"选择页"中选择"服务器角色"选项，进入服务器角色设置页面，如图7-7所示，可以将此登录账户添加到某个服务器角色中，当然也可以不为此用户添加任何服务器角色。其中，public角色自动选中，并且不能删除。在此选择sysadmin角色，使该账户具有服务器层面的任何权限。

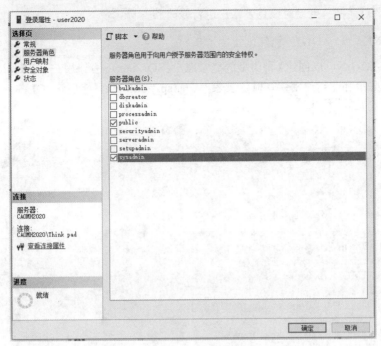

图 7-7　为登录账户添加服务器角色

（4）选择"选择页"中的"用户映射"选项，进入映射设置页面，可以为这个新建的登录账户添加映射到此登录账户的用户，并添加数据库角色，从而使该用户获得相应的数据库权限，如图7-8所示。

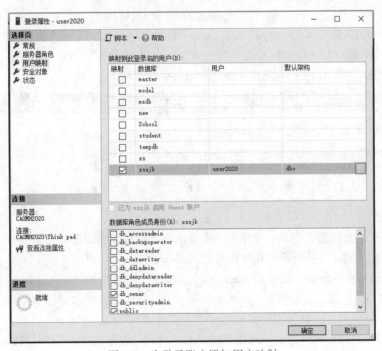

图 7-8　为登录账户添加用户映射

（5）单击"确定"按钮，服务器登录账户创建完成。在SSMS的"对象资源管理器"中找到"安全性"选项，在"登录名"下就可以查看到新建的登录名。右击登录名，在弹出的快捷菜单中选择"属性"对话框，可以对该登录账户进行修改和查看。

2. 使用CREATE LOGIN语句创建登录账户

CREATE LOGIN可以创建4种类型的登录账户：SQL Server登录账户、Windows登录账户、证书映射登录账户和非对称密钥映射登录账户。而sp_addlogin只能创建SQL Server登录账户。

其语法格式如下：

```
CREATE  LOGIN loginName { WITH  < option_list > | FROM  < sources > }
< option_list > :: =
    PASSWORD = { 'password' | hashed_password HASHED } [ MUST_CHANGE ]
    [ , < option_list2 > [ ,... ] ]
< option _list2 > :: =
    SID = sid
    | DEFAULT_DATABASE = database
    | DEFAULT_LANGUAGE = language
    | CHECK_EXPIRATION = { ON | OFF }
    | CHECK_POLICY = { ON | OFF }
    | CREDENTIAL = credwntial_name
< SOURCES > :: =
    WINDOWS [ WITH < windows_options > [ ,...] ]
    | CERTIFICATE certname
    | ASYMMETRIC KEY asym_key_name
< windows_options > :: =
    DEFAULT_DATABASE = database
    | DEFAULT_LANGUAGE = language
```

其中，各参数的含义如下。

（1）loginName：指定创建的登录名。

（2）PASSWORD ='password'：指定登录名的密码，仅适用于SQL Server登录账户。

（3）ASYMMETRIC KEY asym_key_name：指定要创建数据库用户的非对称密钥。

（4）CHECK_EXPIRATION：指定将检查Windows过期策略。

（5）CHECK_POLICY：指定将应用本地Windows密码策略。

【例7-1】创建一个登录账户users，设定密码为12345，默认数据库为xssjk

在查询编辑器窗口执行如下T-SQL语句：

```
CREATE  LOGIN users WITH  PASSWORD  = '12345',
DEFAULT_DATABASE  = xssjk
GO
```

3. 拒绝登录账户

在一些大型的数据服务器上，通常创建大量的登录账户，这时需要数据库管理员经常对登录账户进行管理。对于一些特定的用户需要拒绝其登录。

假设要拒绝SQL Server登录账户user2020，具体操作步骤如下。

（1）打开SSMS工具，以登录账户sa或超级用户身份连上数据库服务器实例。

（2）在"对象资源管理器"中展开"安全性"→"登录名"。

（3）右击user2020，在弹出的快捷菜单中选择"属性"命令，弹出"登录属性-user2020"对话框。在左侧"选择页"中选择"状态"选项，如图7-9所示。

（4）在"状态"界面中选中"拒绝"单选按钮，就可以拒绝该用户的登录。

（5）选择完成后，单击"确定"按钮保存设置即可。

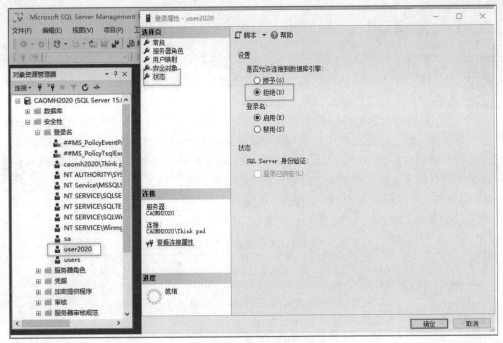

图7-9　拒绝登录账户对话框

4. 删除登录账户

在创建了大量的登录账户后，对于那些失去作用的登录账户，可以使用两种方式进行删除，分别是在SSMS中删除和使用DROP LOGIN命令删除。

使用SSMS删除登录账户的具体操作步骤如下。

（1）打开SSMS工具，以登录账户sa或超级用户身份连上数据库服务器实例。

（2）在"对象资源管理器"中打开"安全性"，再选择其中的"登录名"即可看到创建的登录账户。

（3）选中要删除的"登录名"，右击，在弹出的快捷菜单中选择"删除"命令，即可删除该登录账户。

使用DROP LOGIN命令删除账户的语法格式如下：

```
DROP LOGIN < loginName >
```

其中，"<loginName>"：要删除的登录账户。

【例7-2】删除例7-1中创建的SQL Server登录账户users

```
DROP LOGIN users
```

5. 特殊登录账户sa

登录账户sa是为向后兼容而提供的特殊登录账户。默认情况下，它指派给固定服务器角色sysadmin，并不能进行更改。虽然 sa 是内置的管理员登录账户，但不应例行公事地使用它。相反，应使系统管理员成为 sysadmin 固定服务器角色的成员，并让他们使用自己的账户来登录。只有在没有其他方法登录到 SQL Server 实例（例如，当其他系统管理员不可用或忘记了密码）时才使用sa账户。

🌐 7.2.3　服务器角色

扫一扫，看视频

角色是对权限集中管理的一种机制，将不同的权限组合在一起就形成了一种角色。因此，不同角色就代表具有不同权限集合的组。SQL Server 2019 的安全体系结构中包含两类预定义的固定角色：服务器角色和数据库角色。

服务器角色是执行服务器级管理操作的用户权限的集合。根据 SQL Server 的管理任务和重要性等级，把具有 SQL Server 管理职能的用户划分到不同的服务器角色中。每一个角色所具有的管理 SQL Server 的权限都是 SQL Server 内置的，数据库管理员（即 DBA）不能对服务器角色进行创建、修改和删除，只能向其中添加登录账户或其他角色。

在 SSMS 的"对象资源管理器"中展开"安全性"→"服务器角色"，可以看到 SQL Server 2019 内置的服务器角色及其功能，如表 7-1 所示。

表 7-1　服务器角色及权限

服务器角色	权　　限
bulkadmin	允许非 sysadmin 用户运行 BULK INSERT 语句
dbcreator	可以创建、更改、删除和还原任何数据库
diskadmin	可以管理数据库在磁盘中的文件
processadmin	可以终止在数据引擎实例中运行的进程
securityadmin	可以管理登录账户及其属性
serveradmin	可以更改服务器管理范围的配置选项和关闭服务器
setupadmin	可以添加和删除连接的服务器，并可以执行某些系统存储过程
sysadmin	可以在数据库服务器中执行任何活动
public	可以查看任何数据库

只有 public 角色的权限可以根据需要修改，而且对 public 角色设置的权限，所有的登录账户都会自动继承。查看和设置 public 角色的权限可以右击 public 角色，在弹出的快捷菜单中选择"属性"命令查看并进行修改。

【例 7-3】将登录账户设为服务器角色成员

将 dbcreator 角色的权限分配给例 7-1 中创建的登录账户 users 的方式有两种：一种是将 dbcreator 角色赋给登录账户 users；另一种是将登录账户 uesrs 添加为 dbcreator 角色成员。操作步骤如下。

步骤 1：将 dbcreator 角色赋给登录账户 users。

具体操作步骤如下。

（1）打开 SSMS 工具，以登录账户 sa 或超级用户身份连上数据库服务器实例。

（2）在"对象资源管理器"中展开"服务器"→"安全性"→"登录名"，右击 users，在弹出的快捷菜单中选择"属性"命令，打开"登录属性-users"对话框。

（3）在对话框左侧的"选择页"中选择"服务器角色"选项。

（4）在对话框右侧的"服务器角色"列表框中勾选 dbcreator 复选框，如图 7-10 所示。

（5）完成后单击"确定"按钮。

图 7-10 为 users 设定服务器角色

步骤 2：将登录账户 users 添加为 dbcreator 角色成员。

具体操作步骤如下。

（1）打开 SSMS 工具，以登录账户 sa 或超级用户身份连上数据库服务器实例。

（2）在"对象资源管理器"中展开"服务器"→"安全性"→"服务器角色"，右击 dbcreator，在弹出的快捷菜单中选择"属性"命令，弹出"服务器角色属性-dbcreator"对话框。

（3）单击"添加"按钮，弹出"选择登录名"对话框，单击"浏览"按钮，打开"查找对象"对话框，选中 users，如图 7-11 所示，然后返回"服务器角色属性-dbcreator"对话框。

（4）完成后单击"确定"按钮。

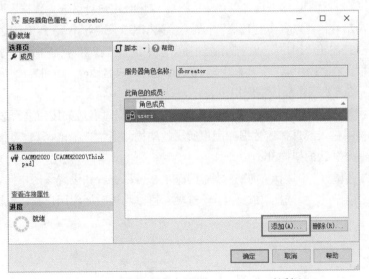

图 7-11 "服务器角色属性-dbcreator"对话框

注意：可以向服务器角色中添加SQL Server登录账户、Windows账户和Windows组。每个固定服务器角色都可以向其所属角色添加其他登录账户。

7.3 管理SQL Server数据库的安全性

对数据库的安全性管理来说，SQL Server 2019通过数据库用户、角色和架构来实现。数据库用户主要用于数据库权限的控制。能够访问一个服务器并不意味着用户拥有对数据库的访问权限。在SQL Server中，一个登录账户可以与服务器上的多个数据库进行关联，而数据库用户是一个登录账户在某数据库中的映射。一个登录账户可以映射到不同的数据库，产生多个数据库用户（但一个登录账户在一个数据库中至多只能映射一个数据库用户），一个数据库用户只能映射到一个登录账户。DBA以下列方式之一指定一个数据库用户账户。

（1）在每个用户需要访问的数据库中创建一个与用户登录账户相对应的数据库用户。大多数情况下，都使用相同的名称。

（2）将数据库中为登录账户或数据库用户配置作为数据库角色成员的方式，使得用户能够继承角色中的所有权限。

（3）将登录账户设置为使用默认账户之一：guest或dbo（数据库拥有者）。

一旦授予了对数据库的访问权限，用户就可以看到所有数据库对象。

7.3.1 创建数据库用户

1. 在SSMS中为数据库创建用户

【例7-4】在SSMS中为xssjk数据库创建一个新用户xscj

扫一扫，看视频

具体操作步骤如下。

（1）打开SSMS工具，以登录账户sa或超级用户身份连上数据库服务器实例。

（2）在"对象资源管理器"中展开"数据库"→"xssjk"→"安全性"。

（3）右击"用户"，在弹出的快捷菜单中选择"新建用户"命令，打开"数据库用户-新建"对话框。在"用户名"文本框中输入要创建的用户名xscj，如图7-12所示。

- 用户名：输入要创建的数据库用户名。
- 登录名：输入与该数据库用户对应的登录名，或者通过右边的按钮进行选择。
- 默认架构：输入或选择该数据库用户所属的架构，通常选择dbo，也可保持为空，系统会设置一个默认的架构dbo。
- 在左侧"选择页"中选择"拥有的架构"选项，可以查看和设置该用户拥有的架构。
- 在左侧"选择页"中选择"成员身份"选项，可以为该数据库用户选择数据库角色。

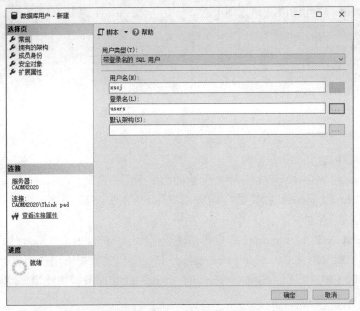

图 7-12 新建数据库用户对话框

（4）单击"确定"按钮，即可创建数据库用户xscj。这里新创建的数据库用户xscj是映射到登录账户users的，因此，当用户以users登录SQL Server后，即可直接访问数据库xssjk。

查看服务器登录账户users的属性，在其属性窗口的左侧"选择页"中选择"用户映射"选项，可以看到数据库用户名xscj已经与其绑定，如图7-13所示。

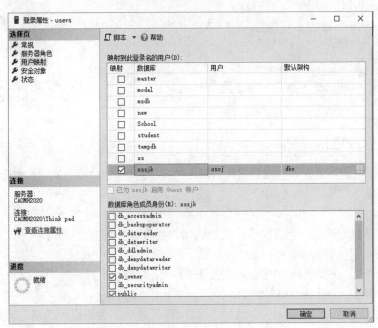

图 7-13 登录账户 users 的用户映射

2. 利用T-SQL语句创建数据库用户

在SQL Server 2019中，可用CREATE USER 语句和系统存储过程sp_grantdbaccess来创建数据库用户。其中sp_grantdbaccess的功能是将数据库用户添加到当前数据库。

CREATE USER 语句的语法格式如下：

```
CREATE  USER  user_name
[  { FOR | FROM }
   { LOGIN  login_name
     | CERTIFICATE  cert_name
     | ASYMMETRIC KEY asym_key_name
   }
   | WITHOUT  LOGIN
]  [ WITH  DEFAULT_SCHEMA = schema_name ]
```

其中，各参数的含义如下。

（1）user_name：指定在此数据库中要创建的数据库用户名。

（2）LOGIN login_name：指定要创建数据库用户的SQL Server登录账户。login_name 必须是服务器中有效的登录账户。

（3）CERTIFICATE cert_name：指定要创建数据库用户的证书。

（4）ASYMMETRIC KEY asym_key_name：指定要创建数据库用户的非对称密钥。

（5）WITH DEFAULT_SCHEMA = schema_name：指定服务器为此数据库用户解析对象名时将搜索的第一个架构。

（6）WITHOUT LOGIN：指定不应将用户映射到现有的登录账户。

【例7-5】创建具有默认架构的数据库用户

要求创建名为yay，同时具有密码12345的服务器登录账户，然后创建具有默认架构My_SCHEMA的对应xssjk数据库的用户YangLi。

利用T-SQL实现语句如下：

```
CREATE   LOGIN  yay
     WITH   PASSWORD = '12345'
USE  xssjk
CREATE  USER  YangLi  FOR  LOGIN  yay
     WITH  DEFAULT_SCHEMA  = My_SCHEMA
GO
```

7.3.2 修改数据库用户

创建登录账户后，可以对登录账户执行修改密码、修改数据库用户、修改默认数据库和修改登录权限等操作。

具体操作步骤如下。

（1）打开SSMS工具，以登录账户sa 或超级用户身份连上数据库服务器实例。

（2）在"对象资源管理器"中展开"服务器"→"安全性"→"登录名"。

（3）右击users，在弹出的快捷菜单中选择"属性"命令。在打开的对话框中可以更改用户密码、默认数据库、默认语言属性。

（4）在该对话框左侧"选项页"中选择"用户映射"选项，可以设置当前登录账户针对数据库的控制权限，可以在"数据库角色成员身份"列表中选中相关的权限。

（5）选择完成以后，单击"确定"按钮保存设置即可。

7.3.3　删除数据库用户

对于一些过期的登录账户，应该及时将其删除。

具体操作步骤如下。

（1）打开SSMS工具，以登录账户sa或超级用户身份连上数据库服务器实例。

（2）在"对象资源管理器"中展开"服务器"→"安全性"→"登录名"。

（3）右击users，在弹出的快捷菜单中选择"删除"命令，单击"确定"按钮，即可完成删除操作。

7.3.4　特殊数据库用户

SQL Server数据库的特殊用户主要有guest和dbo两个用户。这是所有SQL Server 2019数据库中均提供的一种特殊用户，不能从任何数据库中删除该用户。

1. guest用户

guest用户主要是允许没有对应数据库用户的登录账户访问数据库，从而使该登录账户能够访问具有guest用户的数据库。当数据库中有guest用户时，服务器登录账户即使在数据库上没有对应的数据库用户，也可以使用guest身份连接到数据库上。

另外，guest用户还具有以下特点。

（1）guest用户不能删除，但可以通过在master和temp以外的任何数据中执行REVOKE CONNECT FROM GUEST来撤销guest用户的CONNECT权限，用来禁用guest用户。

（2）guest用户存在于所有的数据库中，但在默认情况下是禁用的，不允许guest用户连接数据库。通过激活guest用户，可以授予guest用户连接数据库的权限。其基本语法是GRANT CONNECT TO GUEST。

（3）应用程序角色是数据库级别的主体，只能通过在其他数据库中授予guest用户的权限来访问这些数据库。因此，任何已禁用guest用户的数据库对其他数据库中的应用程序角色都是不可以访问的。

2. dbo用户

dbo用户是数据库对象的所有者，代表数据库的拥有者，在每个数据库中都存在，并且具有最高权限，可以在数据库范围内执行一切操作。默认情况下，用户数据库的dbo用户对应于创建该数据库的登录账户。sysadmin服务器角色的任何成员都自动映射到每个数据库的dbo用户上，sysadmin服务器角色的任何成员创建的任何对象都自动属于dbo。

另外，dbo用户还具有以下特点。

（1）dbo用户无法删除，并且始终存在于每个数据库中。

（2）只有固定服务器角色sysadmin的成员或dbo用户创建的对象才属于dbo。

（3）dbo拥有和固定服务器角色dbo_owner中的成员同样的权利，dbo是唯一一个能在db_owner角色中加入成员的用户。

7.3.5　固定数据库角色

SQL Server在每个数据库中都提供了10个固定数据库角色。与服务器角色不同的是，固定数据库角色权限的范围仅限在特定的数据库内，是为某一个用户或某一组用户授予不同级别

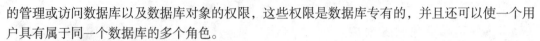

的管理或访问数据库以及数据库对象的权限，这些权限是数据库专有的，并且还可以使一个用户具有属于同一个数据库的多个角色。

在"对象资源管理器"中展开数据库下的"安全性"→"角色"→"数据库角色"，即可看到SQL Server 2019在安装时定义的这10个固定数据库角色，如图7-14所示。

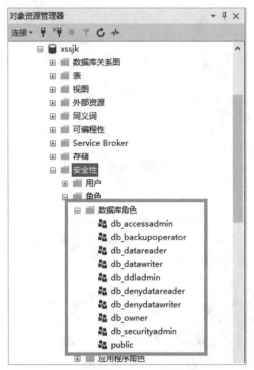

图7-14　固定数据库角色

固定数据库角色的权限定义如表7-2所示。

表7-2　固定数据库角色及权限

服务器角色	权　　限
db_accessadmin	访问权限管理员，可以添加或删除数据库用户和角色
db_backupoperator	备份管理员，能够备份和还原数据库
db_datareader	能够读取数据库内所有用户表中的所有数据
db_datawriter	能够添加、删除或更改数据库内所有表中的所有数据
db_ddladmin	能够添加、删除和修改数据库对象，如表、视图等
db_denydatareader	不能选择数据库内任何用户表中的任何数据
db_denydatawriter	不能添加、删除或更改数据库内任何用户表中的任何数据
db_owner	数据库所有者，具有数据库中的全部权限
db_securityadmin	安全管理员，可以修改角色成员身份和管理权限
public	最基本的数据库角色，维护全部默认的权限

只有public角色的权限可以根据需要修改，并且对public角色设置的权限，在当前数据库中所有的用户都会自动继承。如图7-15所示，查看和设置public角色权限的步骤如下。

（1）右击public角色，在弹出的快捷菜单中选择"属性"命令。

（2）在"数据库角色属性-public"对话框的"安全对象"选项中，可以查看和修改public角色的权限。

图 7-15　查看和修改 public 角色权限

7.3.6　创建自定义数据库角色

创建用户自定义的数据库角色就是创建一组用户，这些用户具有相同的一组权限。如果一组用户需要执行在SQL Server中指定的一组操作，并且不存在对应的Windows组，或者没有管理Windows用户账户的权限，就可以在数据库中建立一个用户自定义的数据库角色。

扫一扫，看视频

另外，在创建用户自定义数据库角色时，创建者需要完成下列任务：

（1）创建新的数据库角色。

（2）分配权限给创建的角色。

（3）将这个角色授予某个用户。

【例7-6】创建用户自定义数据库角色stu

（1）在SSMS的"对象资源管理器"中，展开要添加新角色的目标数据库，选择"安全性"选项。在"角色"选项上右击，在弹出的快捷菜单中选择"新建"→"新建数据库角色"命令。

（2）在"数据库角色-新建"对话框的"常规"页面中，添加"角色名称"和"所有者"，并选择此角色所拥有的架构。在此对话框中也可以单击"添加"按钮为新创建的角色添加用户，如图7-16所示。

（3）选择"选择页"中的"安全对象"选项，单击"搜索"按钮，弹出"添加对象"对话框，如图7-17所示。

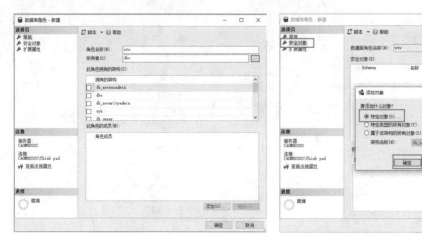

图 7-16　新建数据库角色　　　　　　　　　图 7-17　添加"安全对象"对话框

（4）选中"特定对象"单选按钮，单击"确定"按钮，弹出"选择对象"对话框，单击"对象类型"按钮，弹出"选择对象类型"对话框，勾选"表"复选框，单击"确定"按钮，如图7-18所示。

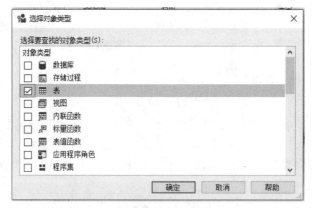

图 7-18　"选择对象类型"对话框

（5）回到"选择对象"对话框，单击"浏览"按钮，打开"查找对象"对话框，勾选设置此角色的表的各复选框，如学生表、成绩表、班级表和课程表，如图7-19所示。

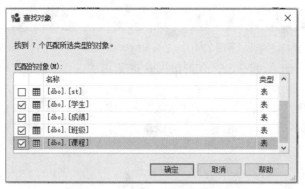

图 7-19　"查找对象"对话框

（6）进入权限设置的页面，然后就可以为新创建的角色添加所拥有的数据库对象的访问权限，如学生表、课程表和成绩表的"插入"和"更新"，如图7-20所示。

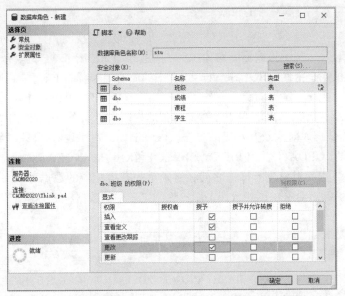

图 7-20　为新创建的角色添加数据库对象的访问权限

（7）单击"确定"按钮，自定义数据库角色stu就创建完成了。

7.3.7　删除数据库角色成员

在数据库中由于创建了大量的角色，为了管理方便，需要删除不需要的角色。例如，删除之前创建的stu角色，具体操作步骤如下。

（1）在"对象资源管理器"中，展开要删除角色的目标数据库，展开"安全性"选项。

（2）在"安全性"选项中展开"数据库角色"，找到之前创建的stu数据库角色。

（3）右击stu，在弹出的快捷菜单中选择"删除"命令即可删除之前创建的stu角色。

7.4　表和列级的安全性

7.4.1　权限

在SQL Server 2019中，不同的数据库用户具有不同的数据库访问权限。用户要对某数据库进行访问操作时，必须获得相应的操作授权，即得到数据库管理系统操作权限授权。SQL Server 2019中未被授权的用户将无法访问或存储数据库中的数据。

在SQL Server 2019中，按照权限是否进行预定义，可以把权限分为预定义权限和自定义权限；按照权限是否与特定的对象相关，可以把权限分为针对所有对象的权限和针对特殊对象的权限。

1. 预定义和自定义权限

预定义权限是指在安装SQL Server 2019的过程完成之后，不必通过授予即拥有的权限。例如，前面介绍过的服务器角色和数据库角色就属于预定义权限，对象的所有者也拥有该对象的所有权限以及该对象所包含对象的所有权限。

自定义权限是指那些需要经过授权或继承才能得到的对安全对象的使用权限。

2. 针对所有对象和特殊对象的权限

数据库对象权限是授予数据库用户对特定数据库中的表、视图和存储过程等对象的操作权限,它决定了能对表、视图等数据库对象执行哪些操作,相当于数据库操纵语言的语句权限。针对所有对象的权限是指针对SQL Server 2019中的所有对象都有的权限。针对特殊对象的权限是指某些权限只能在指定的对象上起作用。例如,INSERT仅可以用作表的权限,不可以是存储过程的权限;而EXECUTE只可以是存储过程的权限,不能作为表的权限等。

表7-3列出了数据库对象及其对应的操作权限。例如,对于表和视图,拥有者可以授予数据库用户INSERT、UPDATE、DELETE、SELECT和REFERENCES 5种权限。也就是说,在数据库用户要对数据库对象进行操作之前,必须事先获得相应的数据库对象的操作权限,否则,用户将不能访问该对象。例如,如果用户想浏览表中的数据,则必须先获得拥有者授予的SELECT权限。

表7-3 数据库对象及其对应的操作权限

安全对象	常用权限
数据库	CREATE DATABASE、CREATE DEFAULT、CREATE FUNCTION、CREATE PROCEDURE、CREATE VIEW、CREATE TABLE、CREATE RULE、BACKUP DATABASE、BACKUP LOG
表	SELECT、DELETE、INSERT、UPDATE、REFERENCES
表值函数	SELECT、DELETE、INSERT、UPDATE、REFERENCES
视图	SELECT、DELETE、INSERT、UPDATE、REFERENCES
存储过程	EXECUTE、SYNONYM

在每个数据库中,权限独立于用户账户和用户在数据库中的角色,每个数据库都有自己独立的权限系统。权限的管理主要是完成对权限的授予、回收和拒绝。

(1)授予(GRANT)。允许用户或角色对一个对象实施某种操作或执行某种语句。

(2)回收(REVOKE)。不允许用户或角色对一个对象实施某种操作或执行某种语句,或者收回曾经授予的某种权限,这与授予权限正好相反。

(3)拒绝(DENY)。拒绝用户访问某个对象或删除以前授予的权限,停用从其他角色继承的权限,确保不继承更高级别角色的权限。

7.4.2 授权

权限的管理可以使用SSMS工具完成,或者使用T-SQL语句来实现。

1. 使用SSMS设定服务器用户权限

【例7-7】指定登录账户users具有创建数据库的权限

扫一扫,看视频

具体的操作步骤如下。

(1)打开SSMS工具,以登录账户sa或超级用户身份连上数据库服务器实例。

(2)在"对象资源管理器"中右击服务器,在弹出的快捷菜单中选择"属性"命令,弹出"服务器属性"对话框。

(3)在该对话框左侧的"选择页"中选择"权限"选项,在"登录名或角色"列表框中选择要设置权限的users,在"users的权限"列表框中的"授予"列勾选"创建任意数据库"复选框,如图7-21所示。

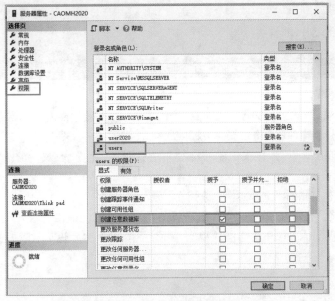

图 7-21　授予 users 创建任意数据库的权限

2. 使用SSMS设定数据库用户权限

【例7-8】指定xssjk数据库中的用户user2020具有创建表和视图的权限

具体操作步骤如下。

（1）打开SSMS工具，以登录账户sa或超级用户身份连上数据库服务器实例。

（2）在"对象资源管理器"中展开"数据库"。

（3）右击xssjk，在弹出的快捷菜单中选择"属性"命令，弹出"数据库属性-xssjk"对话框。在该对话框左侧的"选择页"中选择"权限"选项，在"用户或角色"列表框中选择要设置权限的用户user2020，在"user2020的权限"列表框中的"授予"列勾选"创建表"和"创建视图"复选框，如图7-22所示。

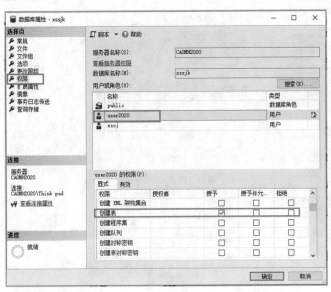

图 7-22　修改数据库用户 user2020 的权限

（4）完成后单击"确定"按钮。

3. 使用SSMS设定数据对象权限

【例7-9】指定xssjk数据库中的用户user2020具有查询学生表的权限

具体操作步骤如下：

（1）打开SSMS工具，以登录账户sa或超级用户身份连上数据库服务器实例。

（2）在"对象资源管理器"中展开"数据库"→"xssjk"→"表"。

（3）右击表"dbo.学生"，在弹出的快捷菜单中选择"属性"命令，弹出"表属性-学生"对话框。

（4）在该对话框左侧的"选择页"中选择"权限"选项。

（5）单击"搜索"按钮，弹出"选择用户或角色"对话框，单击"浏览"按钮，弹出"查找对象"对话框，勾选user2020复选框，单击"确定"按钮，然后返回"表属性-学生"对话框，如图7-23所示。

图 7-23　"查找对象"对话框

（6）在"用户或角色"列表框中选择要设置权限的用户user2020，在"user2020的权限"列表框中的"授予"列勾选"选择"复选框，如图7-24所示。

（7）完成后单击"确定"按钮。

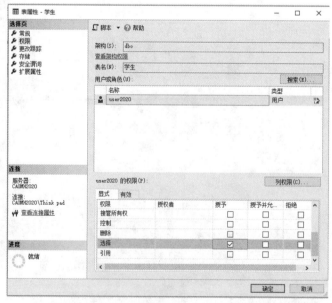

图 7-24　授予 user2020 具有查询学生表的权限

4. 用T-SQL语句管理权限

在SQL Server 2019中，用GRANT语句授予数据库权限。

GRANT语句的语法格式如下：

```
GRANT < 权限 > [ , < 权限 > ] ...
ON < 对象类型 > < 对象名 > [ , < 对象类型 > < 对象名 > ] ...
TO < 用户 > [ , < 用户 > ] ...
[ WITH GRANT OPTION ]
```

从其语义可以看出，将对指定操作对象的指定操作的权限授予指定的用户。GRANT语句的授权者可以是DBA，也可以是该数据库对象的创建者即Owner，还可以是已经有该权限的用户。接受该权限的用户是一个或多个具体的用户，也可以是public即全体用户。

如果指定了WITH GRANT OPTION子句，则该用户可以将自己拥有的权限授权给别人，但不允许循环授权；如果不指定WITH GRANT OPTION子句，则该用户只能使用该权限，不能传播该权限。如果管理员收回该用户的权限时，则其传播的权限也会随着一起失效。

【例7-10】授予xssjk数据库中的用户user2020具有查询成绩表的权限

在查询编辑器窗口中执行如下T-SQL语句：

```
USE  xssjk
    GO
    GRANT  SELECT  ON  成绩  TO  user2020
    GO
```

7.4.3 权限收回

在SQL Server 2019中用REVOKE语句收回用户所拥有的某些数据库权限，使其不能执行此操作，除非该用户被加入到某个角色中，从而通过角色获得授权。

REVOKE语句的语法格式如下：

扫一扫，看视频

```
REVOKE  < 权限 > [ , < 权限 > ] ...
ON < 对象类型 > < 对象名 > [ , < 对象类型 > < 对象名 > ] ...
FROM < 用户 > [ , < 用户 > ] ... [ CASCADE |RESTRICT ]
```

【例7-11】收回xssjk数据库中的用户user2020对成绩表的查询权限

在查询编辑器窗口中执行如下的语句：

```
USE xssjk
GO
REVOKE  SELECT  ON  成绩  FROM  user2020 CASCADE
GO
```

将user2020查询权限收回的同时，级联（CASCADE）还可以收回user2020授权的其他用户的查询权限。

7.4.4 权限拒绝

在SQL Server 2019中，用DENY语句拒绝数据库权限。

DENY语句的语法格式如下：

```
DENY < 权限 > [ , < 权限 > ] ...
ON < 对象类型 > < 对象名 > [ , < 对象类型 > < 对象名 > ] ...
```

TO < 用户 > [, < 用户 >] ... [CASCADE] [AS principal]

如果拒绝数据库的某个权限，则拒绝父对象下所有子对象的该权限，除非单独赋予某个子对象该权限。根据最小化用户权限原则，对重要信息表，可以拒绝所有用户的SELECT权限，而仅赋予特定用户查看特定列的SELECT权限，以最大化避免信息泄露。

【例7-12】拒绝xssjk数据库中的用户user2020对班级表的查询权限

在查询表及其窗口执行如下的语句：

```
USE xssjk
GO
DENY SELECT ON 班级 TO user2020
```

7.5 习题

一、选择题

1. SQL Server 2019默认的用户登录账户是_____。

    A. guest   B. BUILTIN\Administrators

    C. dbo   D. sa

2. 下列命令中_____用于收回SQL Server 用户对象权限。

    A. REVOKE   B. DENY   C. GRANT   D. CREATE

3. SQL Server数据库用户不能创建_____。

    A. 登录名   B. 服务器角色   C. 数据库角色   D. 应用程序角色

4. SQL Server 2019 数据库中的固定角色有10种，下列_____不是数据库的固定角色。

    A. public   B. db_datareader

    C. db_admin   D. db_ddladmin

5. 在T-SQL中，创建数据库用户的语句是_____。

    A. CREATE LOGIN   B. CREATE USER

    C. CREATE LOGIN USER   D. DROP USER

二、填空题

1. SQL Server 的身份验证模式有_____模式和_____模式两种。

2. SQL Server 2019中包含的预定义的固定角色分为_____角色和_____角色两种。

3. _____用来提供对服务器与数据的权限进行分组和管理的机制。

4. 授予用户自定义角色权限使用_____命令，收回权限使用_____命令，拒绝权限使用_____命令。

三、简答题

1. 简述SQL Server 2019服务器的登录账户和数据库用户的关系。

2. 简述用SSMS如何创建自定义的数据库角色。

3. 简述SQL Server 2019所具有的4层安全机制及其作用。

4. 简述数据库角色和权限的含义。

第 8 章

数据库的备份和恢复

学习目标

本章主要介绍数据备份与还原的概念及其重要性，SQL Server 2019 对数据库进行备份和还原操作的方法。通过本章的学习，读者应该掌握以下内容：

- 了解数据库系统的常见故障
- 了解数据库不同备份类型之间的差异
- 掌握数据库备份的方法
- 掌握数据库恢复的方法
- 掌握数据库各种格式文件的导入与导出

内容浏览

8.1 备份概述

避免数据丢失是数据库管理员必须面对的最关键的问题之一。尽管在SQL Server 2019中采取了许多措施来保证数据库的安全性和完整性，但故障仍不可能完全避免，仍会影响甚至破坏数据库，造成数据丢失。同时还存在其他方面可能造成数据丢失的因素，如用户的操作失误、蓄意破坏、病毒攻击和计算机软硬件故障等。因此，系统必须具有检测故障并把数据从错误状态恢复到某一正确状态的功能，这就是数据库的恢复。SQL Server 2019制定了良好的备份还原策略，可以定期将数据库进行备份以保护数据库，以便在故障发生后恢复数据库。

对计算机用户来讲，一些重要的文件、资料需定期进行备份也是一种良好的习惯。如果出现突发情况，如系统崩溃、系统遭受病毒攻击等，使得原先的文件遭到破坏以至于全部丢失，这时启用备份文件，就可以节省大量的时间和精力。

8.1.1 备份的概念及恢复模式

数据库备份是指在某种介质上（如磁盘）创建完成数据库（或其中一部分）的副本，并将所有的数据项都复制到备份集上，以便在数据库遭到破坏时能够恢复数据库。

对SQL Server 2019数据库或事务日志进行备份，就是记录在进行备份这一操作时数据库中所有数据的状态，使得在数据库遭到破坏时能够及时地将其还原。执行备份操作必须拥有对数据库备份的权限许可，SQL Server 2019只允许系统管理员、数据库所有者和数据库备份执行者备份数据库。

在备份数据库之前，需要对备份内容、备份频率以及数据备份存储介质等进行计划。

1. 备份内容

备份内容主要包括系统数据库、用户数据库和事务日志。

（1）系统数据库记录了SQL Server系统配置的参数、用户资料以及所有用户数据库等重要信息，主要有master数据库、msdb数据库和model数据库。

（2）用户数据库中存储了用户的数据。由于用户数据库具有很强的区别性，即每个用户数据库之间的数据一般都有很大的差异，所以对用户数据库的备份显得更加重要。

（3）事务日志记录了用户对数据库中数据的各种操作，目的是为数据库的恢复保留详细的数据。系统平时会自动管理和维护所有的数据库事务日志。相比数据库备份，事务日志备份需要的时间较少，但是还原数据库需要的时间较多。

2. 备份频率

数据库备份频率一般取决于修改数据库的频繁程度，以及一旦出现意外丢失的工作量的大小，还有发生意外丢失数据的可能性的大小。

一般来说，在正常使用阶段，对系统数据库的修改不会十分频繁，所以对系统数据库的备份也不需要十分频繁，只需要在执行某些语句或存储过程导致SQL Server 2019对系统数据库进行修改的时候进行备份。

当在用户数据库中执行了插入数据、创建索引等操作时，应该对用户数据库进行备份。此外，如果清除了事务日志，也应该备份数据库。

3. 备份存储介质

用户常用的备份的存储介质包括硬盘、磁带和命令管道。具体使用哪一种介质要考虑用户的成本承受能力、数据的重要程度、用户的现有资源等因素。在备份中使用的介质确定之后，一定要保持介质的持续性，一般不要轻易改变。

4. 其他计划

（1）确定备份工作的负责人。备份责任人负责备份的日常执行任务，并且要经常进行检查和督促。这样可以明确责任，确保备份工作按时完成。

（2）确定使用在线备份还是脱机备份。在线备份就是动态备份，允许用户继续使用数据库；脱机备份就是在备份时，不允许用户使用数据库。虽然备份是动态的，但是用户的操作会影响数据库备份的速度。

（3）确定是否使用备份服务器。在备份时如果有条件最好使用备份服务器，这样可以在系统出现故障时，迅速还原系统的正常工作。当然，使用备份服务器会增大备份的成本。

（4）确定备份存储的期限。对于一般性的业务数据可以确定一个比较短的期限，但是对于重要的业务数据，则需要确定一个比较长的期限。期限越长，需要备份的介质就越多，同时备份的成本也随之增大。

总的来说，备份应该按照需要经常进行，并进行有效的数据管理。SQL Server 2019备份可以在数据库使用时进行，但是一般在非高峰活动时备份的效率更高。另外，备份是一种十分消耗时间和资源的操作，不能频繁操作。应该根据数据库的使用情况确定一个适当的备份周期。

8.1.2 备份类型

在SQL Server系统中，针对不同用户的业务需求，有以下4种备份类型。

1. 完整备份

完整备份是指备份数据库中的所有数据和结构。数据库的第一次备份应该是完整的数据库备份，这是任务备份策略中都要求完成的第一种备份类型，其他所有的备份类型都依赖于完整的备份。它通常会花费较多的时间，同时也会占用较多的空间。完整备份不需要频繁地进行。对于数据量较少或者变动较小不需要经常备份的数据库而言，可以考虑这种备份方式。

2. 差异备份

差异备份是指仅备份上次完整备份后改过的数据。差异备份速度比较快，占用的空间比较少，可以简化频繁备份操作，减少数据丢失的风险。对于数据量大且需要经常备份的数据库，使用差异备份可以减少数据库备份的负担。

3. 事务日志备份

事务日志备份是指仅备份上次事务日志备份以来的事务日志记录。当执行完整备份后，可以执行事务日志备份。事务日志备份比完整备份节省时间和空间，而且利用事务日志备份进行还原时，可以指定还原某一个事务。但是，用事务日志备份恢复数据库需要的时间开销比较大。

4. 文件和文件组备份

文件和文件组备份方式是指将文件和文件组作为备份的对象。针对数据库特定的文件或特定文件组内的所有成员进行数据备份。不过在使用这种备份方式时，应该注意搭配事务日志备份一起使用。

⊙ 8.1.3　备份设备

备份存放在物理备份介质上，备份介质可以是磁带驱动器或硬盘驱动器（位于本地或网络上）。SQL Server并不知道连接到服务器的各种介质形式，因此必须通知SQL Server将备份存储在哪个备份设备。

备份设备就是用来存储数据库、事务日志或文件和文件组备份的存储介质。常见的备份设备可以分为以下三种类型。

1. 磁盘备份设备

磁盘备份设备是指存储在硬盘或其他磁盘媒体上的文件，与常规操作系统文件一样。引用磁盘备份设备与引用任何其他操作系统文件一样。可以在服务器的本地磁盘上或共享网络资源的远程磁盘上定义磁盘备份设备，磁盘备份设备根据需要可大可小。最大的文件大小为磁盘上可用的闲置空间。如果磁盘备份设备定义在网络的远程设备上，则应该使用统一命名方式（UNC）来引用该文件，以"\\Servername\Sharename\Path\File"格式指定文件的位置。

注意：不要将数据库事务日志备份到数据库所在的同一物理磁盘的文件中。如果包含数据库的磁盘设备发生故障，由于备份位于同一发生故障的磁盘上会无法恢复数据库。

2. 磁带备份设备

磁带备份设备的用法与磁盘设备相同，不过磁带设备必须物理连接到运行SQL Server 2019的计算机上。如果磁带备份设备在备份操作过程中已满，但还需要写入一些数据，SQL Server 2019将提示更换新磁带并继续备份操作。

若要将SQL Server 2019数据备份到磁带，那么需要使用磁带备份设备或者Microsoft Windows平台支持的磁带驱动器。另外，对于特殊的磁带驱动器，仅可使用驱动器制造商推荐的磁带。在使用磁带驱动器时，备份操作可能会写满一个磁带，并继续在另一个磁带上进行。所使用的第一个媒体称为"起始磁带"，该磁带含有媒体标头，每个后续磁带称为"延续磁带"，其媒体序列号比前一磁带的媒体序列号大1。

3. 逻辑备份设备

物理备份设备名称主要是用来供操作系统对备份设备进行引用和管理，如C:\Backups\Accounting\Full.bak。逻辑备份设备是物理备份设备的别名，通常比物理备份设备更能简单、有效地描述备份设备的特征。逻辑备份设备名称被永久地保存在SQL Server的系统表中。

使用逻辑备份设备的一个优点是比使用长路径简单。如果准备将一系列备份数据写入相同的路径或磁带设备，则使用逻辑备份设备非常有用。逻辑备份设备对于标识磁带备份设备尤为有用。

8.2　备份数据库

扫一扫，看视频

对数据库进行备份需要先创建好备份设备。备份数据库有两种方式：一种是使用SSMS工具备份数据库；另一种是使用BACKUP命令备份数据库。

8.2.1 创建磁盘备份设备

在SQL Server 2019中创建磁盘备份设备的方法有两种：一种是在SSMS中使用现有命令和功能，通过方便的图形化工具创建；另一种是通过使用系统存储过程SP_ADDUMPDEVICE创建。下面将对这两种创建磁盘备份设备的方法分别进行介绍。

1. 使用SSMS管理器创建备份设备

（1）在"对象资源管理器"中展开"服务器对象"，然后选择"备份设备"选项，右击，在弹出的快捷菜单中选择"新建备份设备"命令，弹出"备份设备-xssjk备份"窗口，输入设备名称"xssjk备份"，并且指定该文件的完整路径，如图8-1所示。

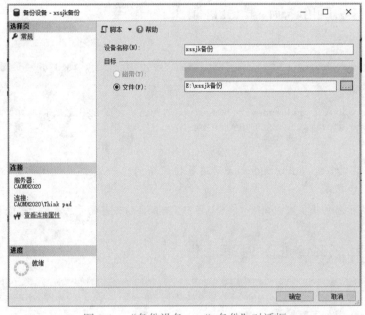

图 8-1 "备份设备 -xssjk 备份"对话框

（2）单击"确定"按钮，完成创建一个名称为"xssjk备份"的备份设备。

2. 使用系统存储过程SP_ADDUMPDEVICE创建备份设备

除了使用图形化工具创建备份设备，还可以使用系统存储过程SP_ADDUMPDEVICE来添加备份设备，这个存储过程可以添加磁盘和磁带设备。SP_ADDUMPDEVICE的语法格式如下：

```
SP_ADDUMPDEVICE [ @devtype = ] 'device_type'
    , [ @logicalname = ] 'logical_name'
    , [ @physicalname = ] 'physical_name'
  [ , { [ @cntrltype = ] controller_type |
    [ @devstatus = ] 'device_status' }
  ]
```

其中，各参数的含义如下。

（1）[@devtype =] 'device_type'：指备份设备的类型。device_type的数据类型为varchar（20），无默认值，可以是disk、tape和pipe。其中，disk是指使用硬盘文件作为备份设备；tape是指Microsoft Windows支持的任何磁带设备；pipe是指使用命名管道作为备份设备。

（2）[@logicalname =] 'logical_name'：指在BACKUP和RESTORE语句中使用的备份设备的逻辑名称。logical_name的数据类型为sysname，无默认值，且不能为Null。

（3）[@physicalname =] 'physical_name'：指备份设备的物理名称。物理名称必须遵从操作系统文件名规则或者网络设备的通用命名约定，并且必须包含完整路径。physical_name的数据类型为nvarchar（260），无默认值，且不能为Null。

（4）[@cntrltype =] 'controller_type'：已过时，如果指定该选项，则忽略此参数。支持它完全是为了向后兼容。新的sp_addumpdevice使用应省略此参数。

（5）[@devstatus =] 'device_status'：devicestatus如果是noskip，则表示读ANSI磁带头；如果是skip，则表示跳过ANSI磁带头。

【例8-1】在磁盘上创建备份设备XSCJ_device，其物理名称为D:\xssjk\XSCJ_device.bak

在查询编辑器窗口中执行如下T-SQL语句：

```
USE master
GO
EXEC  sp_addumpdevice  'disk' , 'XSCJ_device', 'D:\xssjk\XSCJ_device.bak'
```

或者这样写也正确：

```
EXEC master.dbo.sp_addumpdevice @devtype=N'disk', @logicalname= N'XSCJ_device', @
physicalname=N'D:\xssjk\XSCJ_device.bak'
```

注意：

（1）使用存储过程sp_addumpdevice创建备份设备时，一定要确定保存备份文件的文件夹xssjk在D盘上已经存在。

（2）不再使用的备份设备可以删除，在SSMS中，删除备份设备的方法类似于删除其他数据对象。

8.2.2　使用 SSMS 进行数据库备份

【例8-2】把xssjk数据库完整地备份到"xssjk备份"上

具体的操作步骤如下。

（1）打开SSMS在"对象资源管理器"中展开"数据库"。

（2）右击xssjk数据库，在弹出的快捷菜单中选择"任务"→"备份"命令，如图8-2所示。

图 8-2　数据库备份任务

（3）在弹出的如图8-3所示的"备份数据库-xssjk"对话框中，在"数据库"下拉列表中选择xssjk选项；在"备份类型"下拉列表中选择"完整"选项；在"备份组件"区域选中"数据库"单选按钮；在"目标"区域删除系统给的默认值，单击"添加"按钮，弹出"选择备份目标"对话框，选中"备份设备"单选按钮，并在对应的下拉列表中选择"xssjk备份"选项，单击"确定"按钮，返回"备份数据库"对话框。

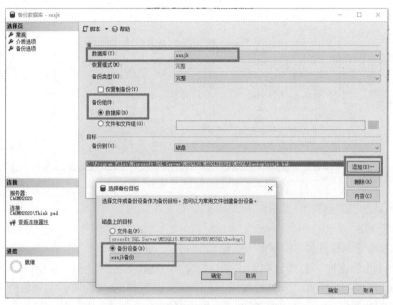

图 8-3　"备份数据库 -xssjk"对话框

（4）选择"介质选项"，在"覆盖介质"区域选中"覆盖所有现有备份集"单选按钮，这样系统在创建备份时将初始化备份设备并覆盖原有的备份内容。在"可靠性"区域勾选"完成后验证备份"复选框，可以在备份后与当前数据库进行对比，以确保它们是一致的，如图8-4所示。

图 8-4　备份数据库"介质选项"对话框

（5）以上设置完成后，单击"确定"按钮，系统将开始备份。

数据库的备份和恢复

【例8-3】创建xssjk数据库的差异备份

例8-2中已经为xssjk数据库创建了完整备份，为了体现差异备份，在"学生"表中增加一条学生记录，如图8-5所示。

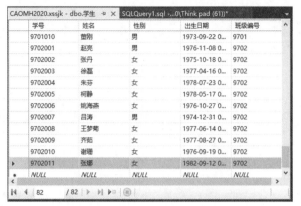

图 8-5　添加记录后的"学生"表数据

创建差异备份的具体操作步骤如下。

（1）打开SSMS。

（2）在"对象资源管理器"中展开"数据库"。

（3）选择xssjk数据库，右击，在弹出的快捷菜单中选择"任务"→"备份"命令。

（4）选择"常规"选择页，在"数据库"下拉列表中选择xssjk选项；在"备份类型"下拉列表中选择"差异"选项；在"备份组件"区域选中"数据库"单选按钮；在"目标"区域指定备份设备为"xssjk备份"，如图8-6所示。

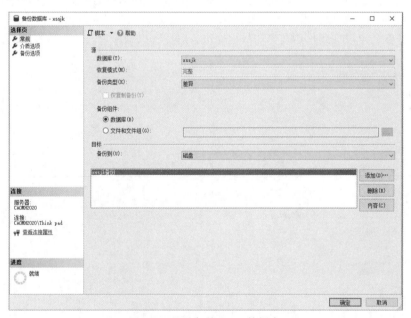

图 8-6　差异备份 xssjk 数据库

（5）单击"确定"按钮，系统开始进行差异备份。

（6）验证备份。展开"服务器对象"→"备份设备"，右击"xssjk备份"，从弹出的对应快捷菜单中选择"属性"命令，弹出"备份设备-xssjk备份"对话框，选择"介质内容"选择页。在

"备份集"区域显示了完整和差异两次备份的信息，如图8-7所示。

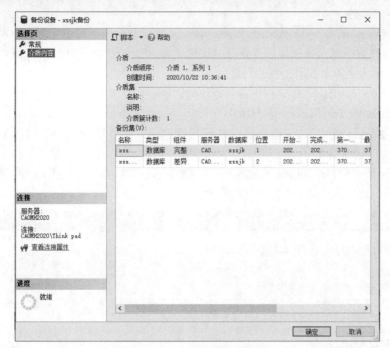

图 8-7　备份设备的介质内容

注意：本例中进行差异备份时，没有设置"备份数据库"对话框中"选项"选择页上的相关项目，即默认设置。默认以"追加到现有备份集"的方式备份，这样可以避免覆盖原先的完整备份。

【例8-4】创建xssjk数据库的事务日志备份

具体操作步骤如下：

（1）打开SSMS。

（2）在"对象资源管理器"中展开"数据库"。

（3）右击xssjk数据库，在弹出的快捷菜单中选择"任务"→"备份"命令。打开"备份数据库"对话框。

（4）打开"常规"选择页，在"数据库"下拉列表中选择xssjk选项；在"备份类型"下拉列表中选择"事务日志"选项；在"备份组件"区域选中"数据库"单选按钮；在"目标"区域指定备份设备为"xssjk备份"。

（5）单击"确定"按钮，系统开始进行事务日志备份。

8.2.3　使用 T-SQL 语句创建数据库备份

使用BACKUP DATABASE命令可以备份整个数据库，也可以备份一个或多个文件或文件组。而且，使用BACKUP LOG命令可以在完整恢复模式或大容量日志模式下备份事务日志。下面简单介绍如何使用BACKUP命令对数据库进行完整的备份。

其语法格式如下：

```
BACKUP DATABASE {database_name | @database _name_var }
    TO < backup_device > [ ,...n ]
    [ < MIRROR TO clause > ] [ next-mirror-to ]
```

[WITH { DIFFERENTIAL | < general_WITH_option > [,...n] }]

其中，各参数的含义如下。

（1）{database_name | @database _name_var }：指定备份事务日志、部分数据库或完整数据库时所用的源数据库。如果作为变量@database_name_var提供，则可以将该名称指定为字符串常量或指定为字符串数据类型的变量。

（2）< backup_device >：指定用于备份操作的逻辑备份设备或物理备份设备。

（3）< MIRROR TO clause >::=MIRROR TO< backup_device > [,...n]：指定数据库备份或文件备份应该只包含上次完整备份后修改的数据库或文件部分。默认情况下，BACKUP DATABASE会创建完整备份。

（4）< general_WITH_option >：指定一些诸如是否仅复制备份、是否对此备份执行备份压缩、说明备份集的自由格式文本等操作的选项。

【例8-5】创建备份设备testxscj，然后将xssjk完整地备份到testxscj上

在查询编辑器窗口中执行如下T-SQL语句：

```
USE master
--如果备份设备testxscj存在应删除
IF EXISTS  ( SELECT name FROM master.dbo.sysdevices WHERE name =N'testxscj')
EXEC master.dbo.sp_dropdevice @logicalname = N'testxscj'
GO
--创建备份设备testxscj
EXEC master.dbo.sp_addumpdevice  @devtype = N'disk', @logicalname = N'testxscj',
@physicalname = N'd:\testxscj.bak'
GO
--EXEC sp_addumpdevice  'disk',  'testxscj', 'd:\testxscj_bak'
//也可以采用这种方式创建备份设备
BACKUP  DATABASE xssjk TO testxscj
```

8.3 数据库恢复

扫一扫，看视频

数据库恢复是当数据库出现故障时，将备份的数据库加载到系统，使数据库恢复到备份时的状态。数据库恢复有两种方法：一种是使用SSMS工具还原数据库；另一种是使用RESTORE语句还原数据库。

8.3.1 使用 SSMS 还原数据库

【例8-6】使用"xssjk备份"上的备份还原xssjk数据库

具体操作步骤如下。

（1）打开SSMS，在"对象资源管理器"中右击"数据库"，在弹出的快捷菜单中选择"还原数据库"命令。

（2）在"目标"区域的"数据库"下拉列表中选择数据库名为xssjk，在"源"区域选中"设备"单选按钮，单击右侧的···按钮，弹出"选择备份设备"对话框，在"备份介质类型"下拉列表中选择"备份设备"选项，选择备份设备为"xssjk备份"，返回"还原数据库-xssjk"对话框，如图8-8所示。

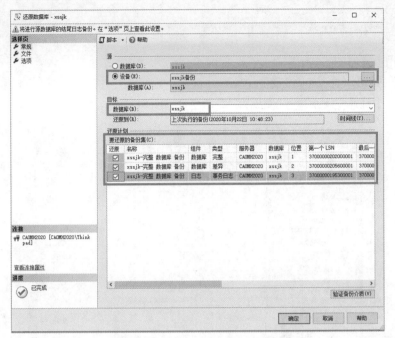

图 8-8　"还原数据库 -xssjk"对话框

（3）在"还原计划"中"要还原的备份集"区域出现备份设备中的三次备份，勾选三种备份，单击"确定"按钮，可以让数据库恢复到正常状态。

8.3.2　使用 T-SQL 语句还原数据库

利用RESTORE命令可以还原和恢复已经备份的数据库，其语法格式如下：

```
RESTORE DATABASE
{ database_name | @database_name_var }
    [ FROM < backup_device > [ ,...n ] ]
```

其中，各参数的含义如下。

（1）{ database_name | @database_name_var }：指定备份事务日志、部分数据库或完整数据库时所用的源数据库。

（2）< backup_device >：指定用于备份数据库的逻辑设备或物理备份设备。

【例8-7】在例 8-5 中创建的备份设备testxscj上恢复xssjk数据库

在查询编辑器窗口中执行如下T-SQL语句：

```
RESTORE DATABASE xssjk FROM testxscj
```

8.4　通过导出脚本备份和还原数据库

SQL Server数据库无法通过分离和附加的操作，将高版本的.mdf文件附加到低版本的服务器（例如，2019版的无法附加到2014版的SQL Server）。可以通过导出SQL脚本的方式来备份并且还原新的数据库，这种方式适合数据不多的中小型数据库。

扫一扫，看视频

8.4.1 备份数据库

具体操作步骤如下。

（1）打开SSMS，在"对象资源管理器"中展开"数据库"，选择要备份的数据库名，在弹出的快捷菜单中选择"任务"→"生成脚本"命令，如图8-9所示。

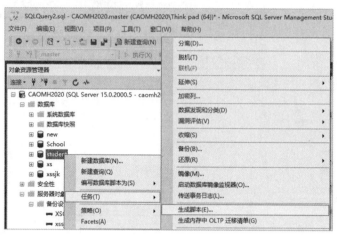

图 8-9　生成脚本

（2）选择要为其编写脚本的数据库对象，如图8-10所示。这里可以选择表、视图等特定的数据库对象，也可以选择整个数据库的所有对象。有时候业务系统的更新可能只涉及一个表或者几个表，此时可以通过对每个数据表进行单表备份的方式来操作，只备份这几个涉及变更操作的数据表。这里选中"为整个数据库及所有数据库对象编写脚本"单选按钮，然后单击"下一步"按钮。

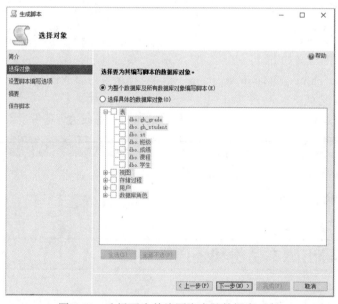

图 8-10　选择要为其编写脚本的数据库对象

（3）在"设置脚本编写选项"中，选择文件的存储路径并设置文件名，如图8-11所示，可以选择保存为单个文件或者每个对象一个文件。此处需单击"高级"按钮。

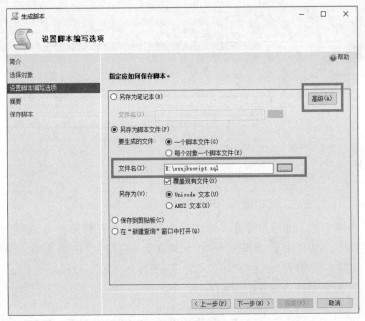

图 8-11　设置脚本编写选项

（4）"高级"选项中最重要的一项就是在滚动条的最下方，在"要编写脚本的数据的类型"下拉列表中选择第一项"架构和数据"，如图 8-12 所示。这个选项默认是选择"仅限架构"，该功能是只复制数据库的表结构而不复制数据库的具体数据。如果需要导出表结构和表中的数据，就要选择"架构和数据"选项。

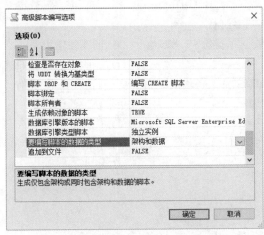

图 8-12　"高级脚本编写选项"对话框

（5）单击"确定"按钮，返回"生成脚本"对话框，单击"下一步"按钮即可完成脚本文件的生成。

8.4.2　还原数据库

（1）在一个新的数据库实例中创建一个相同的空数据库，名称也为 xssjk。

（2）选择"文件"→"打开"命令，打开前面导出的脚本文件 xssjkscript.sql，如图 8-13 所示。

数据库的备份和恢复

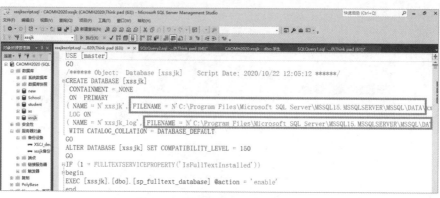

图 8-13　脚本文件 xssjkscript.sql

（3）单击工具栏中的"执行"按钮，即可将原数据库中的对象导入到新的数据库中。注意在恢复数据库时，原有的数据库实例中不能含有相同名字的数据库。同时要保证SQL脚本里，新建数据库的物理地址路径的文件夹必须存在（C:\Program Files\Microsoft SQL Server\MSSQL15.WPHSQL\MSSQL\DATA\）。

8.5 习题

一、选择题

1. 下面表示要执行差异备份的是_____。

A. Norecovery　　　　　B. Differential　　　　　C. Recovery　　　　　D. Noint

2. 还原数据库时，首先要进行_____操作。

A. 创建最近完整数据库备份　　　　　B. 创建备份设备

C. 删除差异备份　　　　　D. 删除最近事务日志备份

3. 创建数据库文件或者文件组备份时，首先要进行_____操作。

A. 创建事务日志备份　　　　　B. 创建备份设备

C. 删除差异备份　　　　　D. 创建完整数据库备份

4. 下列_____故障发生时，需要数据库管理员进行手动操作恢复。

A. 停电　　　　　B. 不小心删除表数据

C. 死锁　　　　　D. 操作系统错误

二、填空题

1. SQL Server 2019针对不同用户业务需求，提供了_____、_____、_____和_____4种备份方式供用户选择。

2. 在数据库进行备份之前，必须设置储备份文件的物理存储介质，即_____。

3. _____备份是进行其他所有备份的基础。

三、简答题

1. 简述数据库备份和还原的基本概念。

2. 简述数据库备份的类型。

3. 简述数据库的恢复模式。

4. 简述数据库日志的功能和作用。

3

Java+SQL Server 2019
经典实际应用开发案例集

第 9 章

数据库编程——Java 与数据库连接

学习目标

　　本章主要介绍 Java 与数据库连接技术，JDBC（Java DataBase Connectivity，Java 数据库连接）为数据库应用及数据库前台工具开发人员提供了一种标准的应用程序设计接口，使开发人员可以用纯 Java 语言编写完整的数据库应用程序，为多种关系数据库提供统一访问。本章内容是后续章节的共用部分。

内容浏览

JDBC简介

JDBC（Java DataBase Connectivity，Java数据库连接）是一种可用于执行SQL语句的Java API（Application Programming Interface，应用程序设计接口），由一些Java语言写的类、接口组成，可以为多种关系数据库提供统一访问。JDBC给数据库应用开发人员、数据库前台工具开发人员提供了一种标准的应用程序设计接口，使开发人员可以用纯Java语言编写完整的数据库应用程序。图9-1所示为JDBC的工作方式。

扫一扫，看视频

有了JDBC，向各种关系数据发送SQL语句就是一件很容易的事。换言之，有了JDBC API，就不必为访问SQL Server数据库专门写一个程序、为访问Oracle数据库又专门写一个程序，或者为访问其他类型数据库再编写另一个程序等，程序员只需用Java API写一个程序就够了，它可向相应数据库发送SQL调用。同时，将Java语言和JDBC结合起来使程序员不必为不同的平台编写不同的应用程序，只需写一遍程序就可以让它在任何平台上运行，这也是Java语言"编写一次，处处运行"的优势。图9-2所示为JDBC数据库连接的体系结构。

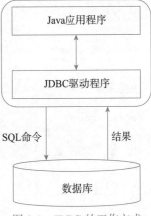

图 9-1　JDBC 的工作方式

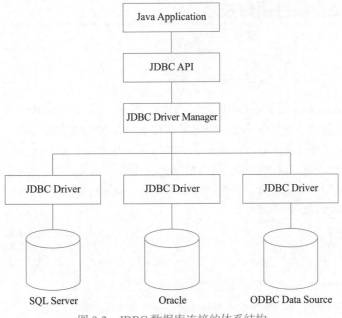

图 9-2　JDBC 数据库连接的体系结构

Java数据库连接体系结构是用于Java应用程序连接数据库的标准方法。JDBC对Java程序员而言是API，对实现与数据库连接的服务提供商而言是接口模型。作为API，JDBC为程序开发提供标准的接口，并为数据库厂商及第三方中间件厂商实现与数据库的连接提供了标准方法。JDBC使用已有的SQL标准并支持与其他数据库连接标准，如ODBC之间的桥接。JDBC实现了所有这些面向标准的目标并且具有简单、严格类型定义且高性能实现的接口。每个数据库厂商都根据此接口实现了对其数据库进行支持的JDBC驱动程序。

JDBC与数据库进行通信的类和接口都包含在java.sql包中，使用时必须显式声明如下语句：

```
import java.sql.*;
```

部分常用类和接口如表9-1所示，后面的章节会对常用的类和接口进行详细介绍。

表9-1　java.sql 包常用类与接口

类 / 接口名称	说　　明
Connection	连接对象，用于与数据库取得连接
Driver	用于创建连接（Connection）对象
Statement	语句对象，用于执行 SQL 语句，并将数据检索到结果集（ResultSet）对象中
PreparedStatement	预编译语句对象，用于执行预编译的 SQL 语句，执行效率比 Statement 高
CallableStatement	存储过程语句对象，用于调用执行存储过程
ResultSet	结果集对象，包含执行 SQL 语句后返回的数据的集合
SQLException	数据库异常类，是其他 JDBC 异常类的根类，继承于 java.lang.Exception，绝大部分对数据库进行操作的方法都有可能抛出该异常
DriverManager	驱动程序管理类，用于加载和卸载各种驱动程序，并建立与数据库的连接
Date	该类中包含有将 SQL 日期格式转换成 Java 日期格式的方法
TimeStamp	表示一个时间戳，能精确到纳秒

9.2　Java连接数据库技术

9.2.1　Connection 接口

扫一扫，看视频

Connection是JDBC中最常用的接口之一，一个 Connection 表示与一个特定数据库的会话。从Connection中能够获得数据库的许多基本信息，包括表、存储过程、所支持的SQL语法、该连接的能力等。通常在一个 Connection 的上下文中执行 SQL 语句并返回结果。默认情况下，在执行完每一个语句之后，Connection 自动提交更改。如果禁止自动提交，必须进行显式提交，否则将不保存对数据库的更改。

使用Connection的基本语法为

```
Connection con = null;                                    //新建Connection对象
Class.forName(driverName);                                //将JDBC驱动程序类加载到JVM中
con = DriverManager.getConnection(dbURL, userName, userPwd); //获取连接对象
```

其中，driverName是JDBC驱动程序类的名称，通常为如下定义：

```
static String driverName = "com.microsoft.sqlserver.jdbc.SQLServerDriver";
```

即使用微软提供的SQL Server的驱动程序。

dbURL是要连接到数据库的地址，通常为如下定义：

```
static String dbURL = "jdbc:sqlserver://xsgl:1433;DatabaseName=xssjk";
```

即通过1433端口连接到本机的xssjk数据库。

userName和userPwd分别为该数据库的用户名和密码。例如：

```
static String userName = "sa";
```

```
static String userPwd = "123456";
```

Connection中最常用的方法如下。

（1）createStatement方法。该方法的定义如下：

```
public abstract Statement createStatement() throws SQLException
```

不带参数的 SQL 语句通常用 Statement 对象执行。返回值为一个新建的 Statement对象，用于执行SQL语句。如果发生了数据访问错误，则会抛出一个SQLException对象。如果多次执行同一个 SQL 语句，使用一个 PreparedStatement 对象更为有效。

（2）prepareStatement方法。该方法的定义如下：

```
public abstract PreparedStatement prepareStatement(String sql) throws SQLException
```

一条带有或不带输入参数的 SQL 语句可以被预编译并存放在 PreparedStatement 对象中。该对象可用于有效地多次执行该语句。

参数sql是一个 SQL 语句，它可以包含一个或多个以 "?" 标识的输入参数位置标识符。返回值是一个包含该预编译语句的新建PreparedStatement 对象。如果发生了数据访问错误，则抛出一个 SQLException对象。

（3）prepareCall方法。该方法的定义如下：

```
public abstract CallableStatement prepareCall(String sql) throws SQLException
```

通过创建一个 CallableStatement 来处理一个 SQL 存储过程调用语句。返回值为一个包含该编译的 SQL 语句的新建 CallableStatement 对象，并且提供了设置其输入和输出参数的方法和执行方法。

参数sql是一个 SQL 语句，它可以包含一个或多个以'?'标识的输入、输出参数位置标识符。如果发生了数据访问错误，则抛出一个 SQLException对象。

（4）close方法。该方法的定义如下：

```
public abstract void close() throws SQLException
```

在有些情况下，需要立即释放 Connection 的数据库和 JDBC 资源，而不是等待它们被自动释放，我们可以使用close 方法。但当一个 Connection 被Java的垃圾收集机制收集时，它会被自动关闭。某些致命错误也会使 Connection 关闭。如果发生了数据访问错误，则抛出一个SQLException对象。

（5）isClosed方法。该方法的定义如下：

```
public abstract boolean isClosed() throws SQLException
```

检测一个 Connection 是否被关闭。返回值为boolean型数据，如果连接被关闭则为 true，否则为 false。如果发生了数据访问错误，则抛出一个SQLException对象。

9.2.2　Statement 接口

Statement的对象用于执行一条静态的 SQL 语句并获取它产生的结果，通常由Connection对象的createStatement方法产生。最基本的使用语法为

```
Statement st=con.createStatement();
```

其中，con为连接到某数据库的Connection对象。

一般使用ResultSet 接收Statement对象执行SQL语句后产生的结果，任何时候每条语句仅能打开一个 ResultSet。因此，如果要交替读取多个不同的ResultSet，那么每个 ResultSet

一定由不同的语句产生。如果有 ResultSet 存在，则所有的语句执行方法都隐式关闭当前的 ResultSet 。

Statement中最常用的方法如下。

（1）executeQuery方法。该方法的定义如下：

```
public abstract ResultSet executeQuery(String sql) throws SQLException
```

执行一条返回单个 ResultSet 的 SQL 语句。返回值为包含查询所产生数据的 ResultSet，且永远不为 null 。参数sql为静态的 SQL SELECT 语句，如 "SELECT * FROM student"。如果发生了数据访问错误，则抛出一个SQLException对象。

（2）executeUpdate方法。该方法的定义如下：

```
public abstract int executeUpdate(String sql) throws SQLException
```

执行一条 SQL INSERT、UPDATE 或 DELETE 语句，也可以执行没有返回值的 SQL 语句，如 SQL DDL 语句。参数sql为一条 SQL INSERT、UPDATE、DELETE 语句，或者没有返回值的 SQL 语句。如果执行 INSERT、UPDATE 或 DELETE 语句，返回值为受到该语句影响的行数；执行没有返回值的语句时返回值为0。如果发生了数据访问错误，则抛出一个SQLException对象。

（3）close方法。该方法的定义如下：

```
public abstract void close() throws SQLException
```

在很多情况下，在Statement自动关闭时，应立即释放该Statement的数据库和 JDBC 资源，close 方法就是这种立即释放方法。另外，当Statement被Java的垃圾收集机制收集时，它也会被自动关闭。如果一个Statement对象关闭，那么它的 ResultSet 即使存在也将被关闭。如果发生了数据访问错误，就会抛出一个SQLException对象。

9.2.3 ResultSet 接口

ResultSet接口的对象用于表示数据库查询后的结果集，通常通过Statement对象执行查询数据库的语句生成。最基本的使用语法如下：

```
ResultSet rs=st.executeQuery("SELECT * from student");
```

其中，st为连接到某数据库的Connection对象所创建的Statement对象。

ResultSet的常用方法有如下两类。

（1）指针移动类。ResultSet 对象中具有指向其当前数据行的指针。最初，指针被置于第一行之前，可使用next 方法将指针移动到下一行。该方法在 ResultSet 对象中没有下一行时返回false，因此可以在 while 循环中使用它来对ResultSet对象进行遍历。默认的 ResultSet 对象不可更新，仅有一个向前移动的指针。因此，只能遍历一次，并且只能按从第一行到最后一行的顺序进行。例如：

```
while(rs.next()){
    ...
    ...
}
```

（2）数据获取类。ResultSet 接口提供用于从当前行检索列值的获取方法。可以使用列的索引编号或列的名称检索值。一般情况下，使用列索引较为高效。列从1开始编号。为了获得最大的可移植性，应该按从左到右的顺序读取每行中的结果集列，而且每列只能读取一次。

```
while(rs.next()){
        String name=rs.getString(1);
        String password=rs.getString(2);
}
```

对于获取方法，JDBC 驱动程序尝试将基础数据转换为在获取方法中指定的Java类型，并返回适当的 Java 值。ResultSet接口的常用方法如表9-2所示。

表 9-2　ResultSet 接口的常用方法

返回值	方法及说明
Array	getArray(int i) 以 Java 编程语言中 Array 对象的形式检索此 ResultSet 对象的当前行中指定列的值
Array	getArray(String colName) 以 Java 编程语言中 Array 对象的形式检索此 ResultSet 对象的当前行中指定列的值
boolean	getBoolean(int columnIndex) 以 Java 编程语言中 boolean 的形式检索此 ResultSet 对象的当前行中指定列的值
boolean	getBoolean(String columnName) 以 Java 编程语言中 boolean 的形式检索此 ResultSet 对象的当前行中指定列的值
Date	getDate(int columnIndex) 以 Java 编程语言中 java.sql.Date 对象的形式检索此 ResultSet 对象的当前行中指定列的值
Date	getDate(String columnName) 以 Java 编程语言中 java.sql.Date 对象的形式检索此 ResultSet 对象的当前行中指定列的值
double	getDouble(int columnIndex) 以 Java 编程语言中 double 的形式检索此 ResultSet 对象的当前行中指定列的值
double	getDouble(String columnName) 以 Java 编程语言中 double 的形式检索此 ResultSet 对象的当前行中指定列的值
float	getFloat(int columnIndex) 以 Java 编程语言中 float 的形式检索此 ResultSet 对象的当前行中指定列的值
float	getFloat(String columnName) 以 Java 编程语言中 float 的形式检索此 ResultSet 对象的当前行中指定列的值
int	getInt(int columnIndex) 以 Java 编程语言中 int 的形式检索此 ResultSet 对象的当前行中指定列的值
int	getInt(String columnName) 以 Java 编程语言中 int 的形式检索此 ResultSet 对象的当前行中指定列的值
long	getLong(int columnIndex) 以 Java 编程语言中 long 的形式检索此 ResultSet 对象的当前行中指定列的值
long	getLong(String columnName) 以 Java 编程语言中 long 的形式检索此 ResultSet 对象的当前行中指定列的值
Object	getObject(int columnIndex) 以 Java 编程语言中 Object 的形式获取此 ResultSet 对象的当前行中指定列的值
Object	getObject(String columnName) 以 Java 编程语言中 Object 的形式获取此 ResultSet 对象的当前行中指定列的值
short	getShort(int columnIndex) 以 Java 编程语言中 short 的形式检索此 ResultSet 对象的当前行中指定列的值
short	getShort(String columnName) 以 Java 编程语言中 short 的形式检索此 ResultSet 对象的当前行中指定列的值

返回值	方法及说明
String	getString(int columnIndex) 以 Java 编程语言中 String 的形式检索此 ResultSet 对象的当前行中指定列的值
String	getString(String columnName) 以 Java 编程语言中 String 的形式检索此 ResultSet 对象的当前行中指定列的值
Time	getTime(int columnIndex) 以 Java 编程语言中 java.sql.Time 对象的形式检索此 ResultSet 对象的当前行中指定列的值
Time	getTime(String columnName) 以 Java 编程语言中 java.sql.Time 对象的形式检索此 ResultSet 对象的当前行中指定列的值

注意：用来获取方法参数的列名称columnName不区分大小写。用columnName调用获取方法时，如果多个列具有这一名称，则返回第一个匹配列的值。columnName选项在生成结果集的 SQL 查询中使用列名时使用。对于没有在查询中显式命名的列，最好使用列编号。如果使用columnName，程序员无法保证名称实际所指的就是预期的列。

9.3 习题

一、简答题

1. 简述JDBC访问数据库的主要步骤。
2. JDBC访问数据库所用到的类和接口有哪些？

二、程序设计题

1. 在数据库中建立一个教师信息表，其结构为：教师号、姓名、性别、出生日期、专业、职称、学历、个人简介。编写程序实现对教师信息的插入、查询、修改、删除操作。
2. 完善学生管理系统，添加课程管理、教师授课信息管理等功能，使其成为教师、学生、教务管理人员共用的多用户、多角色管理系统。

第 10 章

学生信息管理系统

学习目标

本章将全书知识点融会贯通，讲解"学生信息管理系统"数据库应用系统开发的全过程，并对系统开发流程中的总体设计、数据库设计、数据库创建等阶段进行详细阐述。通过本章的学习，读者应该掌握以下内容：

- 熟悉学生信息管理系统的总体设计思路
- 掌握数据库设计技巧
- 掌握 SQL Server 的环境部署和数据库创建方法
- 掌握功能模块设计的方法
- 掌握系统实现与运行的方法

内容浏览

10.1 任务描述

扫一扫，看视频

　　学生信息管理系统是针对学校学生处的大量业务处理工作而开发的管理软件，主要用于学校学生信息管理，总体任务是实现学生信息关系的系统化、科学化、规范化和自动化，其主要任务是用计算机对学生的各种信息进行日常管理，如查询、修改、增加、删除等，另外还考虑到学生选课，针对这些要求来设计学生信息管理系统。推行学生信息管理系统的应用是进一步推进学生学籍管理规范化、电子化，控制辍学和提高教育水平的重要举措。

　　本任务以学生信息管理系统为背景，进行相关系统开发。在各大中专院校，学校的教务管理的主要内容包括学生的信息管理和教师排课，学生信息管理传统的手工管理主要包括学生档案管理和学生成绩管理。其中学生信息管理对大数据量要求较高，而教师排课系统由于需要十分专业的算法并且系统需求也会不断变化，因此在实际应用时，往往会遇到很大的问题，需要进一步研究，目前一般的学生管理系统都包含了学生信息管理的功能。本系统不包含教师排课管理和教师管理的详细业务，只提供对学生相关信息的管理功能。

10.2 需求分析

　　本系统的用户主要是各学校的教师、学生、教务管理人员和计算机系统管理员，因此系统应包含以下主要功能。

1. 用户登录

　　登录功能是进入系统必须经过的验证过程，其主要功能是验证使用者的身份，确认使用者的权限，从而在使用软件过程中能安全地控制系统数据，即不同的用户有不同的权限，每个使用人员不得跨越其权限操作软件，以避免不必要的数据丢失事件发生。

2. 系统信息管理

　　计算机系统管理员所需要的主要功能包括管理系统信息，对各角色人员、权限进行管理等。

3. 学生信息管理

　　学生信息管理主要是教务管理人员录入新生入学的档案，以及学生在校期间对与学生个人学籍信息相关的学生档案进行修改、查询的管理。由于学生档案的数量十分庞大，这就需要系统能够提供对于学生个人、班级、专业等信息的良好组织，并为教务管理人员提供便捷的信息检索与修改方式。

4. 选课管理

　　选课管理是学生信息管理系统的重要业务之一，是以学生用户为主要操作者的功能。旨在通过向全体学生提供与其相关的校内课程，允许学生根据自身情况选择其中的一门或多门进行学习。因此，系统需要提供全面的课程信息、教师信息、当前选课情况等信息，以方便学生进行全面比较、综合评估后作出选择。同时还需要提供方便快捷的课程选择方式。

5. 成绩管理

　　成绩管理是学生信息管理系统的又一重要业务，是以教师用户为主要操作者的功能。旨在通过向全体教师提供其所授课程、授课班级、选课学生等信息，帮助任课教师方便快捷地录入或修改其所授课程成绩。因此，系统需要提供清晰的界面列出教师所授课程及选课学生，并提供简洁的途径帮助教师录入、修改成绩。另外，系统还应为学生提供查询课程成绩的途径。

10.3 功能结构设计

扫一扫，看视频

根据前述需求分析，得出系统应包含以下功能模块，如图10-1所示。

图 10-1　学生信息管理系统模块结构图

1. 用户登录模块

输入数据为用户名和密码。单击"确定"按钮后，若用户名、密码正确，则根据用户身份提供相应管理界面；否则提示登录失败。单击"取消"按钮后退出系统。对于教师和教务管理人员，用户名为工号；对于学生，用户名为学号。

2. 系统信息管理模块

系统配置设置，输入数据为数据库服务器地址、数据库连接用户名、数据库连接密码。单击"确定"按钮保存设置，单击"取消"按钮退出界面。

3. 学生信息管理模块

（1）添加学生信息。新生入学时需要录入学生信息，对录取的学生提供各项信息的输入，包括学号、姓名、性别、出生日期、专业、班级、身份证号、联系电话、家庭住址等。

（2）修改学生信息。如果学生在校期间学籍信息发生了变动，如转专业、受奖惩、留级等情况时，则需要根据学号查询学生信息，并由教务管理人员对相关信息进行修改。

注意：为保证教学数据的完整性和一致性，在学生信息管理系统中一般不提供删除学生的功能。即使学生退学、被开除后，信息也会保留在系统中，可在学生毕业时与正常毕业学生按同一批次统一处理。

（3）学生信息查询。列表显示所有学生的基本信息，包括学号、姓名、性别、出生日期、专业、班级、身份证号、联系电话、家庭住址等。提供按班级、专业列表显示功能。

4. 选课管理模块

（1）课程信息查询。在学生选课时提供当前可供选择的所有课程列表，包括课程号、课程

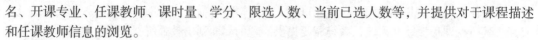

名、开课专业、任课教师、课时量、学分、限选人数、当前已选人数等，并提供对于课程描述和任课教师信息的浏览。

（2）教师信息查看。在学生选课时提供对所选课程教师相关信息的查询链接，以方便学生根据教师情况选择课程。提供信息包括教师号、姓名、性别、年龄、学历、职称、专业、个人简介等。

（3）选择课程。在学生选课界面提供选择课程功能，当学生选定某门课程时，将当前已选人数与限选人数进行对比。若人数已满，则提示学生选择其他课程；否则选定该课程并将当前已选人数加1。在此界面还应提供学生修改已选课程功能，即学生可更改自己所选择的课程。

5. 成绩管理模块

（1）成绩录入。每学期考试结束后，任课教师会录入所教授课程的成绩。提供该教师所教授的所有课程的列表，并为每门课程提供成绩录入入口。在每门课程的界面中列表显示所有选课学生的学号、姓名，并提供成绩录入方式。教师完成成绩录入后可对录入的数据进行保存并提交。

（2）成绩浏览。教师完成成绩录入并提交后，可浏览所有课程、学生的成绩，并提供按学号、成绩排序功能。

注意：成绩录入并提交后一般不允许随意更改，因此成绩管理模块中不提供修改功能。若存在录入错误等问题必须要更改时，应通过教务管理人员统一处理。

10.4 数据库设计

10.4.1 E-R 图

系统主要E-R图如图10-2所示。

扫一扫，看视频

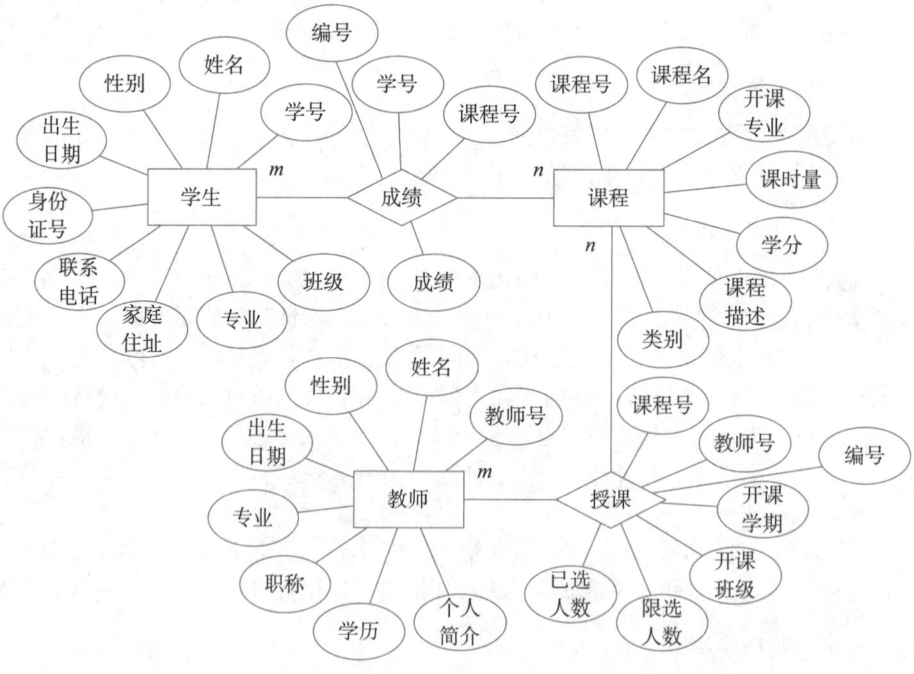

图 10-2　系统主要 E-R 图

系统主要包含以下三类实体。

（1）学生：作为系统的核心实体之一，学生具有众多的属性，对于其属性的识别要严格参照功能需求，所有需要录入的信息都应仔细识别是否应作为属性添加到E-R图中。值得注意的是班级和专业这两个属性也可以作为实体单独存在，本系统仅限于学生个人信息及选课功能，故在此处被作为属性。

（2）教师：系统中另一个极为重要的实体，其属性的识别也应严格按照具体系统录入的需求进行，所有需要录入的信息都应仔细识别是否应作为属性添加到E-R图中。需注意专业属性，在包含教师管理的系统也是作为单独实体存在的。

（3）课程：在学生信息管理系统中，课程作为教师与学生的纽带，起着非常重要的作用，但课程与教师和学生都是多对多（$m:n$）的关系，需要进行拆分。

系统中应包含以下两个关系。

（1）成绩：学生与课程之间存在多对多的关系，即每名学生可以学习多门课程，每门课程可以被多个学生学习。因此通过成绩进行拆分，即将每名学生对每门课程的一次学习情况作为一条记录，其学习成果由成绩表示。

（2）授课：教师与课程之间也存在多对多的关系，即每位教师可以教授多门课程，每门课程可以被多位教师教授。因此通过授课关系进行拆分，即将每位教师对每个班级的一次授课情况作为一条记录。

另外，系统中还包含教务管理员实体，较为简单，只包含用户名、密码、所属部门等属性，对重要业务不产生实质影响，故不再赘述。

🔅 10.4.2 数据库表设计

根据10.4.1小节中的E-R图设计出学生信息管理系统的数据表（见表10-1～表10-6）。

学生信息表（表10-1）与学生实体相对应，包含其所有属性。学号字段为主键以保持数据完整性，但注意其数据类型应为varchar而不是int，主要原因在于该字段的各位上的数字或字母通常带有特定含义，如标识专业、班级、入学年份等。在需要对学生专业和班级进行管理的系统中，专业和班级字段常作为外键与相关表进行关联，本系统无此功能，故不再赘述。

表 10-1 学生信息表

编　　号	字 段 名 称	数 据 类 型	说　　明
1	学号	varchar(20)	主键
2	姓名	varchar(20)	
3	性别	int	性别（0——男，1——女）
4	出生日期	date	
5	身份证号	varchar(20)	
6	联系电话	varchar(20)	
7	家庭住址	varchar(50)	
8	专业	varchar(20)	
9	班级	varchar(10)	

成绩信息表（表10-2）与成绩关系相对应，包含其所有属性。其中学号、课程号字段应设为联合主键，以保持数据完整性。同时学号字段还作为外键与学生信息表关联，用以表示成绩信息所属的学生。课程号作为外键与课程信息表关联，用以表示成绩信息所对应的课程。另外，为管理方便，成绩信息表中还可添加编号字段，并设为自增。

表 10-2　成绩信息表

编　　号	字 段 名 称	数 据 类 型	说　　　明
1	编号	int	自增
2	学号	varchar(20)	联合主键、外键
3	课程号	varchar(10)	联合主键、外键
4	成绩	int	

　　另外需注意的是，本系统只考虑学生单次学习课程的成绩情况，若存在重修，则一般有两种处理方法，一种是使用重修成绩覆盖原始成绩；另一种是在成绩关系中加入时间属性，用以记录学生获得该次成绩的时间。有兴趣的读者可以尝试实现此功能。

　　课程信息表（表10-3）与课程实体相对应，包含其所有属性。其中课程号字段应设为主键，以保持数据完整性，但注意其数据类型应为varchar而不是int，主要原因在于该字段的各位上的数字或字母通常带有特定含义，如标识开课专业、课程类别等。类别字段用于表示课程类型，如必修课、基础课、选修课等；也可使用int型数据，但需在程序中做数字与文字的转换。在需要对开课专业进行管理的系统中，开课专业字段常作为外键与相关表进行关联，本系统无此功能，故不再赘述。

表 10-3　课程信息表

编　　号	字 段 名 称	数 据 类 型	说　　　明
1	课程号	varchar(10)	主键
2	课程名	varchar(30)	
3	类别	varchar(10)	
4	开课专业	varchar(20)	
5	课时量	int	
6	学分	int	
7	课程描述	varchar(500)	

　　授课信息表（表10-4）与授课关系相对应，包含其所有属性。其中教师号、课程号、开课班级字段应设为联合主键，以保持数据完整性。同时教师号字段还作为外键与教师信息表关联，用以表示授课信息所属的教师。课程号作为外键与课程信息表关联，用以表示授课信息所对应的课程。同一位教师可能会为不同班级上同一门课，因此开课班级也应设为联合主键。另外，为管理方便，成绩信息表中还可添加编号字段，并设为自增。

表 10-4　授课信息表

编　　号	字 段 名 称	数 据 类 型	说　　　明
1	编号	int	自增
2	教师号	varchar(10)	联合主键、外键
3	课程号	varchar(10)	联合主键、外键
4	开课班级	varchar(10)	联合主键
5	开课学期	varchar(10)	
6	限选人数	int	
7	已选人数	int	

　　教师信息表（表10-5）与教师实体相对应，包含其所有属性。其中教师号字段应设为主键，以保持数据完整性，但注意其数据类型应为varchar而不是int，主要原因在于该字段的各位上的数字或字母通常带有特定含义，如标识专业、员工类别等。在需要对专业进行管理的系统

中，专业字段常作为外键与相关表进行关联，本系统无此功能，故不再赘述。

表 10-5　教师信息表

编　　号	字 段 名 称	数 据 类 型	说　　明
1	教师号	varchar(10)	主键
2	姓名	varchar(20)	
3	性别	int	性别（0——男，1——女）
4	出生日期	date	
5	专业	varchar(20)	
6	职称	varchar(10)	
7	学历	varchar(10)	
8	个人简介	varchar(500)	

员工信息表（表10-6）与员工实体相对应，包含其所有属性。其中用户名字段应设为主键，以保持数据完整性。员工类别字段也可以使用int型数据，如果用int型数据表示，则需在程序中做数字与文字的转换。

表 10-6　员工信息表

编　　号	字 段 名 称	数 据 类 型	说　　明
1	用户名	varchar(20)	主键
2	密码	varchar(20)	
3	员工类别	varchar(20)	所属部门的类别

10.4.3　数据库构建

学生信息管理系统的数据库在SQL Server 2019数据库环境下构建，SQL脚本代码如下，该代码包含了表、主键、外键关系、触发器等元素。为方便读者阅读，所有表名、字段名等名称都使用了中文，读者自行练习时应将其改为英文。

```
--建表
CREATE TABLE [dbo].[学生信息表](
    [学号] [varchar](20) NOT Null,
    [姓名] [varchar](20) NOT Null,
    [性别] [int] NOT Null,
    [出生日期] [date] NOT Null,
    [身份证号] [varchar](20) NOT Null,
    [联系电话] [varchar](20) NOT Null,
    [家庭住址] [varchar](50) Null,
    [专业] [varchar](20) Null,
    [班级] [varchar](10) Null,
CONSTRAINT [PK_学生信息表] PRIMARY KEY CLUSTERED
(
    [学号] ASC
)WITH (PAD_INDEX = OFF, STATISTICS_NORECOMPUTE = OFF, IGNORE_DUP_KEY = OFF, ALLOW_
ROW_LOCKS = ON, ALLOW_PAGE_LOCKS = ON) ON [PRIMARY]
) ON [PRIMARY]


--建表
CREATE TABLE [dbo].[成绩信息表](
    [编号] [int] IDENTITY(1,1) NOT Null, --自增
```

```
        [学号] [varchar](20) NOT Null,
        [课程号] [varchar](10) NOT Null,
        [成绩] [int] Null,
CONSTRAINT [PK_成绩信息表] PRIMARY KEY CLUSTERED --联合主键
(
        [学号] ASC,
        [课程号] ASC
)WITH (PAD_INDEX = OFF, STATISTICS_NORECOMPUTE = OFF, IGNORE_DUP_KEY = OFF, ALLOW_
ROW_LOCKS = ON, ALLOW_PAGE_LOCKS = ON) ON [PRIMARY]
) ON [PRIMARY]
```

```
--建立外键关系
ALTER TABLE [dbo].[成绩信息表]  WITH CHECK ADD  CONSTRAINT [FK_成绩信息表_学生信息表]
FOREIGN KEY([学号])
REFERENCES [dbo].[学生信息表] ([学号])
ALTER TABLE [dbo].[成绩信息表] CHECK CONSTRAINT [FK_成绩信息表_学生信息表]

ALTER TABLE [dbo].[成绩信息表]  WITH CHECK ADD  CONSTRAINT [FK_成绩信息表_课程信息表]
FOREIGN KEY([课程号])
REFERENCES [dbo].[课程信息表] ([课程号])
ALTER TABLE [dbo].[成绩信息表] CHECK CONSTRAINT [FK_成绩信息表_课程信息表]
```

```
--建表
CREATE TABLE [dbo].[课程信息表](
        [课程号] [varchar](10) NOT Null,
        [课程名] [varchar](30) NOT Null,
        [类别] [varchar](10) NOT Null,
        [开课专业] [varchar](20) NOT Null,
        [课时量] [int] NOT Null,
        [学分] [int] NOT Null,
        [课程描述] [varchar](500) NOT Null,
CONSTRAINT [PK_课程信息表] PRIMARY KEY CLUSTERED
(
        [课程号] ASC
)WITH (PAD_INDEX = OFF, STATISTICS_NORECOMPUTE = OFF, IGNORE_DUP_KEY = OFF, ALLOW_
ROW_LOCKS = ON, ALLOW_PAGE_LOCKS = ON) ON [PRIMARY]
) ON [PRIMARY]
```

```
--建表
CREATE TABLE [dbo].[授课信息表](
        [编号] [int] IDENTITY(1,1) NOT Null, --自增
        [教师号] [varchar](10) NOT Null,
        [课程号] [varchar](10) NOT Null,
        [开课班级] [varchar](10) NOT Null,
        [开课学期] [varchar](10) NOT Null,
        [限选人数] [int] NOT Null,
        [已选人数] [int] NOT Null,
CONSTRAINT [PK_授课信息表] PRIMARY KEY CLUSTERED --联合主键
(
        [教师号] ASC,
        [课程号] ASC,
        [开课班级] ASC
)WITH (PAD_INDEX = OFF, STATISTICS_NORECOMPUTE = OFF, IGNORE_DUP_KEY = OFF, ALLOW_
```

```
ROW_LOCKS = ON, ALLOW_PAGE_LOCKS = ON) ON [PRIMARY]
) ON [PRIMARY]


--建立外键关系
ALTER TABLE [dbo].[授课信息表]  WITH CHECK ADD  CONSTRAINT [FK_授课信息表_教师信息表]
FOREIGN KEY([教师号])
REFERENCES [dbo].[教师信息表] ([教师号])
ALTER TABLE [dbo].[授课信息表] CHECK CONSTRAINT [FK_授课信息表_教师信息表]

ALTER TABLE [dbo].[授课信息表]  WITH CHECK ADD  CONSTRAINT [FK_授课信息表_课程信息表]
FOREIGN KEY([课程号])
REFERENCES [dbo].[课程信息表] ([课程号])
ALTER TABLE [dbo].[授课信息表] CHECK CONSTRAINT [FK_授课信息表_课程信息表]


--建表
CREATE TABLE [dbo].[教师信息表](
    [教师号] [varchar](10) NOT Null,
    [姓名] [varchar](20) NOT Null,
    [性别] [int] NOT Null,
    [出生日期] [date] NOT Null,
    [专业] [varchar](20) NOT Null,
    [职称] [varchar](10) NOT Null,
    [学历] [varchar](10) NOT Null,
    [个人简介] [varchar](500) NOT Null,
CONSTRAINT [PK_教师信息表] PRIMARY KEY CLUSTERED
(
    [教师号] ASC
)WITH (PAD_INDEX = OFF, STATISTICS_NORECOMPUTE = OFF, IGNORE_DUP_KEY = OFF, ALLOW_
ROW_LOCKS = ON, ALLOW_PAGE_LOCKS = ON) ON [PRIMARY]
) ON [PRIMARY]


--建表
CREATE TABLE [dbo].[员工信息表](
    [用户名] [varchar](20) NOT Null,
    [密码] [varchar](20) NOT Null,
    [员工类别] [varchar](20) NOT Null,
CONSTRAINT [PK_员工信息表] PRIMARY KEY CLUSTERED
(
    [用户名] ASC
)WITH (PAD_INDEX = OFF, STATISTICS_NORECOMPUTE = OFF, IGNORE_DUP_KEY = OFF, ALLOW_
ROW_LOCKS = ON, ALLOW_PAGE_LOCKS = ON) ON [PRIMARY]
) ON [PRIMARY]


--建立触发器，当删除教师时，自动删除其授课记录
CREATE TRIGGER [dbo].[删除授课记录触发器]
    ON  [dbo].[授课信息表]
    AFTER  DELETE
AS
BEGIN
    SET NOCOUNT ON;
    DECLARE @教师号 [varchar](10)
    SELECT @教师号=教师号
```

学生信息管理系统

```
        FROM deleted
        DELETE FROM dbo.授课信息表
        WHERE 教师号=@教师号
    END
```

10.5 关键代码示例

扫一扫，看视频

10.5.1 系统主界面

扫一扫，看视频

登录成功后进入系统主界面，在此界面中通过打开菜单中的菜单项即可进入系统的相应功能界面。所有功能都以子窗口的形式展现，如图10-3所示。

图 10-3　系统主界面

核心代码如下：

```
JFrame frame = new JFrame();
    Container contentPane = this.getContentPane();
    JMenuBar menu = new JMenuBar();
    JMenu jMenuFile = new JMenu();
    JMenu jMenuHelp = new JMenu();
    JMenuItem jMenuHelpAbout = new JMenuItem();
    JMenuItem adduser = new JMenuItem();
    JMenu xjgl = new JMenu();
    JMenu bjgl = new JMenu();
    JMenu kcsz = new JMenu();
    JMenu cjgl = new JMenu();
    JMenu xkgl = new JMenu();
    JMenuItem tjcj = new JMenuItem();
    JMenuItem tjxj = new JMenuItem();
    JMenuItem xgxj = new JMenuItem();
    JMenuItem cxxj = new JMenuItem();
    JMenuItem tjbj = new JMenuItem();
```

```java
JMenuItem xgbj = new JMenuItem();
JMenuItem tjkc = new JMenuItem();
JMenuItem xgkc = new JMenuItem();
JMenuItem sznj = new JMenuItem();
JMenuItem xgcj = new JMenuItem();
JMenuItem cxcj = new JMenuItem();
JMenuItem exit = new JMenuItem();
JMenuItem kcxz = new JMenuItem();
JMenuItem yxkcck = new JMenuItem();
JMenuItem loginuser = new JMenuItem();
Label jLabel1 = new Label();
public  MainFrame() {

    this.setResizable(false);
    this.setTitle("学生信息管理系统");
    jMenuFile.setFont(new java.awt.Font("Dialog", 0, 15));
    jMenuFile.setForeground(Color.black);
    jMenuFile.setText("  系统  ");
    jMenuHelp.setFont(new java.awt.Font("Dialog", 0, 15));
    jMenuHelp.setText("  帮助   ");
    jMenuHelpAbout.setFont(new java.awt.Font("Dialog", 0, 15));
    jMenuHelpAbout.setText("关于  ");
    jMenuHelpAbout.addActionListener(new MainFrame_jMenuHelpAbout_ActionAdapter());
    adduser.setFont(new java.awt.Font("Dialog", 0, 15));
    adduser.setText("添加用户");
    adduser.addActionListener(new MainFrame_adduser_actionAdapter());
    loginuser.setFont(new java.awt.Font("Dialog", 0, 15));
    loginuser.setText("用户登录");
    loginuser.addActionListener(new MainFrame_loginuser_actionAdapter());
    jMenuHelp.add(jMenuHelpAbout);
    jMenuFile.add(loginuser);
    jMenuFile.add(adduser);
    xjgl.setFont(new java.awt.Font("Dialog", 0, 15));
    xjgl.setText("  学籍管理   ");
    xjgl.addActionListener(new MainFrame_xjgl_actionAdapter());
    bjgl.setFont(new java.awt.Font("Dialog", 0, 15));
    bjgl.setText("  班级管理      ");
    kcsz.setFont(new java.awt.Font("Dialog", 0, 15));
    kcsz.setText("  课程设置   ");
    cjgl.setFont(new java.awt.Font("Dialog", 0, 15));
    cjgl.setText("  成绩管理   ");
    xkgl.setFont(new java.awt.Font("Dialog", 0, 15));
    xkgl.setText("  选课管理   ");
    tjcj.setFont(new java.awt.Font("Dialog", 0, 15));
    tjcj.setText("添加成绩信息");
    tjcj.addActionListener(new MainFrame_tjcj_actionAdapter());
    tjxj.setFont(new java.awt.Font("Dialog", 0, 15));
    tjxj.setForeground(Color.black);
    tjxj.setText("添加学籍信息");
    tjxj.addActionListener(new MainFrame_tjxj_actionAdapter());
    xgxj.setFont(new java.awt.Font("Dialog", 0, 15));
    xgxj.setText("修改学籍信息");
    xgxj.addActionListener(new MainFrame_xgxj_actionAdapter());
    cxxj.setFont(new java.awt.Font("Dialog", 0, 15));
    cxxj.setText("查询学籍信息");
    cxxj.addActionListener(new MainFrame_cxxj_actionAdapter());
    xjgl.add(tjxj);
```

```
xjgl.add(xgxj);
xjgl.add(cxxj);
tjbj.setFont(new java.awt.Font("Dialog", 0, 15));
tjbj.setText("添加班级信息");
tjbj.addActionListener(new MainFrame_tjbj_actionAdapter());
xgbj.setFont(new java.awt.Font("Dialog", 0, 15));
xgbj.setText("修改班级信息");
xgbj.addActionListener(new MainFrame_xgbj_actionAdapter());
bjgl.add(tjbj);
bjgl.add(xgbj);
tjkc.setFont(new java.awt.Font("Dialog", 0, 15));
tjkc.setText("添加课程信息");
tjkc.addActionListener(new mainFrame_tjkc_actionAdapter());
xgkc.setFont(new java.awt.Font("Dialog", 0, 15));
xgkc.setText("修改课程信息");
xgkc.addActionListener(new mainFrame_xgkc_actionAdapter());
sznj.setFont(new java.awt.Font("Dialog", 0, 15));
sznj.setText("设置年级课程");
sznj.addActionListener(new mainFrame_sznj_actionAdapter());
kcsz.add(tjkc);
kcsz.add(xgkc);
kcsz.add(sznj);
jLabel1.setText("");
jLabel1.setBounds(new Rectangle(1, 0, 800, 603));
xgcj.setFont(new java.awt.Font("Dialog", 0, 15));
xgcj.setText("修改成绩信息");
xgcj.addActionListener(new mainFrame_xgcj_actionAdapter());
cxcj.setFont(new java.awt.Font("Dialog", 0, 15));
cxcj.setText("查询成绩信息");
cxcj.addActionListener(new mainFrame_cxcj_actionAdapter());
cjgl.add(xgcj);
cjgl.add(cxcj);
kcxz.setFont(new java.awt.Font("Dialog", 0, 15));
kcxz.setText("课程选择");
kcxz.addActionListener(new mainFrame_kcxz_actionAdapter());
yxkcck.setFont(new java.awt.Font("Dialog", 0, 15));
yxkcck.setText("已选课程查看");
yxkcck.addActionListener(new mainFrame_yxkcck_actionAdapter());
xkgl.add(kcxz);
xkgl.add(yxkcck);
exit.setFont(new java.awt.Font("Dialog", 0, 15));
exit.setText("退出");
jMenuHelp.add(exit);
menu.add(jMenuFile);
menu.add(xjgl);
menu.add(bjgl);
menu.add(kcsz);
menu.add(cjgl);
menu.add(xkgl);
menu.add(jMenuHelp);
contentPane.add(menu,BorderLayout.NORTH);
this.setBounds(0, 0, 800, 600);
this.setVisible(true);

    }
```

上述代码用于设置系统的菜单，通过setText方法将所有功能的名称添加到系统的菜单项中。然后为所有菜单项设置监听器，监听鼠标的单击动作。捕获鼠标动作后跳转到事件处理方法，根据单击情况显示相关功能界面。事件处理方法示例代码如下：

```
jMenuHelpAbout.addActionListener(new MainFrame_jMenuHelpAbout_ActionAdapter());
adduser.addActionListener(new MainFrame_adduser_actionAdapter());
loginuser.addActionListener(new MainFrame_loginuser_actionAdapter());
xjgl.addActionListener(new MainFrame_xjgl_actionAdapter());
tjcj.addActionListener(new MainFrame_tjcj_actionAdapter());
tjxj.addActionListener(new MainFrame_tjxj_actionAdapter());
xgxj.addActionListener(new MainFrame_xgxj_actionAdapter());
cxxj.addActionListener(new MainFrame_cxxj_actionAdapter());
tjbj.addActionListener(new MainFrame_tjbj_actionAdapter());
xgbj.addActionListener(new MainFrame_xgbj_actionAdapter());
tjkc.addActionListener(new mainFrame_tjkc_actionAdapter());
xgkc.addActionListener(new MainFrame_xgkc_actionAdapter());
sznj.addActionListener(new mainFrame_sznj_actionAdapter());
xgcj.addActionListener(new mainFrame_xgcj_actionAdapter());
cxcj.addActionListener(new mainFrame_cxcj_actionAdapter());
kcxz.addActionListener(new mainFrame_kcxz_actionAdapter());
yxkcck.addActionListener(new mainFrame_yxkcck_actionAdapter());
```

10.5.2 学生信息管理模块

本模块主要用于管理学生的学籍信息，包括学籍信息的添加、查询、修改、删除等功能。

添加学籍信息是数据录入的过程，将所有学生信息逐条插入到数据库中。添加学籍信息界面如图10-4所示。

图 10-4　添加学籍信息界面

界面实现代码如下：

```
final JFrame f = new JFrame("添加学籍信息");
contentPane = new JPanel();
f.getContentPane().setLayout(null);
f.getContentPane().add(contentPane);
JLabel jLabel1 = new JLabel();
jLabel1.setFont(new java.awt.Font("Dialog", 0, 15));
jLabel1.setText("学　　号:");
jLabel1.setBounds(15, 15, 81, 21);
```

扫一扫，看视频

```
f.getContentPane().add(jLabel1);

xh.setFont(new java.awt.Font("Dialog", 0, 15));
xh.setBounds(111, 12, 135, 27);
f.getContentPane().add(xh);
JLabel jLabel2 = new JLabel();
jLabel2.setBounds(306, 15, 81, 21);
jLabel2.setText("姓    名:");
jLabel2.setFont(new java.awt.Font("Dialog", 0, 15));
f.getContentPane().add(jLabel2);
xm = new JTextField(8);
xm.setBounds(412, 12, 135, 27);
f.getContentPane().add(xm);
JLabel jLabel3 = new JLabel();
jLabel3.setFont(new java.awt.Font("Dialog", 0, 15));
jLabel3.setText("性    别:");
jLabel3.setBounds(15, 65, 81, 21);
f.getContentPane().add(jLabel3);
xb.setBounds(111, 62, 135, 24);
xb.addItem("男");
f.getContentPane().add(xb);
JLabel jLabel4 = new JLabel();
jLabel4.setBounds(306, 65, 81, 21);
jLabel4.setText("出生日期:");
jLabel4.setFont(new java.awt.Font("Dialog", 0, 15));
f.getContentPane().add(jLabel4);
csrq = new JTextField();
csrq.setBounds(412, 62, 135, 27);
f.getContentPane().add(csrq);
csrq.setColumns(10);
JLabel jLabel5 = new JLabel();
jLabel5.setBounds(15, 111, 81, 21);
jLabel5.setText("班    级:");
jLabel5.setFont(new java.awt.Font("Dialog", 0, 15));
f.getContentPane().add(jLabel5);
bh.setBounds(111, 108, 135, 24);
f.getContentPane().add(bh);
JLabel jLabel6 = new JLabel();
jLabel6.setBounds(306, 111, 81, 21);
jLabel6.setText("联系电话:");
jLabel6.setFont(new java.awt.Font("Dialog", 0, 15));
f.getContentPane().add(jLabel6);
lxdh.setBounds(412, 108, 135, 24);
f.getContentPane().add(lxdh);
JLabel jLabel7 = new JLabel();
jLabel7.setFont(new java.awt.Font("Dialog", 0, 15));
jLabel7.setText("专业:");
jLabel7.setBounds(15, 162, 81, 21);
f.getContentPane().add(jLabel7);
zy.setBounds(111, 159, 135, 27);
f.getContentPane().add(zy);
JLabel jLabel8 = new JLabel();
jLabel8.setBounds(306, 162, 81, 21);
jLabel8.setText("身份证号:");
jLabel8.setFont(new java.awt.Font("Dialog", 0, 15));
f.getContentPane().add(jLabel8);
sfzh.setBounds(412, 162, 135, 27);
```

```
f.getContentPane().add(sfzh);
JLabel jLabel9 = new JLabel();
jLabel9.setFont(new java.awt.Font("Dialog", 0, 15));
jLabel9.setText("家庭住址:");
jLabel9.setBounds(15, 214, 81, 21);
f.getContentPane().add(jLabel9);
jtzz.setBounds(111, 215, 135, 90);
f.getContentPane().add(jtzz);
ok.setText("确定");
ok.setBounds(132, 326, 123, 29);
f.getContentPane().add(ok);
cancel.setText("取消");
cancel.setBounds(282, 326, 123, 29);
f.getContentPane().add(cancel);
f.setBounds(300, 200, 700, 500);
f.setVisible(true);
```

使用文本框和组合框作为基本的用户输入方法，用户输入全部信息后单击"确定"按钮执行如下代码所示的数据插入操作：

```
ps.executeUpdate("Insert Into   学生信息表   Values('" + xh.getText().trim() + "','"
+ xm.getText().trim()+ "','" + xb.getSelectedItem().toString() + "','" + csrq.
getText().trim() + "','"+ sfzh.getSelectedItem() + "','" + lxdh.getText().trim() +
"','" + jtzz.getText().trim() + "','"+ zy.getText().trim() + "','" + bh.getText().
trim() + "')");
```

在查询学籍信息时可以显示所有已录入的学生信息，可按照学号、姓名、班号查找。查询学籍信息界面如图10-5所示。

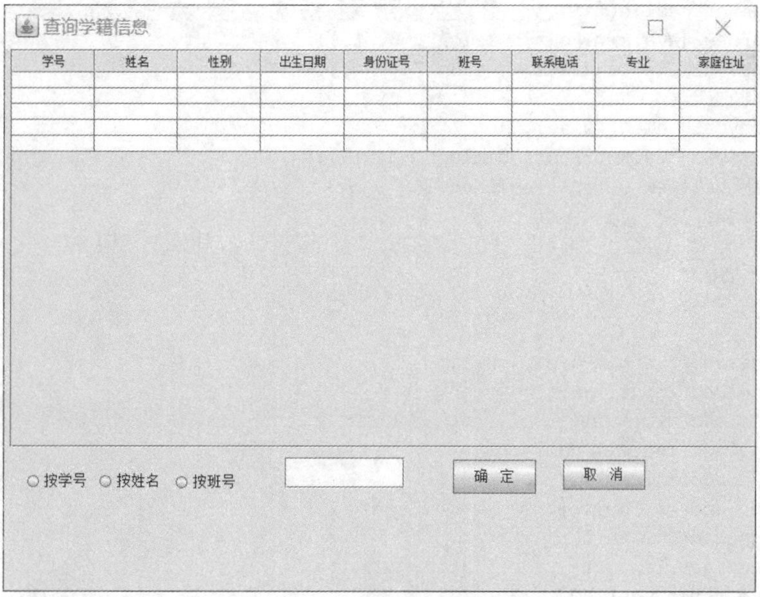

扫一扫，看视频

图 10-5 查询学籍信息界面

界面实现代码如下：

```
private JPanel contentPane;
private JScrollPane jScrollPane1 = new JScrollPane();
private JButton ok = new JButton();
private JButton cancel = new JButton();
private JRadioButton xh = new JRadioButton();
```

```java
private JRadioButton xm = new JRadioButton();
private JRadioButton bh = new JRadioButton();
private JTextField input = new JTextField();
private JTable jTable = new JTable();
private ButtonGroup buttonGroup= new ButtonGroup();
@Override
public void actionPerformed(ActionEvent e) {
    final JFrame f = new JFrame("查询学籍信息");
    contentPane = new JPanel();
    contentPane.setBorder(new EmptyBorder(5, 5, 5, 5));
    jScrollPane1.setBounds(new Rectangle(6, 0, 780, 400));
    contentPane.setLayout(null);
    ok.setToolTipText("直接单击"确定"按钮，可查询全部学生信息");
    cancel.setBounds(new Rectangle(578, 412, 85, 30));
    cancel.setFont(new java.awt.Font("Dialog", 0, 15));
    cancel.setText("取    消");
    ok.setBounds(new Rectangle(465, 412, 85, 34));
    ok.setFont(new java.awt.Font("Dialog", 0, 15));
    ok.setText("确    定");
    input.setFont(new java.awt.Font("Dialog", 0, 15));
    input.setText("");
    input.setBounds(new Rectangle(291, 410, 124, 31));
    xh.setFont(new java.awt.Font("Dialog", 0, 15));
    xh.setRolloverEnabled(false);
    xh.setText("按学号");
    xh.setBounds(new Rectangle(20, 417, 74, 34));
    xm.setBounds(new Rectangle(95, 417, 74, 34));
    xm.setText("按姓名");
    xm.setRolloverEnabled(false);
    xm.setFont(new java.awt.Font("Dialog", 0, 15));
    bh.setBounds(new Rectangle(174, 418, 74, 34));
    bh.setText("按班号");
    bh.setRolloverEnabled(false);
    bh.setFont(new java.awt.Font("Dialog", 0, 15));
    jTable.setModel(new DefaultTableModel(
        new String[] {
            "学号", "姓名", "性别", "出生日期", "身份证号" , "班号", "联系电话", "专业",
            "家庭住址"
        }
    ));
    contentPane.add(jScrollPane1, null);
    contentPane.add(input, null);
    contentPane.add(ok, null);
    contentPane.add(cancel, null);
    contentPane.add(bh, null);
    contentPane.add(xm, null);
    contentPane.add(xh, null);
    jScrollPane1.getViewport().add(jTable, null);
    contentPane.setBounds(100, 100, 1500, 500);
    buttonGroup.add(xh);
    buttonGroup.add(bh);
    buttonGroup.add(xm);
    f.add(contentPane);
    f.setBounds(300, 200, 800, 600);
    f.setVisible(true);
}
```

使用表格作为基本的数据显示方式，通过单选按钮选择查询类别，通过文本框输入查询条件，单击"确定"按钮后显示查询结果。根据查询类别不同执行下面的SQL语句：

```
if (xh.isSelected()) {
    rs = ps.executeQuery("select * from 学生信息表 where 学号='" + input.getText().
trim() + "'");
} else if (xm.isSelected()) {
    rs = ps.executeQuery("select * from 学生信息表 where 姓名='" + input.getText().
trim() + "'");
} else if (bh.isSelected()) {
    rs = ps.executeQuery("select * from 学生信息表 where 班级='" + input.getText().
trim() + "'");
} else
    rs = ps.executeQuery("select * from 学生信息表");


while (rs.next()) {
    rowData[i][0] = rs.getString("学号");
    rowData[i][1] = rs.getString("姓名");
    rowData[i][2] = rs.getString("性别");
    rowData[i][3] = rs.getString("出生日期").substring(0, 10);
    rowData[i][4] = rs.getString("身份证号");
    rowData[i][5] = rs.getString("联系电话");
    rowData[i][6] = rs.getString("家庭住址");
    rowData[i][7] = rs.getString("专业");
    rowData[i][8] = rs.getString("班级");
    i = i + 1;
}
```

修改学籍信息界面与添加学籍信息界面类似，但增加了逐条查看学籍信息的按钮，同时还可以修改、删除当前记录。修改学籍信息界面如图10-6所示。

扫一扫，看视频

图 10-6　修改学籍信息界面

界面实现代码如下：

```
private JPanel contentPane;
private JTextField xh = new JTextField();
```

```java
private JTextField xm = new JTextField();

private JComboBox xb = new JComboBox();
private JTextField lxdh = new JTextField();
private JComboBox bh = new JComboBox();
private JTextField csrq;
private JTextField zy = new JTextField();
private JTextField sfzh = new JTextField();
private JTextArea jtzz = new JTextArea();
private final JButton ok = new JButton();
private final JButton cancel = new JButton();
@Override
public void actionPerformed(ActionEvent e) {
    final JFrame f = new JFrame("修改学籍信息");
    contentPane = new JPanel();
    f.getContentPane().setLayout(null);
    f.getContentPane().add(contentPane);
    JLabel jLabel1 = new JLabel();
    jLabel1.setFont(new java.awt.Font("Dialog", 0, 15));
    jLabel1.setText("学    号:");
    jLabel1.setBounds(15, 15, 81, 21);
    f.getContentPane().add(jLabel1);

    xh.setFont(new java.awt.Font("Dialog", 0, 15));
    xh.setBounds(111, 12, 135, 27);
    f.getContentPane().add(xh);
    JLabel jLabel2 = new JLabel();
    jLabel2.setBounds(306, 15, 81, 21);
    jLabel2.setText("姓    名:");
    jLabel2.setFont(new java.awt.Font("Dialog", 0, 15));
    f.getContentPane().add(jLabel2);
    xm = new JTextField(8);
    xm.setBounds(412, 12, 135, 27);
    f.getContentPane().add(xm);
    JLabel jLabel3 = new JLabel();
    jLabel3.setFont(new java.awt.Font("Dialog", 0, 15));
    jLabel3.setText("性    别:");
    jLabel3.setBounds(15, 65, 81, 21);
    f.getContentPane().add(jLabel3);
    xb.setBounds(111, 62, 135, 24);
    xb.addItem("男");
    f.getContentPane().add(xb);
    JLabel jLabel4 = new JLabel();
    jLabel4.setBounds(306, 65, 81, 21);
    jLabel4.setText("出生日期:");
    jLabel4.setFont(new java.awt.Font("Dialog", 0, 15));
    f.getContentPane().add(jLabel4);
    csrq = new JTextField();
    csrq.setBounds(412, 62, 135, 27);
    f.getContentPane().add(csrq);
    csrq.setColumns(10);
    JLabel jLabel5 = new JLabel();
    jLabel5.setBounds(15, 111, 81, 21);
    jLabel5.setText("班    级:");
    jLabel5.setFont(new java.awt.Font("Dialog", 0, 15));
    f.getContentPane().add(jLabel5);
    bh.setBounds(111, 108, 135, 24);
```

```
f.getContentPane().add(bh);
JLabel jLabel6 = new JLabel();
jLabel6.setBounds(306, 111, 81, 21);
jLabel6.setText("联系电话:");
jLabel6.setFont(new java.awt.Font("Dialog", 0, 15));
f.getContentPane().add(jLabel6);
lxdh.setBounds(412, 108, 135, 24);
f.getContentPane().add(lxdh);
JLabel jLabel7 = new JLabel();
jLabel7.setFont(new java.awt.Font("Dialog", 0, 15));
jLabel7.setText("专业:");
jLabel7.setBounds(15, 162, 81, 21);
f.getContentPane().add(jLabel7);
zy.setBounds(111, 159, 135, 27);
f.getContentPane().add(zy);
JLabel jLabel8 = new JLabel();
jLabel8.setBounds(306, 162, 81, 21);
jLabel8.setText("身份证号:");
jLabel8.setFont(new java.awt.Font("Dialog", 0, 15));
f.getContentPane().add(jLabel8);
sfzh.setBounds(412, 162, 135, 27);
f.getContentPane().add(sfzh);
JLabel jLabel9 = new JLabel();
jLabel9.setFont(new java.awt.Font("Dialog", 0, 15));
jLabel9.setText("家庭住址:");
jLabel9.setBounds(15, 214, 81, 21);
f.getContentPane().add(jLabel9);
jtzz.setBounds(111, 215, 135, 90);
f.getContentPane().add(jtzz);
ok.setText("确定");
ok.setBounds(132, 326, 123, 29);
f.getContentPane().add(ok);
cancel.setText("取消");
cancel.setBounds(282, 326, 123, 29);
f.getContentPane().add(cancel);
JLabel label10 = new JLabel("查看学籍信息");
label10.setBounds(15, 396, 141, 21);
f.getContentPane().add(label10);
JButton first_data = new JButton("第一条记录");
first_data.setBounds(15, 446, 123, 29);
f.getContentPane().add(first_data);
JButton last_data = new JButton("上一条记录");
last_data.setBounds(153, 446, 123, 29);
f.getContentPane().add(last_data);
JButton next_data = new JButton("下一条记录");
next_data.setBounds(291, 446, 123, 29);
f.getContentPane().add(next_data);
JButton finally_data = new JButton("最后一条记录");
finally_data.setBounds(429, 446, 156, 29);
f.getContentPane().add(finally_data);
JLabel label11 = new JLabel("修改学籍信息");
label11.setBounds(15, 515, 185, 21);
f.getContentPane().add(label11);
JButton modify_data = new JButton("修改记录");
modify_data.setBounds(153, 551, 123, 29);
f.getContentPane().add(modify_data);
JButton update_data = new JButton("更新记录");
```

```
            update_data.setBounds(291, 551, 123, 29);
            f.getContentPane().add(update_data);
            JButton del_data = new JButton("删除记录");
            del_data.setBounds(429, 551, 123, 29);
            f.getContentPane().add(del_data);
            JButton quit = new JButton("退出");
            quit.setBounds(15, 551, 123, 29);
            f.getContentPane().add(quit);
            f.setBounds(300, 200, 662, 696);
            f.setVisible(true);
    }
```

用户在文本框中完成信息修改后，单击"修改记录"按钮可执行对当前记录的更新语句。

```
ps.executeUpdate("update 学生信息表 set 姓名='" + xm.getText().trim() + "',性别
='"+ xb.getText().trim() + "',出生日期='" +csrq.getText().trim() + "',班级='"+
bh.getSelectedItem() + "',联系电话='" + lxdh.getText().trim() + "',身份证号='"+ sfzh.
getText().trim() + "',家庭住址='" + jtzz.getText().trim() + "',专业='"+ zy.getText().
trim() + "'where 学号='" + xh.getText().trim() + "'");
```

单击"删除记录"按钮可对当前记录执行删除语句。

```
ps.executeUpdate("delete from 学生信息表 where 学号='" + xh.getText().trim() + "'");
```

🎓 10.5.3 选课管理模块

扫一扫，看视频

选课管理模块主要包括管理员对课程信息的录入与修改，学生对课程的选择与退选。

采用表格显示所有课程，以文本框为输入信息的主要途径。修改课程信息界面如图10-7所示。

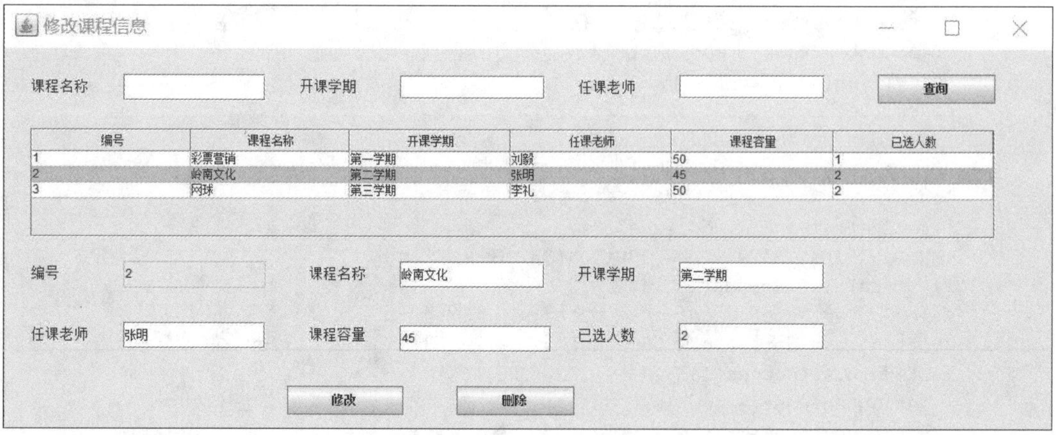

图 10-7 修改课程信息界面

界面实现代码如下：

```
private JPanel contentPane;
private JTextField kcmc;
private JTextField kcxq;
private JTextField rkls;
private JTable table;
private JLabel label4;
private JTextField kcbh;
private JLabel label5;
private JTextField kcmc2;
```

```java
private JLabel label6;
private JTextField kcxq2;
private JLabel label7;
private JTextField rkls2;
private JLabel label8;
private JTextField kcrl;
private JLabel label9;
private JTextField yxrs;
private JButton modify;
private JButton del;
private Vector<Object> kcdata = new Vector<Object>();

@Override
public void actionPerformed(ActionEvent e) {

    JFrame f = new JFrame("修改课程信息");
    contentPane = new JPanel();
    f.getContentPane().setLayout(null);

    f.getContentPane().add(contentPane);

    JLabel label1 = new JLabel("课程名称");
    label1.setFont(new java.awt.Font("Dialog", 0, 15));
    label1.setBounds(27, 29, 81, 21);
    f.getContentPane().add(label1);

    kcmc = new JTextField();
    kcmc.setBounds(124, 26, 151, 27);
    f.getContentPane().add(kcmc);

    JLabel label2 = new JLabel("开课学期");
    label2.setFont(new java.awt.Font("Dialog", 0, 15));

    label2.setBounds(311, 29, 81, 21);
    f.getContentPane().add(label2);

    kcxq = new JTextField();
    kcxq.setBounds(417, 27, 151, 24);
    f.getContentPane().add(kcxq);
    kcxq.setColumns(10);

    JLabel label3 = new JLabel("任课老师");
    label3.setFont(new java.awt.Font("Dialog", 0, 15));

    label3.setBounds(602, 29, 81, 21);
    f.getContentPane().add(label3);

    rkls = new JTextField();
    rkls.setBounds(708, 26, 151, 24);
    f.getContentPane().add(rkls);

    JButton findBt = new JButton("查询");
    findBt.setBounds(914, 25, 123, 29);
    f.getContentPane().add(findBt);
    Vector<String> columnName = new Vector<String>();
    columnName.add("编号");
```

```
columnName.add("课程名称");
columnName.add("开课学期");
columnName.add("任课老师");
columnName.add("课程容量");
columnName.add("已选人数");
table = new JTable(kcdata,columnName);


JScrollPane jp= new JScrollPane(table);
jp.setBounds(27, 81, 1010, 110);
f.getContentPane().add(jp);

label4 = new JLabel("编号");
label4.setFont(new java.awt.Font("Dialog", 0, 15));

label4.setBounds(27, 218, 81, 21);
f.getContentPane().add(label4);

kcbh = new JTextField();
kcbh.setBounds(124, 215, 151, 27);
kcbh.setEditable(false);
f.getContentPane().add(kcbh);
kcbh.setColumns(10);

label5 = new JLabel("课程名称");
label5.setFont(new java.awt.Font("Dialog", 0, 15));

label5.setBounds(321, 218, 81, 21);
f.getContentPane().add(label5);

kcmc2 = new JTextField();
kcmc2.setBounds(417, 215, 151, 27);
f.getContentPane().add(kcmc2);

label6 = new JLabel("开课学期");
label6.setFont(new java.awt.Font("Dialog", 0, 15));

label6.setBounds(602, 218, 81, 21);
f.getContentPane().add(label6);

kcxq2 = new JTextField();
kcxq2.setBounds(708, 215, 151, 27);
f.getContentPane().add(kcxq2);
kcxq2.setColumns(10);

label7 = new JLabel("任课老师");
label7.setFont(new java.awt.Font("Dialog", 0, 15));

label7.setBounds(27, 280, 81, 21);
f.getContentPane().add(label7);

rkls2 = new JTextField();
rkls2.setBounds(124, 277, 151, 27);
f.getContentPane().add(rkls2);

label8 = new JLabel("课程容量");
label8.setFont(new java.awt.Font("Dialog", 0, 15));
```

```
label8.setBounds(321, 280, 81, 21);
f.getContentPane().add(label8);

kcrl = new JTextField();
kcrl.setBounds(417, 280, 158, 27);
f.getContentPane().add(kcrl);
kcrl.setColumns(10);

label9 = new JLabel("已选人数");
label9.setFont(new java.awt.Font("Dialog", 0, 15));

label9.setBounds(602, 280, 81, 21);
f.getContentPane().add(label9);

yxrs = new JTextField();
yxrs.setBounds(708, 277, 151, 27);
f.getContentPane().add(yxrs);
yxrs.setColumns(10);
Connection con;
try {
    con = DriverManager.getConnection("jdbc:sqlserver://localhost:1433;Database
Name=xshdb","sa","123");
//xshdb为前面创建的数据库名字
    Statement statement = con.createStatement(ResultSet.TYPE_SCROLL_INSENSITIVE,
ResultSet.CONCUR_READ_ONLY);
    ResultSet resultset = statement.executeQuery("select 课程信息表.课程号,课程
信息表.课程名,授课信息表.开课学期,教师信息表.姓名,授课信息表.限选人数,授课信息表.已选人数
from 授课信息表,课程信息表,教师信息表  where 授课信息表.课程号 =课程信息表.课程号 and 授
课信息表.教师号=教师信息表.教师号");
    while (resultset.next()) {
        Vector<Object> row = new Vector<Object>();
        row.add(resultset.getString(1));
        row.add(resultset.getString(2));
        row.add(resultset.getString(3));
        row.add(resultset.getString(4));
        row.add(resultset.getString(5));
        row.add(resultset.getString(6));

        kcdata.add(row);
        // 设置table边框颜色
        table.setGridColor(Color.lightGray);
    }
} catch (SQLException e1) {
    e1.printStackTrace();
}
table.addMouseListener(new MouseAdapter(){
    public void mouseClicked(MouseEvent e) {//仅当鼠标单击时响应
        //得到选中的行列的索引值
        int r= table.getSelectedRow();
        kcbh.setText(table.getValueAt(r, 0).toString());
        kcrl.setText(table.getValueAt(r, 4).toString());
        yxrs.setText(table.getValueAt(r, 5).toString());
        kcxq2.setText(table.getValueAt(r, 2).toString());
        kcmc2.setText(table.getValueAt(r, 1).toString());
        rkls2.setText(table.getValueAt(r, 3).toString());
```

```
    }
});
modify = new JButton("修改");
modify.setBounds(298, 341, 123, 29);
f.getContentPane().add(modify);
del = new JButton("删除");
del.setBounds(476, 341, 123, 29);
f.getContentPane().add(del);
f.setBounds(300, 200, 1119, 441);
f.setVisible(true);
}
```

用户在文本框中完成信息修改后，单击"修改记录"按钮可执行对当前记录的更新语句。

```
String sql="update 授课信息表 set 编号=?,教师号=?,开课学期=?,限选人数=?,已选人数=?  where
        编号=? ";
PreparedStatement pstmt=con.prepareStatement(sql);
pstmt.setString(1, kcmc2.getSelectedItem().toString().trim());
pstmt.setString(2, rkls2.getSelectedItem().toString().trim());
pstmt.setString(3, kcxq2.getText().trim());
pstmt.setInt(4, kcrl.getText().trim());
pstmt.setInt(5, yxrs.getText().trim());
return pstmt.executeUpdate();
```

在课程选择界面使用表格为学生用户显示所有可选课程，如图10-8所示。

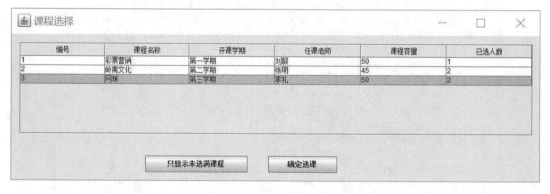

图 10-8　课程选择界面

界面实现代码如下：

```
private JPanel contentPane;
private JTable table;
@Override
public void actionPerformed(ActionEvent e) {
    final JFrame f = new JFrame("课程选择");
    contentPane = new JPanel();
    f.getContentPane().setLayout(null);
    f.getContentPane().add(contentPane);
    table = new JTable();
    table.setModel(new DefaultTableModel(
        new String[] {
            "编号", "课程名称", "开课学期", "任课老师", "课程容量", "已选人数"
        }
    ));
    JScrollPane jp= new JScrollPane(table);
```

```
jp.setBounds(15, 15, 923, 158);
f.getContentPane().add(jp);
JButton wxm_find = new JButton("只显示未选满课程");
wxm_find.setBounds(243, 210, 185, 29);
f.getContentPane().add(wxm_find);
JButton ok = new JButton("确定选课");
ok.setBounds(465, 210, 123, 29);
f.getContentPane().add(ok);
f.setBounds(300, 200, 972, 309);
f.setVisible(true);
}
```

学生在表格中选定某门课程后单击"确认选课"按钮执行下面语句,将选课信息插入到数据库中。

```
String sql="insert into 成绩信息表 value(null,?,?)";
PreparedStatement  pstmt=con.prepareStatement(sql);
pstmt.setInt(1,xh.getText().trim());
int rowIndex = table.getSelectedRow();
pstmt.setInt(2, table.getModel().getValueAt( rowIndex,0));
return pstmt.executeUpdate();
```

在已选课程界面中通过表格列出学生所有已选课程,同时在此界面中也可以退选当前课程,如图10-9所示。

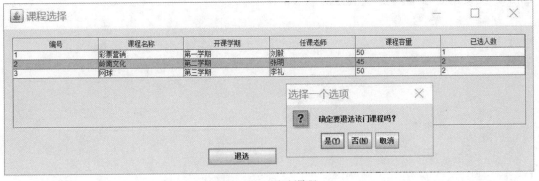

图 10-9   退选课程

界面实现代码如下:

```
private JPanel contentPane;
private JTable table;
@Override
public void actionPerformed(ActionEvent e) {
    final JFrame f = new JFrame("课程选择");
    contentPane = new JPanel();
    f.getContentPane().setLayout(null);
    f.getContentPane().add(contentPane);
    table = new JTable();
    table.setModel(new DefaultTableModel(
        new String[] {
            "编号", "课程名称", "开课学期", "任课老师", "课程容量", "已选人数"
        }
    ));
    JScrollPane jp= new JScrollPane(table);
    jp.setBounds(15, 15, 923, 158);
    f.getContentPane().add(jp);
```

```
        JButton returnBt = new JButton("退选");
        returnBt.setBounds(364, 209, 123, 29);
        f.getContentPane().add(returnBt);
        returnBt.addActionListener(new ActionListener() {
            @Override
            public void actionPerformed(ActionEvent e) {
                JOptionPane.showConfirmDialog(contentPane,  "确定要退选该门课程吗？","选择
                一个选项", JOptionPane.INFORMATION_MESSAGE);
            }
        });
        f.setBounds(300, 200, 972, 309);
        f.setVisible(true);
    }
```

在单击"退选"按钮时，使用下面代码从数据库中删除对应信息。

```
String sql="delete from 成绩信息表 where 课程号=? and 学号=?";
PreparedStatement  pstmt=con.prepareStatement(sql);
int rowIndex = table.getSelectedRow();
String kcbh = (String) table.getModel().getValueAt( rowIndex,0);
pstmt.setInt(1,kcbh );
pstmt.setInt(2, xh.getText().trim());
return pstmt.executeUpdate();
```

第 11 章

人事信息管理系统

学习目标

本章主要讲解"人事信息管理系统"数据库应用系统开发的全过程，并对系统开发流程中的总体设计、数据库设计、数据库创建等阶段进行详细阐述。通过本章的学习，读者应该掌握以下内容：

- 熟悉人事信息管理系统的总体设计思路
- 掌握数据库设计技巧
- 掌握 SQL Server 的环境部署和数据库创建方法
- 掌握功能模块设计的方法
- 掌握系统实现与运行的方法

内容浏览

11.1 任务描述

扫一扫，看视频

　　人事信息管理系统是企业管理系统中不可缺少的重要组成部分，它的内容对于企业的决策者和管理者来说都至关重要。作为计算机应用的一部分，使用计算机对人事信息进行管理具有手动管理所无法比拟的优点，如检索迅速、查找方便、可靠性高、存储量大、保密性好、寿命长、成本低等。这些优点能够极大地提高人事档案管理的效率，也是企业的科学化、正规化管理与世界接轨的重要条件。

　　该任务以人事信息管理系统为背景，针对各种不同种类的信息，建立合理的数据库结构来保存数据，使用有效的程序结构来支持各种数据的操作执行，实现单位管理系统化、规范化和自动化，从而提高人事管理的工作效率和工作质量。

11.2 需求分析

　　本系统的用户主要是各企事业单位的人事管理人员和计算机系统管理员，因此系统应包含以下主要功能。

1. 用户登录

作为系统的主要入口，应能够根据用户名区分出用户身份（人事管理人员和计算机系统管理员），从而为不同的用户提供相应的功能。

2. 系统信息管理

计算机系统管理员所需要的主要功能包括管理系统信息，对人事管理人员进行管理等。

3. 员工信息管理

人事管理人员所需要的主要功能包括对本单位的员工信息进行增加、删除、修改等操作。

（1）对单位里所有员工和部门进行统一标号，将每一位员工的信息保存在员工信息记录表中。

（2）对新聘的员工将其信息加入到员工信息记录中，对于转出、退休，辞职、辞退的员工将其信息从员工信息记录中删除，并且添加到离职员工信息表。

（3）当员工信息发生变动时，修改员工信息记录中相应的属性。

4. 员工信息统计

根据不同的统计口径统计员工人数，如性别、部门、学历层次等。

5. 员工信息检索

检索员工基本信息、考勤信息、工作量信息等。

11.3 功能结构设计

　　根据前述需求分析，得出系统应包含以下功能模块，如图11-1所示。

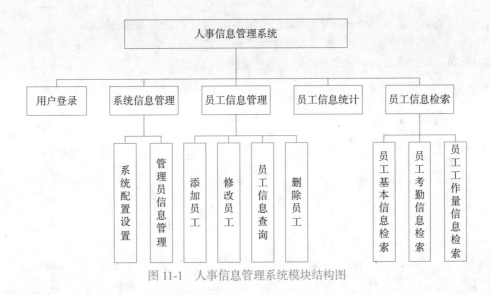

图 11-1　人事信息管理系统模块结构图

1. 用户登录模块

输入数据为员工编号和密码。单击"确定"按钮后，若员工编号、密码正确，则根据员工角色进入相应界面；否则提示登录失败。单击"取消"按钮后退出系统。

扫一扫，看视频

2. 系统信息管理模块

（1）系统配置设置：输入数据为数据库服务器地址、数据库连接用户名、数据库连接密码。单击"确定"按钮保存设置，单击"取消"按钮退出界面。

（2）管理员信息管理：通过列表显示所有管理员的用户名、密码、部门等信息，提供增加、删除、修改相应信息的功能。

3. 员工信息管理模块

（1）添加员工：对新入职员工提供其各项信息的输入功能，包括编号、姓名、性别、学历、所属部门、毕业院校、健康情况等。

（2）修改员工：对在职员工提供其各项信息的修改功能，包括学历、所属部门、毕业院校、健康情况、职称、职务、奖惩等。

（3）员工信息查询：列表显示所有员工的基本信息，包括编号、姓名、性别、学历、所属部门。提供按部门、性别、学历列表显示功能。

（4）删除员工：对转出、辞退、退休员工，提供信息的删除功能，但仅在数据库中做删除标记，不能删除物理数据，以备数据恢复使用。

4. 员工信息统计模块

输入数据参照统计口径，输出数据为该统计口径下各组员工人数。统计口径包括性别、部门、学历层次等。

5. 员工信息检索模块

（1）员工基本信息检索：输入数据为员工编号或姓名，输出信息为员工基本信息，包括编号、姓名、性别、学历、所属部门、毕业院校、健康情况等。可提供以姓名为条件的模糊检索。

（2）员工考勤信息检索：输入数据为员工编号或姓名，输出信息为员工考勤信息，包括考勤时间、请假情况、迟到情况、早退情况、旷工情况等。本检索为精确检索。

（3）员工工作量信息检索：输入数据为员工编号或姓名，输出信息为员工工作量信息，包括记录时间、完成项目、对应工作量等。本检索为精确检索。

11.4 数据库设计

11.4.1　E-R图

系统主要E-R图如图11-2所示。

扫一扫，看视频

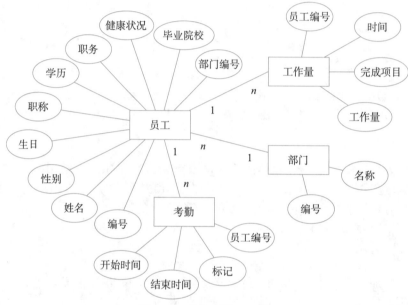

图 11-2　系统主要 E-R 图

系统主要包含以下4类实体。

（1）员工：作为系统的最重要的实体，员工具有最多的属性，同时也在图中居于核心位置。对于其属性的识别要严格参照功能需求，所有需要录入的信息都应作为候选属性加以识别。

（2）部门：员工所属部门，与员工之间是一对多的关系，即每名员工只属于一个部门，每个部门包含多名员工。

（3）考勤：员工的考勤信息，用以记录员工每天的到岗情况。其中"标记"属性可使用数字或文字对迟到、早退、请假、旷工等情况进行标识。与员工之间是多对一的关系，即每名员工拥有多条考勤记录，每条考勤记录只属于一名员工。

（4）工作量：员工的工作量信息，用以记录员工一定时期内的工作情况。与员工之间是多对一的关系，即每名员工拥有多条工作量记录，每条工作量记录只属于一名员工。

另外，系统中还包含管理员实体，较为简单，只包含用户名、密码、管理员类别等属性，且与其他实体不存在关联关系，故不再赘述。

11.4.2 数据库表设计

根据11.4.1小节的E-R图设计出人事信息管理系统的数据表（见表11-1~表11-5）。

员工信息表（表11-1）与员工实体相对应，包含其所有属性。其中编号字段应设为主键并自增，以保持数据完整性。部门编号字段作为外键与部门信息表关联，用以表示员工所属的部门。学历、职务、职称字段也可使用int型数据，如果用int型数据表示，则需在程序中做数字与文字的转换。

表 11-1　员工信息表

编　号	字 段 名 称	数 据 类 型	说　　明
1	编号	int	主键、自增
2	姓名	varchar(20)	
3	性别	int	性别（0——男，1——女）
4	生日	date	
5	学历	varchar(10)	
6	职务	varchar(10)	
7	职称	varchar(10)	
8	毕业院校	varchar(20)	
9	健康状况	varchar(10)	
10	部门编号	int	外键

部门信息表（表11-2）与部门实体相对应，包含其所有属性。其中编号字段应设为主键并自增，以保持数据完整性。

表 11-2　部门信息表

编　号	字 段 名 称	数 据 类 型	说　　明
1	编号	int	主键、自增
2	名称	varchar(20)	

考勤信息表（表11-3）与考勤实体相对应，包含其所有属性。其中员工编号、开始时间、结束时间字段应设为联合主键，以保持数据完整性。同时员工编号字段还作为外键与员工信息表关联，用于表示考勤信息所属的员工。

表 11-3　考勤信息表

编　号	字 段 名 称	数 据 类 型	说　　明
1	员工编号	int	联合主键、外键
2	开始时间	datetime	联合主键
3	结束时间	datetime	联合主键
4	标记	varchar(20)	

工作量信息表（表11-4）与部门实体相对应，包含其所有属性。其中员工编号、开始时间和结束时间字段应设为联合主键，以保持数据完整性。同时员工编号字段还作为外键与员工信息表关联，用于表示工作量信息所属的员工。

表 11-4 工作量信息表

编 号	字 段 名 称	数 据 类 型	说 明
1	员工编号	int	联合主键、外键
2	时间	datetime	联合主键
3	完成项目	varchar(50)	
4	工作量	float	

管理员表（表11-5）与管理员实体相对应，包含其所有属性。其中用户名字段应设为主键，以保持数据完整性。管理员类别字段也可使用int型数据，如果用int型数据表示，则需在程序中做数字与文字的转换。

表 11-5 管理员表

编 号	字 段 名 称	数 据 类 型	说 明
1	用户名	varchar(20)	主键
2	密码	varchar(20)	
3	管理员类别	varchar(20)	

🎯 11.4.3　数据库构建

人事信息管理系统的数据库在SQL Server 2019数据库环境下构建，SQL脚本代码如下，该代码包含表、主键、外键关系、触发器等元素。为方便读者阅读，所有表名、字段名等名称都使用了中文，读者自行练习时应将其改为英文。

```
--建表
CREATE TABLE [dbo].[员工信息表](
    [编号] [int] IDENTITY(1,1) NOT Null, --自增
    [姓名] [varchar](20) NOT Null,
    [性别] [int] NOT Null,
    [生日] [date] NOT Null,
    [学历] [varchar](10) NOT Null,
    [职务] [varchar](10) Null,
    [职称] [varchar](10) Null,
    [毕业院校] [varchar](20) Null,
    [健康状况] [varchar](10) Null,
    [部门编号] [int] NOT Null,
CONSTRAINT [PK_员工信息表] PRIMARY KEY CLUSTERED
(
    [编号] ASC
)WITH (PAD_INDEX = OFF, STATISTICS_NORECOMPUTE = OFF, IGNORE_DUP_KEY = OFF, ALLOW_
ROW_LOCKS = ON, ALLOW_PAGE_LOCKS = ON) ON [PRIMARY]
) ON [PRIMARY]
```

```
--建立外键关系
ALTER TABLE [dbo].[员工信息表]  WITH CHECK ADD  CONSTRAINT [FK_员工信息表_部门信息表]
FOREIGN KEY([部门编号])
REFERENCES [dbo].[部门信息表] ([编号])
ALTER TABLE [dbo].[员工信息表] CHECK CONSTRAINT [FK_员工信息表_部门信息表]
```

```
--建表
```

```
CREATE TABLE [dbo].[部门信息表](
    [编号] [int] IDENTITY(1,1) NOT Null, --自增
    [名称] [varchar](20) NOT Null,
CONSTRAINT [PK_部门信息表] PRIMARY KEY CLUSTERED
(
    [编号] ASC
)WITH (PAD_INDEX = OFF, STATISTICS_NORECOMPUTE = OFF, IGNORE_DUP_KEY = OFF, ALLOW_
ROW_LOCKS = ON, ALLOW_PAGE_LOCKS = ON) ON [PRIMARY]
) ON [PRIMARY]
```

```
--建表
CREATE TABLE [dbo].[考勤信息表](
    [员工编号] [int] NOT Null,
    [开始时间] [datetime] NOT Null,
    [结束时间] [datetime] NOT Null,
    [标记] [varchar](20) NOT Null,
CONSTRAINT [PK_考勤信息表] PRIMARY KEY CLUSTERED  --联合主键
(
    [员工编号] ASC,
    [开始时间] ASC,
    [结束时间] ASC
)WITH (PAD_INDEX = OFF, STATISTICS_NORECOMPUTE = OFF, IGNORE_DUP_KEY = OFF, ALLOW_
ROW_LOCKS = ON, ALLOW_PAGE_LOCKS = ON) ON [PRIMARY]
) ON [PRIMARY]
```

```
--建立外键关系
ALTER TABLE [dbo].[考勤信息表]  WITH CHECK ADD  CONSTRAINT [FK_考勤信息表_员工信息表]
FOREIGN KEY([员工编号])
REFERENCES [dbo].[员工信息表] ([编号])
ALTER TABLE [dbo].[考勤信息表] CHECK CONSTRAINT [FK_考勤信息表_员工信息表]
```

```
--建表
CREATE TABLE [dbo].[管理员表](
    [用户名] [varchar](20) NOT Null,
    [密码] [varchar](20) NOT Null,
    [管理员类别] [varchar](20) NOT Null,
CONSTRAINT [PK_管理员表] PRIMARY KEY CLUSTERED
(
    [用户名] ASC
)WITH (PAD_INDEX = OFF, STATISTICS_NORECOMPUTE = OFF, IGNORE_DUP_KEY = OFF, ALLOW_
ROW_LOCKS = ON, ALLOW_PAGE_LOCKS = ON) ON [PRIMARY]
) ON [PRIMARY]
```

```
--建立触发器,当从员工信息表中删除数据时,自动删除考勤信息表中该员工对应的考勤信息
CREATE TRIGGER [dbo].[删除员工触发器]
    ON  [dbo].[员工信息表]
    AFTER DELETE
AS
BEGIN
    SET NOCOUNT ON;
    DECLARE @编号 int
    SELECT @编号=编号
```

人事信息管理系统

```
        FROM deleted
        DELETE FROM dbo.考勤信息表
        WHERE 员工编号=@编号
    END
```

11.5 关键代码示例

11.5.1 系统主界面

系统主界面如图11-3所示，系统的全部功能界面都可以通过菜单中的选项进入。

图 11-3　系统主界面

首先建立针对各个功能的主菜单，然后在各菜单中加入子菜单或菜单项，再为每个菜单项添加事件监听器，最后设置系统背景图片。实现代码如下：

```
JFrame frame = new JFrame();
Container content = frame.getContentPane();
JMenuBar menu = new JMenuBar();
JMenu browse = new JMenu("浏览");
JMenu login = new JMenu("录入");
JMenu update = new JMenu("修改");
JMenu inquire = new JMenu("查询");
JMenu delete = new JMenu("删除");
JMenu statistic = new JMenu("统计");
public MainFrame(){
    this.setResizable(false);
    //信息浏览
    JMenuItem staff = new JMenuItem("员工信息浏览");
    staff.addActionListener(new StaffInfor());
    JMenuItem teacher = new JMenuItem("教师信息浏览");
    teacher.addActionListener(new TeaInfor());
```

```
JMenuItem scientResearch = new JMenuItem("科研信息浏览");
scientResearch.addActionListener(new ScientInfor());
browse.add(staff);
browse.add(teacher);
browse.add(scientResearch);
//信息录入
staff = new JMenuItem("员工信息录入");
teacher = new JMenuItem("教师信息录入");
scientResearch = new JMenuItem("科研信息录入");
staff.addActionListener(new StaffLogIn());
teacher.addActionListener(new TeaLogIn());
scientResearch.addActionListener(new ScientLogIn());
login.add(staff);
login.add(teacher);
login.add(scientResearch);
//信息修改
staff = new JMenuItem("员工信息修改");
teacher = new JMenuItem("教师信息修改");
scientResearch = new JMenuItem("科研信息修改");
staff.addActionListener(new StaffUpdate());
teacher.addActionListener(new TeaUpdate());
scientResearch.addActionListener(new ScientUpdate());
update.add(staff);
update.add(teacher);
update.add(scientResearch);
//信息查询
staff = new JMenuItem("员工信息查询");
teacher = new JMenuItem("教师信息查询");
scientResearch = new JMenuItem("科研信息查询");
inquire.add(staff);
inquire.add(teacher);
inquire.add(scientResearch);
staff.addActionListener(new StaffInquire());
teacher.addActionListener(new TeaInquire());
scientResearch.addActionListener(new ScientInquire());
//信息删除
staff = new JMenuItem("退休员工删除");
teacher = new JMenuItem("教师信息删除");
scientResearch = new JMenuItem("科研信息删除");
delete.add(staff);
delete.add(teacher);
delete.add(scientResearch);
staff.addActionListener(new StaffDelete());
teacher.addActionListener(new TeaDelete());
scientResearch.addActionListener(new ScientDelete());
//信息统计
JMenuItem ky = new JMenuItem("科研方向");
JMenuItem kc = new JMenuItem("课程");
JMenuItem jc = new JMenuItem("奖惩");
JMenuItem zlandkw = new JMenuItem("专利及论文");
JMenuItem retiree = new JMenuItem("退休员工");
statistic.add(ky);
statistic.add(kc);
statistic.add(jc);
statistic.add(zlandkw);
statistic.add(retiree);
ky.addActionListener(new StatisKy());
```

```
        kc.addActionListener(new StatisKc());
        jc.addActionListener(new StatisJc());
        zlandkw.addActionListener(new StatisZlAndKw());
        retiree.addActionListener(new RetireeInfor());
        menu.add(browse);
        menu.add(login);
        menu.add(update);
        menu.add(inquire);
        menu.add(delete);
        menu.add(statistic);
        content.add(menu,BorderLayout.NORTH);
        JLabel title = new JLabel("欢迎使用人事信息管理系统");
        title.setFont(new java.awt.Font("dialog",1,45));
        title.setForeground(Color.pink);
        title.setOpaque(false);
        content.add(title,BorderLayout.CENTER);
        frame.setBounds(200,100, 500, 500);
        frame.setTitle("人事信息管理系统");
        frame.setUndecorated(true);
        frame.getRootPane().setWindowDecorationStyle(JRootPane.FRAME);
        frame.getLayeredPane().setLayout(null);
        frame.setDefaultCloseOperation(JFrame.EXIT_ON_CLOSE);
        frame.setVisible(true);

    }
```

11.5.2 员工信息浏览

扫一扫，看视频

员工信息浏览界面如图11-4所示。可从主菜单中的浏览菜单项进入此界面，在界面中列出了员工的所有信息。

员工信息浏览									
编号	姓名	性别	生日	学历	毕业院校	健康情况	职称	职务	所属部门
1401	张三	男	1990-06-08	本科	山东大学	健康	讲师	教师	交通学院
1402	王磊	女	1990-01-05	硕士	山东大学	健康	讲师	教师	信电学院

图 11-4　员工信息浏览界面

系统中各子界面都通过ActionListener实现，当单击主界面菜单中的相关菜单项时，触发ActionEvent事件。通过getActionCommand获取事件是否对应本界面，如果是，则通过数据库工具类jdbcUtil创建数据库连接，并执行数据读取的SQL语句，获取数据后按列填充至JTable中。界面实现代码如下：

```
import java.awt.event.ActionEvent;
import java.awt.event.ActionListener;
import java.awt.BorderLayout;
import java.awt.Dimension;
import java.sql.Connection;
import java.sql.ResultSet;
import java.sql.SQLException;
import javax.swing.JFrame;
```

```java
import javax.swing.JRootPane;
import javax.swing.JScrollPane;
import javax.swing.JTable;
import javax.swing.table.DefaultTableModel;
import javax.swing.table.TableColumn;
import javax.swing.table.TableModel;
public class StaffInquire implements ActionListener {
    @Override
    public void actionPerformed(ActionEvent e) {

        Connection conn = null;
        java.sql.Statement st = null;
        ResultSet rs = null;
        TableModel tableModel = null;
        JTable table = new JTable(tableModel);
        DefaultTableModel defaultModel = null;
        try {
            conn = JdbcUtil.getSQLConn();
            conn.setAutoCommit(true);
            st = conn.createStatement();
            // 获取结果集元数据
            rs = st.executeQuery("select * from 员工信息表");
            int count = 0;
            while (rs.next()) {
                count++;
            }
            Object[][] obj = new Object[count][10];
            rs = st.executeQuery("select ygxx.`编号`, 姓名, 性别, 生日, 学历, 毕业院
                    校, 健康状况, 职称, 职务 ,名称 from 员工信息表 ygxx,部门信息表 bmxx
                    where ygxx.`部门编号`=bmxx.`编号`");
            int i = 0;
            while (rs.next()) {
                obj[i][0] = rs.getObject(1);
                obj[i][1] = rs.getObject(2);
                obj[i][2] = (int) rs.getObject(3)==0?"男":"女";
                obj[i][3] = rs.getObject(4);
                obj[i][4] = rs.getObject(5);
                obj[i][5] = rs.getObject(6);
                obj[i][6] = rs.getObject(7);
                obj[i][7] = rs.getObject(8);
                obj[i][8] = rs.getObject(9);
                obj[i][9] = rs.getObject(10);
                i++;
            }
            final JFrame f = new JFrame("员工信息浏览");
            String[] Names = { "编号", "姓名", "性别", "生日", "学历", "毕业院校", "健
康情况", "职称", "职务" , "所属部门"};
            defaultModel = new DefaultTableModel(obj, Names);
            table = new JTable(defaultModel);
            table.setPreferredScrollableViewportSize(new Dimension(400, 800));
            JScrollPane scrollPane = new JScrollPane(table);
            f.add(scrollPane, BorderLayout.CENTER);
            table.setAutoResizeMode(JTable.AUTO_RESIZE_SUBSEQUENT_COLUMNS);
            TableColumn column = null;
            column = table.getColumnModel().getColumn(0);
            column.setPreferredWidth(60);
            column = table.getColumnModel().getColumn(1);
```

```
                column.setPreferredWidth(60);
                column = table.getColumnModel().getColumn(2);
                column.setPreferredWidth(60);
                column = table.getColumnModel().getColumn(3);
                column.setPreferredWidth(80);
                column = table.getColumnModel().getColumn(4);
                column.setPreferredWidth(80);
                column = table.getColumnModel().getColumn(5);
                column.setPreferredWidth(80);
                column = table.getColumnModel().getColumn(6);
                column.setPreferredWidth(60);
                column = table.getColumnModel().getColumn(7);
                column.setPreferredWidth(60);
                column = table.getColumnModel().getColumn(8);
                column.setPreferredWidth(60);
                column = table.getColumnModel().getColumn(9);
                column.setPreferredWidth(150);

                f.setBounds(300, 200, 800, 200);
                f.setUndecorated(true);
                f.getRootPane().setWindowDecorationStyle(JRootPane.FRAME);
                f.setDefaultCloseOperation(JFrame.DISPOSE_ON_CLOSE);
                f.setVisible(true);

        } catch (SQLException e1) {
            System.out.println("异常" + e1);
        } finally {
            JdbcUtil.close(rs, st, conn);
        }
    }
}
```

11.5.3 员工信息录入界面

扫一扫，看视频

员工信息录入界面如图 11-5 所示。可从菜单中的录入菜单进入此界面，在此界面中可录入员工的所有信息，当编号信息重复时会给出提示信息。

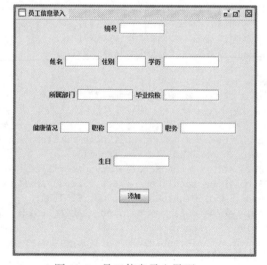

图 11-5 员工信息录入界面

录入信息并单击"添加"按钮后，通过数据库工具类jdbcUtil创建数据库连接并执行判断数据重复的方法，如果存在相同编号，则弹出提示窗口；否则执行插入数据的SQL语句。界面实现代码如下：

```java
import java.awt.BorderLayout;
import java.awt.GridLayout;
import java.awt.event.ActionEvent;
import java.awt.event.ActionListener;
import java.sql.Connection;
import java.sql.ResultSet;
import javax.swing.JButton;
import javax.swing.JFrame;
import javax.swing.JLabel;
import javax.swing.JPanel;
import javax.swing.JRootPane;
import javax.swing.JTextField;
public class StaffLogIn implements ActionListener {
    @Override
    public void actionPerformed(ActionEvent e) {
        JFrame framestaff = new JFrame("员工信息录入");
        framestaff.setBounds(200,100, 500, 500);
        JLabel jl1 = new JLabel("编号");
        jl1.setToolTipText("例如:1401");
        JTextField jt1 = new JTextField(8);
        JLabel jl2 = new JLabel("姓名");
        JTextField jt2 = new JTextField(6);
        JLabel jl3 = new JLabel("性别");
        JTextField jt3 = new JTextField(5);
        JLabel jl4 = new JLabel("学历");
        jl4.setToolTipText("大专、本科、研究生...");
        JTextField jt4 = new JTextField(10);
        JLabel jl5 = new JLabel("所属部门");
        JTextField jt5 = new JTextField(10);
        JLabel jl6 = new JLabel("毕业院校");
        JTextField jt6 = new JTextField(10);
        JLabel jl7 = new JLabel("健康情况");
        jl7.setToolTipText("差、良好...");
        JTextField jt7 = new JTextField(5);
        JLabel jl8 = new JLabel("职称");
        JTextField jt8 = new JTextField(10);
        JLabel jl9 = new JLabel("职务");
        JTextField jt9 = new JTextField(10);
        JLabel jl10 = new JLabel("生日");
        JTextField jt10 = new JTextField(10);
        JButton jb1 = new JButton("添加");
        jb1.addActionListener(new ActionListener() {
            @Override
            public void actionPerformed(ActionEvent e) {
                if(e.getActionCommand().equals("添加")){
                    String c1 = jt1.getText();
                    if(c1.equals("")){
                        javax.swing.JOptionPane.showMessageDialog(null, "请输入编号! ");
                    }else if(JdbcUtil.samenumber(c1, "员工信息表")){
                        javax.swing.JOptionPane.showMessageDialog(null, "此编号已存在! ");
                    }
                    else if(JdbcUtil.nunnumber(c1, "员工信息表")){
```

```
                            String c2 = jt2.getText();
                            String c3 = jt3.getText();
                            String c4 = jt4.getText();
                            String c5 = jt5.getText();
                            String c6 = jt6.getText();
                            String c7 = jt7.getText();
                            String c8 = jt8.getText();
                            String c9 = jt9.getText();
                            String c10 = jt10.getText();
                            Connection conn = null;
                            java.sql.Statement st=null;
                            ResultSet rs = null;
                    try{
                            conn = JdbcUtil.getSQLConn();
                            conn.setAutoCommit(true);
                            //System.out.println("已经连接到数据库……");
                            st=conn.createStatement();
                            StringBuffer sql = new StringBuffer("insert into 员工信息表
(编号,姓名,性别,学历,部门编号,毕业院校,健康状况,职称,职务,生日) values('");
                            sql.append(c1+"','"); sql.append(c2+"','"); sql.append(c3+"','");
sql.append(c4+"','"); sql.append(c5+"','");
                            sql.append(c6+"','"); sql.append(c7+"','"); sql.append(c8+"','");
sql.append(c9+"','"); sql.append(c10+"')");
                            st.executeUpdate(sql.toString());
                            javax.swing.JOptionPane.showMessageDialog(null, "录入成功！！");

                    }catch(Exception e2){
                            e2.printStackTrace();
                    }finally{
                            JdbcUtil.close(rs, st, conn);
                    }
                }
            }
        }
    });
    JPanel jp = new JPanel();
    JPanel jp1 = new JPanel();
    JPanel jp2 = new JPanel();
    JPanel jp3 = new JPanel();
    JPanel jp4 = new JPanel();
    JPanel jp5 = new JPanel();
    jp1.add(jl1);
    jp1.add(jt1);
    jp2.add(jl2);
    jp2.add(jt2);
    jp2.add(jl3);
    jp2.add(jt3);
    jp2.add(jl4);
    jp2.add(jt4);
    jp3.add(jl5);
    jp3.add(jt5);
    jp3.add(jl6);
    jp3.add(jt6);
    jp4.add(jl7);
    jp4.add(jt7);
    jp4.add(jl8);
    jp4.add(jt8);
```

```
        jp4.add(jl9);
        jp4.add(jt9);
        jp5.add(jl10);
        jp5.add(jt10);
        jp.add(jb1);

        framestaff.setUndecorated(true);
        framestaff.getRootPane().setWindowDecorationStyle(JRootPane.FRAME);
        JPanel imagePanel = new JPanel();
        imagePanel = (JPanel)framestaff.getContentPane();
        imagePanel.setOpaque(false);
//内容窗格默认的布局管理器为BorderLayout
        imagePanel.setLayout(new GridLayout(7,3));
        imagePanel.add(jp1);
        imagePanel.add(jp2);
        imagePanel.add(jp3);
        imagePanel.add(jp4);
        imagePanel.add(jp5);
        jp1.setOpaque(false);
        jp2.setOpaque(false);
        jp3.setOpaque(false);
        jp4.setOpaque(false);
        jp5.setOpaque(false);
        jp.setOpaque(false);
        framestaff.getLayeredPane().setLayout(null);
//把背景图片添加到分层窗格的最底层作为背景
        framestaff.add(jp,BorderLayout.SOUTH);
        framestaff.setDefaultCloseOperation(JFrame.DISPOSE_ON_CLOSE);
        framestaff.setVisible(true);
    }
}
```

11.5.4 数据库工具类

数据库工具类主要用于实现公共的数据库连接、关闭方法，并提供常用的数据查询方法，以便进行代码重用，提高软件开发效率。具体实现代码如下：

扫一扫，看视频

```
import java.sql.Connection;
import java.sql.DriverManager;
import java.sql.ResultSet;

public class JdbcUtil {
    public static Connection getSQLConn(){
        try {
            Class.forName("com.microsoft.sqlserver.jdbc.SQLServerDriver");
            return DriverManager.getConnection("jdbc:sqlserver://localhost:1433;Dat
            abaseName=rsxxgl", "sa", "123");
        }catch(Exception e){
            e.printStackTrace();
            return null;
        }
    }

    public static void close(ResultSet rs,java.sql.Statement st,Connection conn){
        try{
            if(rs!=null){
```

```
                rs.close();
            }
        }catch(Exception e){
            e.printStackTrace();
        }
        try{
            if(st!=null){
                st.close();
            }
        }catch(Exception e){
            e.printStackTrace();
        }
        try{
            if(conn!=null){
                conn.close();
            }
        }catch(Exception e){
            e.printStackTrace();
        }
    }
    public static Boolean nunnumber(String num,String tablename){
        Boolean nu =true;
        Connection conn = null;
        java.sql.Statement st=null;
        ResultSet rs = null;
        try{
            conn = jdbcUtil.getSQLConn();
            conn.setAutoCommit(true);
            st=conn.createStatement();
            StringBuffer sql = new StringBuffer("select * from ");
            sql.append(tablename);
            rs = st.executeQuery(sql.toString());
            while(rs.next()){
                String num2 =rs.getString(1).trim();
                if(num.equals(num2)){
                    nu = false;
                }
            }

        }catch(Exception e2){
            e2.printStackTrace();
        }finally{
            jdbcUtil.close(rs, st, conn);
        }
        return nu;
    }

    public static Boolean samenumber(String num,String tablename){
        Boolean nu=false;
        Connection conn = null;
        java.sql.Statement st=null;
        ResultSet rs = null;
        try{
            conn = jdbcUtil.getSQLConn();
            conn.setAutoCommit(true);
//System.out.println("已经连接到数据库……");
            st=conn.createStatement();
```

```java
            StringBuffer sql = new StringBuffer("select * from ");
            sql.append(tablename);
            rs = st.executeQuery(sql.toString());
            while(rs.next()){
                String num2 = rs.getString(1).trim();
                if(num.equals(num2)){
                    nu=true;

                }


            }

        }catch(Exception e2){
            e2.printStackTrace();
        }finally{
            jdbcUtil.close(rs, st, conn);
        }
        return nu;
    }
}
```

第 12 章

超市信息管理系统

学习目标

本章主要讲解"超市信息管理系统"数据库应用系统开发的全过程，并对系统开发流程中的总体设计、数据库设计、数据库创建等阶段进行详细阐述。通过本章的学习，读者应该掌握以下内容：

- 熟悉超市信息管理系统的总体设计思路
- 掌握数据库设计技巧
- 掌握 SQL Server 的环境部署和数据库创建方法
- 掌握功能模块设计的方法
- 掌握系统实现与运行的方法

内容浏览

12.1 任务描述

最初的超市资料管理，都是靠人力来完成的。但随着超市经营规模日趋扩大，销售额和门店数量不断增加，商品品种也向着多样化发展。小型超市在业务上需要处理大量的库存信息，还要时刻更新产品的销售信息，不断添加商品信息，并对商品各种信息进行统计分析。因此，在超市管理中引进现代化的办公软件，实现超市庞大商品的控制和传输，从而方便销售行业的管理和决策，为超市管理人员解除后顾之忧。

扫一扫，看视频

本任务以超市信息管理系统为背景，开发易用的程序帮助超市工作人员利用计算机，对超市有关数据进行管理、输入、输出、查找等操作，使杂乱的超市数据能够具体化、直观化、合理化，帮助销售部门提高工作效率。

12.2 需求分析

本系统的用户主要是各超市的销售、仓储等业务管理人员和计算机系统管理员，因此系统应包含以下主要功能。

1. 用户登录

登录功能是进入系统必须经过的验证过程，其主要功能是验证使用者的身份，确认使用者的权限，从而在使用软件过程中能安全地控制系统数据，即不同的工作人员有不同的权限，每个使用人员不得跨越其权限操作软件，以避免不必要的数据丢失事件发生。

2. 系统信息管理

计算机系统管理员所需要的主要功能包括管理系统信息，对各部门人员、权限进行管理等。

3. 会员信息管理

会员信息管理是对企业会员的基本资料、消费、积分、储值、促销和优惠政策的管理。通过信息管理，达到商家和客户随时保持良好的联系，从而使客户重复消费，提高客户忠诚度，实现业绩增长的目的。会员管理主要包括会员资格获得、会员资格管理、会员奖励（体现在会员管理或者客户关系管理过程中）与优惠（体现在销售消费过程中）。

4. 商品信息管理

商品信息管理是指超市从分析顾客的需求和自身情况入手，对商品组合、定价方法、促销活动，以及资金使用、库存商品和其他经营性指标进行全面管理，以保证在最佳的时间、将最合适的数量、按正确的价格向顾客提供商品，同时达到既定的经济效益指标。因此，需要提供对任意商品信息的添加、修改、删除功能，做到对商品促销信息的及时维护。

5. 销售信息管理

销售信息管理是为了实现各种组织目标，创造、建立和保持与目标市场之间的有益交换和联系而进行的分析、计划、执行、监督和控制。通过计划、执行、监督及控制企业的销售活动，以达到企业的销售目标。在超市的销售管理中主要需要对全部销售情况进行监控，以确定各类商品的销售情况，以及所有会员的购买情况，方便超市对会员优惠或商品促销做出及时调整。

12.3 功能结构设计

根据12.2节中的需求分析，得出系统应包含以下功能模块，如图12-1所示。

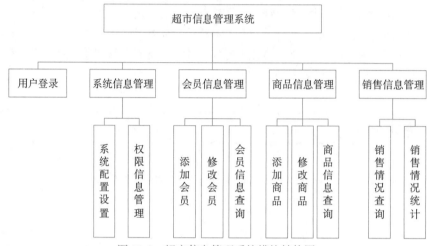

图 12-1　超市信息管理系统模块结构图

1. 用户登录模块

输入数据为员工用户名和密码。单击"确定"按钮后，若员工用户名、密码正确，则根据员工部门权限提供相应管理界面；否则提示登录失败。单击"取消"按钮后退出系统。

2. 系统信息管理模块

（1）系统配置设置：输入数据为数据库服务器地址、数据库连接用户名、数据库连接密码。单击"确定"按钮保存设置，单击"取消"按钮退出界面。

（2）权限信息管理：通过列表显示所有员工的用户名、密码、部门等信息，提供增加、删除、修改相应信息的功能。各部门员工只能查询、管理本部门的商品和销售信息。

3. 会员信息管理模块

（1）添加会员：对新加入的会员提供其各项信息的输入功能，包括姓名、性别、出生日期、身份证号、联系电话、家庭住址等。

（2）修改会员：对超市会员提供其各项信息的修改功能，包括联系电话、家庭住址、会员等级等。

（3）会员信息查询：列表显示所有会员的基本信息，包括编号、姓名、性别、出生日期、身份证号、联系电话、家庭住址、会员等级等。提供按会员等级、年龄段列表显示功能。

注意：为保持超市的市场占有率，维护超市与会员的关系，在超市管理系统中一般不提供删除会员的功能。

4. 商品信息管理模块

（1）添加商品：对新进货的商品提供其各项信息的输入功能，包括编号、品名、类别、供应商等。

（2）修改商品：对超市现有商品提供其各项信息的修改功能，包括价格、供应商、折扣等。

（3）商品信息查询：列表显示所有商品的基本信息，包括编号、品名、类别、价格、供应商、折扣。提供按商品类别、供应商显示功能及按商品名模糊查询功能。

注意：为保持超市商品种类齐全、提高超市竞争力，在超市管理系统中对于不再销售的商品一般不提供删除功能。

5. 销售信息管理模块

（1）销售情况查询：列表显示超市所有商品销售明细情况，提供按照商品编号、会员编号的精确查询功能，以及按照商品名称、会员名称的模糊查询功能。

（2）销售情况统计：提供对销售数据的汇总统计功能，包括各商品每月的销售情况，提供排序及按照商品名称的模糊查询；各会员每月的消费情况，提供排序。

12.4　数据库设计

◉ 12.4.1　E-R 图

系统主要E-R图如图12-2所示。

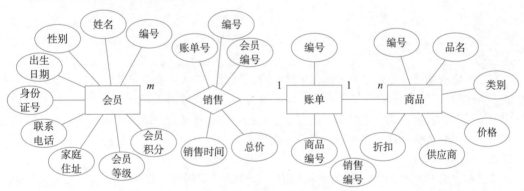

图 12-2　系统主要 E-R 图

系统主要包含以下三类实体。

（1）会员：作为系统的重要实体之一，会员具有最多的属性，对于其属性的识别要严格参照功能需求，所有需要录入的信息都应仔细识别是否应作为属性添加到E-R图中。

（2）商品：系统中另一极为重要的实体，其属性的识别也应严格按照具体系统录入的需求进行，所有需要录入的信息都应仔细识别是否应作为属性添加到E-R图中。

（3）账单：在销售管理系统中，商品不是独立存在的，是通过账单与用户的购买行为联系在一起的。每张账单中对应一个账单编号和多个商品编号，因此账单与商品之间是一对多的关系。

系统中还应包含一个关系：销售。作为销售管理系统需要管理的核心内容，销售将会员、账单、商品串联起来，形成了系统的基础框架。会员可以购买多种商品，每一种商品也可被多个会员购买。可见，会员与商品之间存在多对多（$m:n$）的关系。为了拆分这种关系，在会员与商品之间添加了销售关系，会员在超市的一次购物行为即对应一条销售记录。但会员在一次购物行为中仍可购买多件商品，仍然存在数据冗余，因此添加实体账单：会员在一次购物中产生一张账单，每张账单中可包含多个商品。这样就将所有关系清楚、有条理地展现出来，并解决了所有可能存在的冗余情况。

另外，系统中还包含超市员工实体，只包含用户名、密码、所管理的商品类别等属性，对重要业务不产生实质影响，故不再赘述。

12.4.2　数据库表设计

扫一扫，看视频

根据12.4.1小节中的E-R图设计出超市销售管理系统的数据表（见表12-1～表12-5）。

会员信息表（表12-1）与会员实体相对应，包含其所有属性。其中编号字段应设为主键并自增，以保持数据完整性。会员等级也可使用int型数据，如果用int型数据表示，则需在程序中做数字与文字的转换。

表 12-1　会员信息表

编　号	字段名称	数据类型	说　明
1	编号	int	主键、自增
2	姓名	varchar(20)	
3	性别	int	性别（0——男，1——女）
4	出生日期	date	
5	身份证号	varchar(20)	
6	联系电话	varchar(20)	
7	家庭住址	varchar(50)	
8	会员等级	varchar(10)	
9	会员积分	float	

需要注意的是身份证号字段，通过居民身份证号可以唯一标识中国公民身份，具有作为主键的天然优势。但若出现会员丢失会员卡需要补办，或者会员出于安全考虑使用虚假身份证号登记等情况时，就会造成数据冲突。而且本系统的主要业务是管理超市内部的会员身份，超市为维护客户关系也会允许顾客用同一身份证办理多张会员卡，因此在一般的超市业务中都会采用独立编号的会员号。

销售信息表（表12-2）与销售关系相对应，包含其所有属性。其中会员编号、账单号字段应设为联合主键，以保持数据完整性。同时会员编号字段还作为外键与会员信息表关联，用于表示销售信息所属的会员。账单号还作为外键与账单信息表关联，用于表示销售信息所对应的账单。由于商品的价格、折扣等信息经常会发生变动，所以使用总价字段保存本次销售过程中所有商品价格的总计，并作为历史记录保存。另外，为管理方便，销售信息表中还可添加编号字段，并设为自增。

表 12-2　销售信息表

编　号	字段名称	数据类型	说　明
1	编号	int	自增
2	会员编号	int	联合主键、外键
3	账单号	int	联合主键、外键
4	销售时间	datetime	
5	总价	float	

账单信息表(表12-3)与账单实体相对应,包含其所有属性。其中编号字段应设为主键并自增,以保持数据完整性。商品编号作为外键与商品信息表关联,用于表示账单中所包含的商品。另外,账单信息表中还可添加销售编号字段,作为外键与销售信息表的销售记录相对应,以便于根据商品情况查询购买某种商品的客户信息,为超市的销售数据分析提供支持。

表 12-3 账单信息表

编　号	字 段 名 称	数 据 类 型	说　明
1	编号	int	主键、自增
2	商品编号	int	外键
3	销售编号	int	外键

商品信息表(表12-4)与商品实体相对应,包含其所有属性。其中编号字段应设为主键并自增,以保持数据完整性。类别字段也可使用int型数据,如果用int型数据表示,则需在程序中做数字与文字的转换。

表 12-4 商品信息表

编　号	字 段 名 称	数 据 类 型	说　明
1	编号	int	主键、自增
2	品名	varchar(50)	
3	类别	varchar(20)	
4	价格	float	
5	供应商	varchar(50)	
6	折扣	float	

员工信息表(表12-5)与员工实体相对应,包含其所有属性。其中用户名字段应设为主键,以保持数据完整性。管理类别字段也可使用int型数据,如果用int型数据表示,则需在程序中做数字与文字的转换。

表 12-5 员工信息表

编　号	字 段 名 称	数 据 类 型	说　明
1	用户名	varchar(20)	主键
2	密码	varchar(20)	
3	管理类别	varchar(20)	所管理商品的类别

12.4.3　数据库构建

超市信息管理系统的数据库在SQL Server 2019数据库环境下构建,SQL脚本代码如下,该代码包含表、主键、外键关系、触发器等元素。为方便读者阅读,所有表名、字段名等名称都使用了中文,读者自行练习时应将其改为英文。

```
--建表
CREATE TABLE [dbo].[会员信息表](
    [编号] [int] IDENTITY(1,1) NOT Null, --自增
    [姓名] [varchar](20) NOT Null,
    [性别] [int] NOT Null,
    [出生日期] [date] NOT Null,
    [身份证号] [varchar](20) NOT Null,
    [联系电话] [varchar](20) NOT Null,
    [家庭住址] [varchar](50) Null,
```

```
        [会员等级] [varchar](10) Null,
        [会员积分] [float] Null,
CONSTRAINT [PK_会员信息表] PRIMARY KEY CLUSTERED
(
        [编号] ASC
)WITH (PAD_INDEX = OFF, STATISTICS_NORECOMPUTE = OFF, IGNORE_DUP_KEY = OFF, ALLOW_
ROW_LOCKS = ON, ALLOW_PAGE_LOCKS = ON) ON [PRIMARY]
) ON [PRIMARY]
```

```
--建表
CREATE TABLE [dbo].[销售信息表](
        [编号] [int] IDENTITY(1,1) NOT Null, --自增
        [会员编号] [int] NOT Null,
        [账单号] [int] NOT Null,
        [销售时间] [datetime] NOT Null,
        [总价] [float] NOT Null,
CONSTRAINT [PK_销售信息表] PRIMARY KEY CLUSTERED --联合主键
(
        [会员编号] ASC,
        [账单号] ASC
)WITH (PAD_INDEX = OFF, STATISTICS_NORECOMPUTE = OFF, IGNORE_DUP_KEY = OFF, ALLOW_
ROW_LOCKS = ON, ALLOW_PAGE_LOCKS = ON) ON [PRIMARY]
) ON [PRIMARY]
```

```
--建立外键关系
ALTER TABLE [dbo].[销售信息表]  WITH CHECK ADD  CONSTRAINT [FK_销售信息表_会员信息表]
FOREIGN KEY([会员编号])
REFERENCES [dbo].[会员信息表] ([编号])
ALTER TABLE [dbo].[销售信息表] CHECK CONSTRAINT [FK_销售信息表_会员信息表]
```

```
--建表
CREATE TABLE [dbo].[账单信息表](
        [编号] [int] IDENTITY(1,1) NOT Null, --自增
        [商品编号] [int] NOT Null,
        [销售编号] [int] NOT Null,
CONSTRAINT [PK_账单信息表] PRIMARY KEY CLUSTERED
(
        [编号] ASC
)WITH (PAD_INDEX = OFF, STATISTICS_NORECOMPUTE = OFF, IGNORE_DUP_KEY = OFF, ALLOW_
ROW_LOCKS = ON, ALLOW_PAGE_LOCKS = ON) ON [PRIMARY]
) ON [PRIMARY]
```

```
--建立外键关系
ALTER TABLE [dbo].[账单信息表]  WITH CHECK ADD  CONSTRAINT [FK_账单信息表_商品信息表]
FOREIGN KEY([商品编号])
REFERENCES [dbo].[商品信息表] ([编号])
ALTER TABLE [dbo].[账单信息表] CHECK CONSTRAINT [FK_账单信息表_商品信息表]

ALTER TABLE [dbo].[账单信息表]  WITH CHECK ADD  CONSTRAINT [FK_账单信息表_销售信息表]
FOREIGN KEY([销售编号])
REFERENCES [dbo].[销售信息表] ([编号])
ALTER TABLE [dbo].[账单信息表] CHECK CONSTRAINT [FK_账单信息表_销售信息表]
```

```
--建表
CREATE TABLE [dbo].[商品信息表](
    [编号] [int] IDENTITY(1,1) NOT Null, --自增
    [品名] [varchar](50) NOT Null,
    [类别] [varchar](20) NOT Null,
    [价格] [float] NOT Null,
    [供应商] [varchar](50) NOT Null,
    [折扣] [float] Null,
CONSTRAINT [PK_商品信息表] PRIMARY KEY CLUSTERED
(
    [编号] ASC
)WITH (PAD_INDEX = OFF, STATISTICS_NORECOMPUTE = OFF, IGNORE_DUP_KEY = OFF, ALLOW_
ROW_LOCKS = ON, ALLOW_PAGE_LOCKS = ON) ON [PRIMARY]
) ON [PRIMARY]
```

```
--建表
CREATE TABLE [dbo].[管理员表](
    [用户名] [varchar](20) NOT Null,
    [密码] [varchar](20) NOT Null,
    [管理类别] [varchar](20) NOT Null,
CONSTRAINT [PK_管理员表] PRIMARY KEY CLUSTERED
(
    [用户名] ASC
)WITH (PAD_INDEX = OFF, STATISTICS_NORECOMPUTE = OFF, IGNORE_DUP_KEY = OFF, ALLOW_
ROW_LOCKS = ON, ALLOW_PAGE_LOCKS = ON) ON [PRIMARY]
) ON [PRIMARY]
```

```
--建立触发器，当向销售信息表中添加数据时，自动修改会员信息表中会员的积分。
CREATE TRIGGER [dbo].[修改会员积分触发器]
    ON  [dbo].[销售信息表]
    AFTER INSERT
AS
BEGIN
    SET NOCOUNT ON;
    DECLARE @编号 int, @增加积分 float
    SELECT @编号=会员编号, @增加积分=总价
    FROM inserted
    UPDATE dbo.会员信息表
    SET  会员积分=会员积分+@增加积分
    WHERE 编号=@编号
END
```

12.5 关键代码示例

此系统采用了控制台输出界面的方式，共分为三部分：主功能模块、数据库连
接模块和表头显示模块。

扫一扫，看视频

229

超市信息管理系统

本模块包含系统的全部主要功能，使用System.out.println()方法输出各菜单选项，并通过if语句控制所有功能间的跳转。即系统输出菜单后等待用户输入，用户输入有效选项后根据if语句的控制逻辑显示下一级菜单项或具体功能界面。系统主界面如图12-3所示，选择1～5并按Enter键进行操作。如果选择出错，则系统将提出警告，并提醒用户重新进行选择。

```
***********超市信息管理系统*********
会员等级分为三级
 1.查询  2.添加  3.购买  4.进货  5退出
请选择：
```

图 12-3　系统主界面

如果需要查看会员信息，则可以选择1按Enter键进入选项，再选择1按Enter键进入该功能界面，程序显示数据库中所有会员信息。同样还可以选择2、3，查看库存商品信息及会员积分信息，如图12-4所示。

```
***********超市信息管理系统*********
会员等级分为三级
 1.查询  2.添加  3.购买  4.进货  5退出
请选择：
1
1.会员查询  2.库存查询  3.积分查询
请选择：
1
会员编号 姓名    出生日期        性别      联系电话      家庭住址
1        小明    1999-01-01              1234567890    济南市
```

图 12-4　查看会员信息界面

选择其他功能选项都可进入相关功能界面，如图12-5～图12-7所示。

```
***********超市信息管理系统*********
会员等级分为三级
 1.查询  2.添加  3.购买  4.进货  5退出
请选择：
2
1.添加会员  2.添加（之前没有的）库存
请选择：
1
会员姓名：
小明
身份证号：
123456789
出生日期（'XXXX-XX-XX'）：
'1999-01-01'
性别：
1
联系电话：
1234567890
家庭住址：
济南市
添加成功！
```

图 12-5　添加会员信息界面

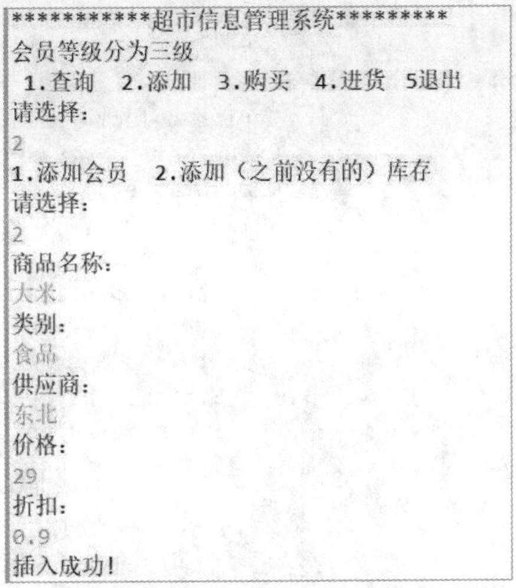

```
***********超市信息管理系统*********
会员等级分为三级
 1.查询  2.添加  3.购买  4.进货  5退出
请选择:
3
*******会员购买商品*********
选择消费者的会员编号:
1
 输入购买商品的编号:
1
输入购买数量:
3
```

图 12-6　添加销售信息界面

```
***********超市信息管理系统*********
会员等级分为三级
 1.查询  2.添加  3.购买  4.进货  5退出
请选择:
2
1.添加会员  2.添加(之前没有的)库存
请选择:
2
商品名称:
大米
类别:
食品
供应商:
东北
价格:
29
折扣:
0.9
插入成功!
```

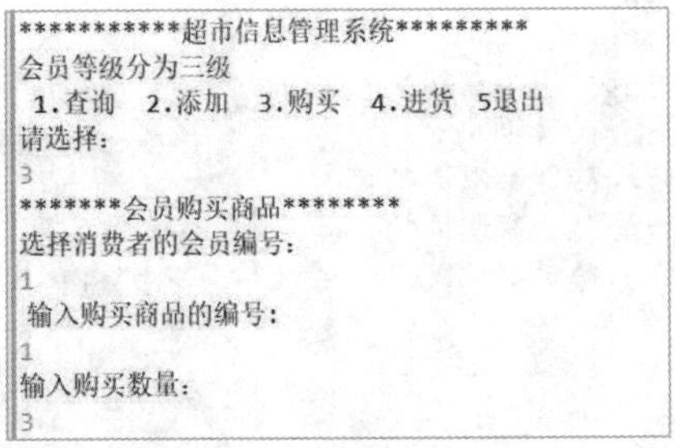

图 12-7　添加商品信息界面

系统实现代码如下:

```java
import java.util.Scanner;
import java.io.BufferedReader;
import java.io.IOException;
import java.io.InputStreamReader;
import java.sql.PreparedStatement;
import java.sql.ResultSet;
import java.sql.SQLException;
import java.sql.Statement;
// 主要代码,有if语句控制
public class SuperMarket {
    public static void main(String[] args) throws NumberFormatException, IOException,
SQLException {

        Statement st=DaoCon.getConnection().createStatement();
        int a1=1;
        while(a1!=0){
            System.out.println("***********超市信息管理系统*********");
            System.out.println("会员等级分为三级");
            System.out.println(" 1.查询    2.添加    3.购买    4.进货    5.退出  ");
            System.out.println("请选择: ");
            int i=0;
            BufferedReader br1=new BufferedReader(new InputStreamReader(System.in));
            //输入选择的操作方式
            i=Integer.parseInt(br1.readLine());
            //5.退出
            if(i==5)
                a1=0;
            //1.查询
            if(i==1) {
                System.out.println("1.会员查询      2.库存查询      3.积分查询");
                System.out.println("请选择: ");
                int m=0;
                try{
                //输入选择的方式
                    BufferedReader br2=new BufferedReader(new InputStreamReader(System.in));
                    m=Integer.parseInt(br2.readLine());
```

```
        }catch(IOException ex){}
        //1. 会员查询
        if(m==1){
            String select="select * from 会员信息表";
            ResultSet rs=st.executeQuery(select);
            Wrap.Qtitle();
            while(rs.next()){
                String a=rs.getString("编号");
                String b=rs.getString("姓名");
                String c=rs.getString("出生日期");
                String d=rs.getString("性别");
                String f=rs.getString("联系电话");
                String g=rs.getString("家庭住址");
                System.out.println(a+"\t"+b+"\t"+c+"\t"+d+"\t"+f+"\t"+g);
            }
        }
        //2.库存查询
        if(m==2){
            String select="select * from 商品信息表";
            ResultSet rs=st.executeQuery(select);
            Wrap.Xtitle();
            while(rs.next()){
                String a=rs.getString("编号");
                String b=rs.getString("品名");
                String c=rs.getString("类别");
                String d=rs.getString("供应商");
                float e=rs.getFloat("价格");
                System.out.println(a+"\t"+b+"\t"+c+"\t"+d+"\t"+e);
            }
        }
        //3.积分查询
        if(m==3){
            String select="select * from 会员信息表";
            ResultSet rs=st.executeQuery(select);
            System.out.println("编号      会员等级    会员积分");
            while(rs.next()){
                String a=rs.getString("编号");
                int d=rs.getInt("会员等级");
                float e=rs.getFloat("会员积分");
                System.out.println(a+"\t"+d+"\t"+e+"\t");
            }
        }
    }
    //添加
    if(i==2){
        System.out.println("1.添加会员      2.添加（之前没有的）库存    ");
        System.out.println("请选择: ");
        int m=0;
        try{
            BufferedReader br=new BufferedReader(new InputStreamReader(System.in));
            m=Integer.parseInt(br.readLine());
        }catch(IOException ex){}
        //1.添加会员
        if(m==1){
            String c1="",c2="",c4="",c5="",c6="";
            String c3="";
            System.out.println("会员姓名: ");
```

```java
try{
    BufferedReader br=new BufferedReader(new InputStreamReader
    (System.in));
    c2=br.readLine();
}catch(IOException ex){System.out.println("添加会员姓名出错");}
System.out.println("身份证号: ");
try{
    BufferedReader br=new BufferedReader(new InputStreamReader
    (System.in));
    c1=br.readLine();
}catch(IOException ex){System.out.println("添加会员身份证号出错");}
System.out.println("出生日期('XXXX-XX-XX'): ");
try{
    //输入整数
    BufferedReader br=new BufferedReader(new InputStreamReader
    (System.in));
    c3=br.readLine();
}catch(Exception ex){System.out.println("添加会员出生日期出错");}
System.out.println("性别: ");
try{
BufferedReader br=new BufferedReader(newInputStreamReader(Syst
em.in));
    c4=br.readLine();
}catch(IOException ex){System.out.println("添加会员性别出错");}
System.out.println("联系电话: ");
try{
    BufferedReader br=new BufferedReader(new InputStreamReader
    (System.in));
    c5=br.readLine();
}catch(IOException ex){System.out.println("添加会员联系电话出错");}
System.out.println("家庭住址: ");
try{
    BufferedReader br=new BufferedReader(new InputStreamReader
    (System.in));
    c6=br.readLine();
}catch(IOException ex){System.out.println("添加会员家庭住址出错");}
//向数据库添加会员信息
    String insert="insert into 会员信息表(身份证号,姓名,出生日期,性别,
联系电话,家庭住址,会员等级,会员积分)values('"+c1+"','"+c2+"','"+c3+"','"+c4+"','"+c5+"',
'"+c6+"',3,0)";
    DaoCon.getConnection().createStatement().executeUpdate(insert);
    System.out.println("添加成功!");
}
// 2.添加商品
if(m==2){
    float c1=0;
    String c2="",c3="";
    String c4="";
    float c5=0;

    System.out.println("商品名称: ");
    try{
        BufferedReader br=new BufferedReader(new InputStreamReader
        (System.in));
        c2=br.readLine();
    }catch(IOException ex){System.out.println("添加商品名称失败! "); }
    System.out.println("类别: ");
```

```
            try{
                BufferedReader br=new BufferedReader(new InputStreamReader
                (System.in));
                c3=br.readLine();
            }catch(IOException ex){System.out.println("添加类别失败！"); }
            System.out.println("供应商: ");
            try{
                BufferedReader br=new BufferedReader(new InputStreamReader
                (System.in));
                c4=br.readLine();
            }catch(IOException ex){System.out.println("添加供应商失败！"); }
            System.out.println("价格: ");
            try{
                Scanner read2=new Scanner(System.in);
                c5=read2.nextFloat();
            }catch(Exception ex){System.out.println("添加价格失败！"); }
            System.out.println("折扣: ");
            try{
                Scanner read1=new Scanner(System.in);
                c1=read1.nextFloat();
            }catch(Exception ex){System.out.println("添加折扣失败！"); }
            System.out.println("插入成功！");
            String insert="insert into 商品信息表(折扣,品名,类别,供应商,价格)values"
+ "('"+c1+"','"+c2+"','"+c3+"','"+c4+"','"+c5+")";
            DaoCon.getConnection().createStatement().executeUpdate(insert);
        }
    }
    //购买（修改）
    if(i==3){
        System.out.println("*******会员购买商品********  ");
        String 会员编号=""; //会员编号
        String 商品编号=""; //商品编号
        float 购买数量=0;    //购买数量
        System.out.println("选择消费者的会员编号: ");
        try{
            BufferedReader br=new BufferedReader(new InputStreamReader(System.in));
            会员编号=br.readLine();//会员编号
        }catch(IOException ex){}
        PreparedStatement pstmt31=DaoCon.getConnection().prepareStatement
        ("select * from 会员信息表 where 编号=?");
        pstmt31.setString(1,会员编号);
        ResultSet rs3=pstmt31.executeQuery();
        String point = "1";
        if(rs3.next()){
            point = rs3.getString("会员积分");
            System.out.println(" 输入购买商品的编号:  ");
            try{
                BufferedReader br=new BufferedReader(new InputStreamReader
                (System.in));
                商品编号=br.readLine();
            }catch(IOException ex){};
            //查询价格
            String select="select * from 商品信息表";
            ResultSet rs=st.executeQuery(select);
            //Wrap.Xtitle();
            float price = 1;
            while(rs.next()){
```

```java
                String a=rs.getString("编号");
                if(a.equals(商品编号)){
                    float e=rs.getFloat("价格");
                    price = e ;
                }
            }

            System.out.println("输入购买数量: ");
            try{
                BufferedReader br=new BufferedReader(new InputStreamReader
                (System.in));
                购买数量=Float.parseFloat(br.readLine());
            }catch(IOException ex){}
            PreparedStatement pstmt3=DaoCon.getConnection().prepareStatement
            ("Update 会员信息表 set 会员积分=? where 编号=?");
            pstmt3.setString(1,String.valueOf(Float.parseFloat(point)+购买数
            量*price));
            pstmt3.setInt(2,Integer.parseInt(会员编号));
            pstmt3.executeUpdate();
            pstmt31.close();
        }
        else
            System.out.println("你要更改的项不存在!");
    }
    //进货
    if(i==4){
        String 商品编号=""; //商品编号
        float 数量=0;        //进货数量
        System.out.println("选择进货的商品编号: ");
        try{
      BufferedReader br=new BufferedReader(new InputStreamReader(System.in));
            商品编号=br.readLine();
        }catch(IOException ex){}
        PreparedStatement   pstmt31=DaoCon.getConnection().prepareStatement
        ("select * from 商品信息表 where 编号=?");
        pstmt31.setString(1,商品编号);
        ResultSet rs3=pstmt31.executeQuery();
        if(rs3.next()){
            System.out.println(" 输入进货数量:  ");
            try{
                BufferedReader br=new BufferedReader(new InputStreamReader
                (System.in));
                数量=Float.parseFloat(br.readLine());
            }catch(IOException ex){}
            pstmt31.close();
            System.out.println("进货成功! ");
        }
        else
            System.out.println("你要更改的项不存在!");
    }
    if(i==5){
        System.out.println("退出成功! ");
        break;
    }
    else
        System.out.println("选择出错，请重新选择! ");
}
```

```
        }
    }
```

12.5.2 数据库连接模块

本模块主要完成数据库连接的公共操作，并返回可用的连接。具体实现代码如下：

```
//连接java和数据库
class DaoCon {
    static String driverName = "com.microsoft.sqlserver.jdbc.SQLServerDriver";
    static String dbURL = "jdbc:sqlserver://localhost:1433;DatabaseName=kcsjsjk";
    static String userName = "sa";
    static String userPwd = "123456";

    public static Connection getConnection() throws SQLException {
        Connection con = null;
        try {
            Class.forName(driverName);
            con = DriverManager.getConnection(dbURL, userName, userPwd);
        } catch (Exception e) {
            e.printStackTrace();
            con.close();
        }
        return con;
    }
}
```

12.5.3 表头显示模块

本模块主要用于显示所有查询界面所需的公共表头，具体实现代码如下：

```
// 用于输出显示格式
class Wrap {
    public static void Qtitle(){
        System.out.println("会员编号"+"\t姓名"+"\t出生日期"+"\t\t性别"+"\t联系电话
        "+"\t\t家庭住址");
    }
    public static void Xtitle(){
        System.out.println("商品编号"+"\t品名"+"\t类别"+"\t供应商"+"\t价格");
    }
//  public static void Ctitle(){
//      System.out.println("会员编号"+"\t商品编号"+"\t购买数量"+"\t会员等级"+"\t会员积
分"+"\t应付账款");
//      }
    }
```

第 13 章

宾馆客房管理系统

学习目标

本章主要讲解"宾馆客房管理系统"数据库应用系统开发的全过程，并对系统开发流程中的总体设计、数据库设计、数据库创建等阶段进行详细阐述。通过本章的学习，读者可以：

- 熟悉宾馆客房管理系统的总体设计思路
- 掌握数据库设计技巧
- 掌握 SQL Server 的环境部署和数据库创建方法
- 掌握功能模块设计的方法
- 掌握系统实现与运行的方法

内容浏览

13.1 任务描述

扫一扫，看视频

　　随着宾馆酒店业竞争的加剧，宾馆之间客源的争夺越来越激烈，宾馆需要使用更有效的信息化手段，拓展经营空间，降低运营成本，提高管理和决策效率。宾馆客房管理系统也随着宾馆管理理念的发展而发展。借助该系统，经营者可使用计算机管理自己的宾馆，提高工作的准确度，规范管理，并且减少客人结账时的错误。

　　本任务以宾馆客房管理系统为背景，实现对宾馆的客房管理、客户信息管理和订房服务管理等功能，为宾馆提供功能直观、界面简洁、操作简单的软件系统，提高使用者的工作效率，并为客户提供满意的服务。

13.2 需求分析

　　本系统的用户主要是宾馆的前台服务人员、客房管理人员和计算机系统管理员，因此系统应包含以下主要功能。

1. 用户登录

　　登录功能是进入系统必须经过的验证过程，其主要功能是验证使用者的身份，确认使用者的权限，从而在使用软件过程中能安全地控制系统数据，即不同的工作人员有不同的权限，每个使用人员不得跨越其权限操作软件，以避免不必要的数据丢失事件的发生。

2. 系统信息管理

　　计算机系统管理员所需要的主要功能包括管理系统信息，对各部门人员、权限进行管理等。

3. 客户信息管理

　　客户信息管理是对订房客户的基本资料、消费、积分、优惠政策的管理。通过信息管理，一方面确保客户资料的真实性、完整性；另一方面可以收集客户资料、维护客户关系，给宾馆带来更多的客户重复消费，实现业绩增长。客户管理主要包括客户信息的录入、维护、查询、会员等级变更等。

4. 客房信息管理

　　客房信息管理是指宾馆对自身房源进行评估与分析后，结合客户的需求，对房间的种类、定价方法、促销活动、客房目前状态、清洁维护工作、其他经营性指标进行全面管理，以保证在最佳的时间、将最合适的房间、按正确的价格提供给客户，同时达到既定的经济效益指标。因此，需要提供对现有房间信息的修改、房间状态的变更，并做到对房间促销信息的及时维护。

5. 订房信息管理

　　订房信息管理是各宾馆、酒店的核心业务，如何方便、简洁、高效地为客户提供订房服务，是每个客房管理系统都需要解决的问题。为此，应做到及时更新信息、快速记录反馈、简化订房及退房操作。同时还需要对全部订房情况进行监控，以掌握各种房型的预订情况，方便宾馆对房间类型、等级、优惠活动等做出及时调整。

13.3 功能结构设计

根据13.2节中的需求分析，得出系统应包含以下功能模块，如图13-1所示。

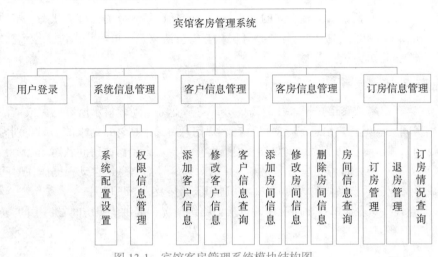

图 13-1　宾馆客房管理系统模块结构图

1. 用户登录模块

输入数据为员工用户名和密码。单击"确定"按钮后，若员工用户名、密码正确，则根据员工部门权限提供相应管理界面；否则，提示登录失败。单击"取消"按钮后退出系统。

2. 系统信息管理模块

（1）系统配置设置：输入数据为数据库服务器地址、数据库连接用户名、数据库连接密码。单击"确定"按钮保存设置，单击"取消"按钮退出界面。

（2）权限信息管理：通过列表显示所有员工的用户名、密码、部门等信息，提供增加、删除、修改相应信息的功能。

3. 客户信息管理模块

（1）添加客户信息：订房时需要录入客户信息，对于新客户提供其各项信息的输入功能，包括姓名、性别、出生日期、身份证号、联系电话、家庭住址等。

（2）修改客户信息：如果订房时根据身份证号查询到客户曾经登记过信息，则由宾馆服务人员对该客户信息进行确认，及时修改发生变化的内容，包括联系电话、家庭住址、会员等级等。

注意：为尽可能多地收集客户信息，维护宾馆与客户的关系，在宾馆客房管理系统中一般不提供删除客户的功能。

（3）客户信息查询：列表显示所有客户的基本信息，包括编号、姓名、性别、出生日期、身份证号、联系电话、家庭住址、会员等级等。提供按会员等级、年龄段列表显示功能。

4. 客房信息管理模块

（1）添加房间信息：当宾馆中设立了新的房间后，需要进行各项信息的录入，包括房号、房型、室内设备、价格、房间描述等。

（2）修改房间信息：当处理与房间有关的业务后需要人工修改房间信息。例如，房间清洁后修改清洁状态；房间需要装修维护时修改可用状态；房间类型改变后修改类别；优惠活动时修改折扣等。

（3）删除房间信息：当某房间不再用于提供居住时，可执行删除操作，根据房间号删除对应房间信息。

（4）房间信息查询：列表显示所有房间的基本信息，包括房号、分类、订房状态、清洁状态、可用状态、价格、折扣等。提供按分类、订房状态、清洁状态、可用状态过滤显示功能。提供按房间号模糊查询功能。

5. 订房信息管理模块

（1）订房管理：客户来到宾馆登记入住时需要办理订房业务。列表显示所有已完成清洁且未被订出的可用房间。登记客户信息或核对已存在客户信息后，根据客户需求的房间类别为客户选择合适的房间入住。订房功能需自动添加、更新客户信息，自动修改房间状态。

（2）退房管理：客户离店时需办理退房业务。显示对应房号的信息，自动根据居住时间计算总房价，完成退房业务后自动修改订房状态，并通知服务员及时清理房间。

（3）订房情况查询：列表显示宾馆所有房间订房的明细情况，提供按照房间号、房间类别、客户身份证号的精确查询功能。

13.4 数据库设计

13.4.1 E-R 图

扫一扫，看视频

系统主要E-R图如图13-2所示

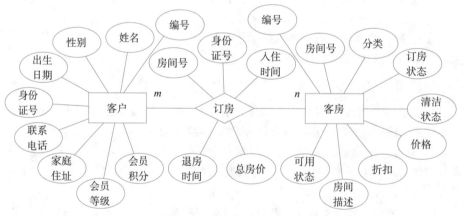

图 13-2 系统主要 E-R 图

系统主要包含以下两类实体。

（1）客户：作为系统的重要实体之一，客户具有众多的属性，对于其属性的识别要严格参照功能需求，所有需要录入的信息都应仔细识别是否应作为属性添加到E-R图中。

（2）客房：系统中另一个极为重要的实体，其属性的识别也应严格按照具体系统录入的需求进行，所有需要录入的信息都应仔细识别是否应作为属性添加到E-R图中。

系统中还应包含一个关系：订房。订房是宾馆客房管理系统的核心业务，是客户与宾馆客房之间的纽带，构成了系统的基础框架。客户可以在不同时间多次预订不同客房，各个客房也可在不同时间被不同客户预订。可见，客户与客房之间存在多对多（$m:n$）的关系。为了拆分这种关系，在客户与客房之间添加了订房关系，客户在宾馆的一次订房行为即对应一条订房记录。由于宾馆行业的特殊性，客户在入住时需登记本人身份证信息，因此，每条身份证信息在每次订房时，只会对应一个客房信息。即每名客户每次订房只会预订一个房间，这是与第12章中的超市信息管理系统的最大不同。

另外，系统中还包含宾馆员工实体，只包含用户名、密码、所属部门等属性，对重要业务不产生实质影响，故不再赘述。

🔸 13.4.2 数据库表设计

根据13.4.1小节中的E-R图设计出宾馆客房管理系统的数据表（见表13-1～表13-4）。

客户信息表（表13-1）与客户实体相对应，包含其所有属性。会员等级也可使用int型数据，如果用int型数据表示，则需在程序中做数字与文字的转换。

表 13-1　客户信息表

编　　号	字 段 名 称	数 据 类 型	说　　明
1	编号	int	自增
2	姓名	varchar(20)	
3	性别	int	性别（0——男，1——女）
4	出生日期	date	
5	身份证号	varchar(20)	主键
6	联系电话	varchar(20)	
7	家庭住址	varchar(50)	
8	会员等级	varchar(10)	
9	会员积分	float	

需要注意的是，本表中增加了编号字段并设为自增，主要目的是在宾馆系统内部唯一标识客户。虽然居民身份证号具有唯一性，但为了维护长期的客户关系，可将客户发展为本店会员，并将该编号作为会员卡号使用。另外，在实际应用中也有使用手机号作为会员号的案例，但应提供修改会员号功能并合理处理同号冲突，此处不属于本书重点，故不再赘述。

订房信息表（表13-2）与订房关系相对应，包含其所有属性。其中身份证号、房间号、入住时间字段应设为联合主键，以保持数据完整性。同时身份证号字段还作为外键与客户信息表关联，用于表示订房信息所属的客户；房间号作为外键与客房信息表关联，用于表示订房信息所对应的客房。此处退房时间不作为联合主键，主要原因是每个身份证号在同一入住时间只对应一条订房记录，而同一个客户入住某一房间后不会在不同时间退房两次以上，即退房时间不作为对订房信息的唯一标识。由于客房的价格、折扣等信息经常会发生变动，所以使用总房价字段保存本次订房过程所含时间段内客房价格的总计，并作为历史记录保存。另外，为管理方便，订房信息表中还可添加编号字段，并设为自增。

表 13-2　订房信息表

编　　号	字 段 名 称	数 据 类 型	说　　明
1	编号	int	自增
2	身份证号	varchar(20)	联合主键、外键

编　号	字 段 名 称	数据类型	说　明
3	房间号	varchar(10)	联合主键、外键
4	入住时间	datetime	联合主键
5	退房时间	datetime	
6	总房价	float	

客房信息表（表13-3）与客房实体相对应，包含其所有属性。其中房间号字段应设为主键，以保持数据完整性。分类字段用于表示房间类型，如大床房、双床房、单人房、套房、商务房等，也可使用int型数据，如果用int型数据表示，则需在程序中做数字与文字的转换。订房状态、清洁状态、可用状态只有是、否两种状态，宜使用int型数据，如果用int型数据表示，则同样应在程序中做数字与文字的转换。另外，为管理方便，客房信息表中还可以添加编号字段，并设为自增。

表 13-3　客房信息表

编　号	字 段 名	数 据 类 型	说　明
1	编号	int	自增
2	房间号	varchar(10)	主键
3	分类	varchar(20)	
4	订房状态	int	0——已订，1——未订
5	清洁状态	int	0——已清洁，1——未清洁
6	价格	float	
7	折扣	float	
8	房间描述	varchar(500)	
9	可用状态	int	0——可用，1——不可用

员工信息表（表13-4）与员工实体相对应，包含其所有属性。其中用户名字段应设为主键，以保持数据完整性。管理类别字段也可使用int型数据，如果用int型数据表示，则需在程序中做数字与文字的转换。

表 13-4　员工信息表

编　号	字 段 名 称	数据类型	说　明
1	用户名	varchar(20)	主键
2	密码	varchar(20)	
3	管理类别	varchar(20)	所管理商品的类别

13.4.3　数据库构建

宾馆客房管理系统的数据库在SQL Server 2019数据库环境下构建，该代码包含表、主键、外键关系、触发器等元素。为方便读者阅读，所有表名、字段名等名称都使用了中文，读者自行练习时应将其改为英文。SQL脚本代码如下：

```
--建表
CREATE TABLE [dbo].[客户信息表](
    [编号] [int] IDENTITY(1,1) NOT Null, --自增
    [姓名] [varchar](20) NOT Null,
```

```
    [性别] [int] NOT Null,
    [出生日期] [date] NOT Null,
    [身份证号] [varchar](20) NOT Null,
    [联系电话] [varchar](20) NOT Null,
    [家庭住址] [varchar](50) Null,
    [会员等级] [varchar](10) Null,
    [会员积分] [float] Null,
CONSTRAINT [PK_客户信息表] PRIMARY KEY CLUSTERED
(
    [身份证号] ASC
)WITH (PAD_INDEX = OFF, STATISTICS_NORECOMPUTE = OFF, IGNORE_DUP_KEY = OFF, ALLOW_
ROW_LOCKS = ON, ALLOW_PAGE_LOCKS = ON) ON [PRIMARY]
) ON [PRIMARY]
```

```
--建表
CREATE TABLE [dbo].[订房信息表](
    [编号] [int] IDENTITY(1,1) NOT Null, --自增
    [身份证号] [varchar](20) NOT Null,
    [房间号] [varchar](10) NOT Null,
    [入住时间] [datetime] NOT Null,
    [退房时间] [datetime] NOT Null,
    [总房价] [float] NOT Null,
CONSTRAINT [PK_销售信息表] PRIMARY KEY CLUSTERED --联合主键
(
    [身份证号] ASC,
    [房间号] ASC,
    [入住时间] ASC
)WITH (PAD_INDEX = OFF, STATISTICS_NORECOMPUTE = OFF, IGNORE_DUP_KEY = OFF, ALLOW_
ROW_LOCKS = ON, ALLOW_PAGE_LOCKS = ON) ON [PRIMARY]
) ON [PRIMARY]
```

```
--建立外键关系
ALTER TABLE [dbo].[订房信息表]  WITH CHECK ADD  CONSTRAINT [FK_订房信息表_客户信息表]
FOREIGN KEY([身份证号])
REFERENCES [dbo].[客户信息表] ([身份证号])
ALTER TABLE [dbo].[订房信息表] CHECK CONSTRAINT [FK_订房信息表_客户信息表]

ALTER TABLE [dbo].[订房信息表]  WITH CHECK ADD  CONSTRAINT [FK_订房信息表_客房信息表]
FOREIGN KEY([房间号])
REFERENCES [dbo].[客户信息表] ([房间号])
ALTER TABLE [dbo].[订房信息表] CHECK CONSTRAINT [FK_订房信息表_客房信息表]
```

```
--建表
CREATE TABLE [dbo].[客房信息表](
    [编号] [int] IDENTITY(1,1) NOT Null, --自增
    [房间号] [varchar](10) NOT Null,
    [分类] [varchar](20) NOT Null,
    [订房状态] [int] NOT Null,
    [清洁状态] [int] NOT Null,
    [价格] [float] NOT Null,
    [折扣] [float] NOT Null,
    [房间描述] [varchar](500) NOT Null,
    [可用状态] [int] NOT Null,
```

宾馆客房管理系统

```
CONSTRAINT [PK_客房信息表] PRIMARY KEY CLUSTERED
(
    [房间号] ASC
)WITH (PAD_INDEX = OFF, STATISTICS_NORECOMPUTE = OFF, IGNORE_DUP_KEY = OFF, ALLOW_
ROW_LOCKS = ON, ALLOW_PAGE_LOCKS = ON) ON [PRIMARY]
) ON [PRIMARY]
```

```
--建表
CREATE TABLE [dbo].[员工信息表](
    [用户名] [varchar](20) NOT Null,
    [密码] [varchar](20) NOT Null,
    [管理类别] [varchar](20) NOT Null,
CONSTRAINT [PK_员工信息表] PRIMARY KEY CLUSTERED
(
    [用户名] ASC
)WITH (PAD_INDEX = OFF, STATISTICS_NORECOMPUTE = OFF, IGNORE_DUP_KEY = OFF, ALLOW_
ROW_LOCKS = ON, ALLOW_PAGE_LOCKS = ON) ON [PRIMARY]
) ON [PRIMARY]
```

```
--建立触发器，当向订房信息表中添加数据时，自动修改客户信息表中会员的积分
CREATE TRIGGER [dbo].[修改会员积分触发器]
    ON   [dbo].[订房信息表]
    AFTER INSERT
AS
BEGIN
    SET NOCOUNT ON;
    DECLARE @编号 varchar(20), @增加积分 float
    SELECT @编号=身份证号, @增加积分=总房价
    FROM inserted
    UPDATE dbo.客户信息表
    SET 会员积分=会员积分+@增加积分
    WHERE 身份证号=@编号
END
```

13.5 关键代码示例

13.5.1 系统登录界面

扫一扫，看视频

系统登录界面如图13-3所示，用户输入用户名和密码后根据不同的权限跳转至不同主界面。

图13-3 系统登录界面

本例中使用了JDBC-ODBC桥作为数据库连接方案，所以需要先在操作系统中建立ODBC

数据源。用户登录时，根据其用户类型Type确定用户身份及登录后显示的界面。具体实现代码如下：

```java
import javax.swing.*;
import java.sql.*;
import java.awt.Container;
import java.awt.FlowLayout;
import javax.swing.JButton;
import javax.swing.JFrame;
import javax.swing.JTextField;
import javax.swing.JPasswordField;
import java.awt.event.ActionEvent;
import java.awt.event.ActionListener;
import java.awt.*;
public class HotelLand extends JFrame implements ActionListener {
    private boolean boo1 = false, boo2 = false;
    int gl_type = 0;
    public JTextField[] t = { new JTextField("用户名:", 8), new JTextField(27), new
JTextField("密码:", 8),
            new JPasswordField(27) };
    public JButton[] b = { new JButton("登录"), new JButton("退出") };
    JFrame app;
    Statement statement;
    public HotelLand() {
        app = new JFrame("--宾馆客房管理系统登录界面--");
        app.setDefaultCloseOperation(JFrame.EXIT_ON_CLOSE);
        app.setSize(438, 183);
        app.setResizable(false);
        Container c = app.getContentPane();
        c.setLayout(new FlowLayout());
        t[0].setFont(new Font("TimesRoman", Font.BOLD, 13));
        t[0].setForeground(Color.red);
        t[0].setEditable(false);
        t[2].setFont(new Font("TimesRoman", Font.BOLD, 13));
        t[2].setForeground(Color.red);
        t[2].setEditable(false);
        for (int i = 0; i < 4; i++)
            c.add(t[i]);
        c.add(b[0]);
        c.add(b[1]);
        //c.add(aLabel);
        t[0].addActionListener(this);
        t[2].addActionListener(this);
        b[0].addActionListener(this);
        b[1].addActionListener(this);
        app.setVisible(true);
    }
    public void actionPerformed(ActionEvent e) {
        JButton source = (JButton) e.getSource();
        if (source == b[0]) {
            try {
                Class.forName("com.microsoft.sqlserver.jdbc.SQLServerDriver");
                System.out.println("数据库驱动程序注册成功!");
                Connection conn = DriverManager.getConnection("jdbc:sqlserver://
                localhost:1433; DatabaseName=宾馆客户数据库","sa", "123");
                System.out.println(t[1].getText());
                System.out.println(t[3].getText());
```

```
            System.out.println("数据库连接成功!");
            statement = conn.createStatement(ResultSet.TYPE_SCROLL_INSENSITIVE,
            ResultSet.CONCUR_READ_ONLY);
            String s1 = t[1].getText();
            String s2 = t[3].getText();
            ResultSet resultset = statement.executeQuery("select * from 员工信息
表 where 用户名='" + s1 + "'and 密码='" + s2 + "'");
            resultset.next();
            gl_type = resultset.getInt("管理类别");
            System.out.println(gl_type);
            if (resultset != null) {
                boo1 = boo2 = true;
                resultset.close();
            }
        }
        catch (Exception e1) {
            JOptionPane.showMessageDialog(this, "用户名和密码不正确!", "警告",
            JOptionPane.WARNING_MESSAGE);
        }

        // 如果输入的用户名和密码都正确，则登录
        if (boo1 && boo2 && gl_type == 1) {
            gl_type = 0;
            boo1 = boo2 = true;
            new HoteMen(statement, "普通员工--" + t[1].getText());
            app.setVisible(false);
        }

        if (boo1 && boo2 && gl_type == 2) {
            gl_type = 0;
            boo1 = boo2 = true;
            new HotelManagerMen(statement, "管理员--" + t[1].getText());
            app.setVisible(false);
        }
    }

    // 如果单击"退出"按钮,则退出登录界面
    if (source == b[1]) {
        System.exit(0);
    }
}

public static void main(String args[]) {
    new HotelLand();
}
}
```

13.5.2 系统主界面

扫一扫，看视频

系统主界面如图13-4所示，用户可以通过主菜单的各菜单项进入相应功能。

图 13-4　系统主界面

本例中使用CardLayout作为基本布局管理器，所有其他界面都作为一张Card添加到CardLayout中。用户从菜单中选择某项功能时，即在界面中显示该功能对应的Card，可切换至相应功能。具体实现代码如下：

```
public class HotelManagerMen extends JFrame implements ActionListener{
    private AddRooms addroms=null;                      //基本信息录入
    private UseOfRooms userOfRomms=null;                //基本信息修改
    private CustomerInformation customerInfo=null;       //基本信息查询
    //Delete 基本信息删除=null;
    private CheckRoom checkRoom=null;                   //客房查询
    private ModifyRoom modifyRoom=null;                 //客房修改
    private DeleteRoom deleteRoom=null;                 //客房删除
    private RoomOrderModule roomOrderModule=null;       //宾馆订房管理
    private RoomCheckOut  roomCheckout=null;            //宾馆退房管理
    private CheckStaff  checkStaff=null;                //员工查询信息管理
    private FrontServerAdd frontServerAdd=null;         //员工添加信息管理
    private FrontServerDelete frontServerDelete=null;   //员工删除信息管理
    private JMenuBar bar;
    private JMenu roomMenu,roomjyMenu,userInfoMenu;//客房信息管理、客房经营管理、员工信息管理
    private JMenuItem kf_findMenuItem,inputMenuItem,modifyMenuItem,findMenuItem,delMenuItem,
roomsyMenuItem,bgdfMenuItem,bgtfMenuItem,ygfindMenuItem,ygaddMenuItem,ygdelMenuIt
em;//客户信息查询、录入、修改、查询、删除、客房使用、宾馆订房、宾馆退房、员工查询、员工添加、员工删除
    private Container con=null;
    private Statement  statement=null;
    CardLayout card=null;
    JLabel label=null,label0=null,label1=null;
    JPanel pCenter,pTop;
    public HotelManagerMen(){
        this.setTitle("宾馆客房管理系统");
        label0=new JLabel("正在登录宾馆客房管理系统……",JLabel.CENTER);
        label0.setFont(new Font("TimesRoman",Font.BOLD,25));
        label0.setForeground(Color.red);
        card=new CardLayout();
        con=getContentPane();
        pCenter=new JPanel();
        pCenter.setLayout(card);
        pCenter.add("正在登录",label0);
        card.show(pCenter,"正在登录");
        roomMenu=new JMenu("客房信息管理");
        roomjyMenu=new JMenu("客房经营管理");
```

247

```java
kf_findMenuItem=new JMenuItem("客户信息查询");
userInfoMenu=new JMenu("员工信息管理");
inputMenuItem=new JMenuItem("录入房间信息");
modifyMenuItem=new JMenuItem("修改房间信息");
findMenuItem=new JMenuItem("查询房间信息");
delMenuItem=new JMenuItem("删除房间信息");
roomsyMenuItem=new JMenuItem("客房使用情况");
bgdfMenuItem=new JMenuItem("宾馆订房");
bgtfMenuItem=new JMenuItem("宾馆退房");
ygfindMenuItem=new JMenuItem("员工查询");
ygaddMenuItem=new JMenuItem("员工添加");
ygdelMenuItem=new JMenuItem("员工删除");
bar=new JMenuBar();
roomMenu.add(inputMenuItem);
roomMenu.add(modifyMenuItem);
roomMenu.add(findMenuItem);
roomMenu.add(delMenuItem);
roomjyMenu.add(roomsyMenuItem);
roomjyMenu.add(bgdfMenuItem);
roomjyMenu.add(bgtfMenuItem);
userInfoMenu.add(ygfindMenuItem);
userInfoMenu.add(ygaddMenuItem);
userInfoMenu.add(ygdelMenuItem);
bar.add(roomMenu);
bar.add(roomjyMenu);
bar.add(kf_findMenuItem);
bar.add(userInfoMenu);
setJMenuBar(bar);
label=new JLabel("欢迎使用宾馆客房管理系统",JLabel.CENTER);
label.setFont(new Font("TimesRoman",Font.BOLD,25));
label.setForeground(Color.red);
inputMenuItem.addActionListener(this);
modifyMenuItem.addActionListener(this);
findMenuItem.addActionListener(this);
delMenuItem.addActionListener(this);
roomsyMenuItem.addActionListener(this);
bgdfMenuItem.addActionListener(this);
bgtfMenuItem.addActionListener(this);
ygfindMenuItem.addActionListener(this);
ygaddMenuItem.addActionListener(this);
ygdelMenuItem.addActionListener(this);
kf_findMenuItem.addActionListener(this);
userInfoMenu.addActionListener(this);
addroms=new AddRooms(statement);
userOfRomms=new UseOfRooms(statement);
customerInfo=new CustomerInformation(statement);
checkRoom=new CheckRoom(statement);
modifyRoom=new ModifyRoom(statement);
deleteRoom=new DeleteRoom(statement);
roomOrderModule= new RoomOrderModule(statement);
roomCheckout= new RoomCheckOut(statement);
checkStaff=new CheckStaff(statement);
frontServerAdd=new FrontServerAdd(statement);
frontServerDelete=new FrontServerDelete(statement);
pCenter.add("欢迎界面",label);
pCenter.add("录入界面",addroms);
pCenter.add("修改界面",userOfRomms);
```

```
        pCenter.add("查询界面",customerInfo);
        pCenter.add("客房查询",checkRoom);
        pCenter.add("客房修改",modifyRoom);
        pCenter.add("客房删除",deleteRoom);
        pCenter.add("宾馆订房",roomOrderModule);
        pCenter.add("宾馆退房",roomCheckout);
        pCenter.add("员工查询",checkStaff);
        pCenter.add("员工添加",frontServerAdd);
        pCenter.add("员工删除",frontServerDelete);
        card.show(pCenter,"欢迎界面");
        con.add(pCenter,BorderLayout.CENTER);
        con.validate();
        addWindowListener(new WindowAdapter(){
            public void windowClosing(WindowEvent e){
                System.exit(0);
            }
        });
        setVisible(true);
        setBounds(100,50,420,380);
        setResizable(false);
        validate();
    }
    public void actionPerformed(ActionEvent e)
    {
        if(e.getSource()==inputMenuItem){
            card.show(pCenter,"录入界面");
        }
        else if(e.getSource()==modifyMenuItem){
            card.show(pCenter,"客房修改");
        }
        else if(e.getSource()==findMenuItem){
            card.show(pCenter,"客房查询");
        }
        else if(e.getSource()==delMenuItem){
            card.show(pCenter,"客房删除");
        }
        else if(e.getSource()==roomsyMenuItem){
            card.show(pCenter,"修改界面");
        }
        else if(e.getSource()==bgdfMenuItem){
            card.show(pCenter,"宾馆订房");
        }
        else if(e.getSource()==bgtfMenuItem){
            card.show(pCenter,"宾馆退房");
        }
        else if(e.getSource()==kf_findMenuItem){
            card.show(pCenter,"查询界面");
        }
        else if(e.getSource()==userInfoMenu){
            card.show(pCenter,"删除界面");
        }
        else if(e.getSource()==ygfindMenuItem){
            card.show(pCenter,"员工查询");
        }
        else if(e.getSource()==ygaddMenuItem){
            card.show(pCenter,"员工添加");
        }
```

```
        else if(e.getSource()==ygdelMenuItem){
            card.show(pCenter,"员工删除");
        }
    }
```

13.5.3 客房信息录入界面

客房信息录入界面如图13-5所示。

扫一扫，看视频

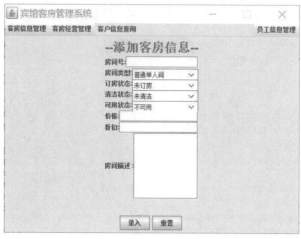

图 13-5 客房信息录入界面

本例中的子界面都采用盒式布局，将所有界面元素放入若干Box中，层叠在一起，可以使界面的对齐效果较好。具体实现代码如下：

```java
package bgkfglxt;
import java.awt.*;
import java.awt.event.*;
import javax.swing.*;
import java.util.*;
import java.sql.*;
public class AddRooms extends JPanel implements ActionListener/* 接口，添加监听事件 */ {
    Hashtable infotable = null;          //基本信息表
    JTextField fjh,jg,zk;
    JTextArea ms;                        //描述
    JButton input, reset;                //录入，重置
    Choice roomtype,dfzt,qjzt,kyzt;     //房间类型
    Statement statement = null;
    JLabel addkfxx = null;               //添加客房信息
    public AddRooms(Statement statement) {
        this.statement = statement;
        fjh = new JTextField(10);
        jg = new JTextField(10);
        zk = new JTextField(10);
        ms = new JTextArea(7, 10);/* 设置文本框大小，文本区长宽 */
        input = new JButton("录入");
        reset = new JButton("重置");
        input.addActionListener(this);
        reset.addActionListener(this);/* 设置按钮 */
        Box box0 = Box.createHorizontalBox();
        addkfxx = new JLabel("--添加客房信息--", JLabel.CENTER);
```

```
addkfxx.setFont(new Font("TimesRoman", Font.BOLD, 25));
addkfxx.setForeground(Color.red);
box0.add(addkfxx);
Box box1 = Box.createHorizontalBox();
box1.add(new JLabel("房间号:", JLabel.CENTER));
box1.add(fjh);
roomtype = new Choice();
roomtype.add("普通单人间");
roomtype.add("普通双人间");
roomtype.add("vip单人间");
roomtype.add("vip双人间");
roomtype.add("豪华贵宾间");
roomtype.add("总统套间");
dfzt =  new Choice();
dfzt.insert("已订房", 1);
dfzt.insert("未订房", 0);
qjzt = new Choice();
qjzt.insert("已清洁", 1);
qjzt.insert("未清洁", 0);
kyzt = new Choice();
kyzt.insert("可用", 1);
kyzt.insert("不可用", 0);
Box box2 = Box.createHorizontalBox();
box2.add(new JLabel("房间类型:", JLabel.CENTER));
box2.add(roomtype);
Box box5 = Box.createHorizontalBox();
box5.add(new JLabel("订房状态:", JLabel.CENTER));
box5.add(dfzt);
Box box6 = Box.createHorizontalBox();
box6.add(new JLabel("清洁状态:", JLabel.CENTER));
box6.add(qjzt);
Box box7 = Box.createHorizontalBox();
box7.add(new JLabel("可用状态:", JLabel.CENTER));
box7.add(kyzt);
Box box8 = Box.createHorizontalBox();
box8.add(new JLabel("价格:", JLabel.CENTER));
box8.add(jg);
Box box9 = Box.createHorizontalBox();
box9.add(new JLabel("折扣:", JLabel.CENTER));
box9.add(zk);
Box box4 = Box.createHorizontalBox();
box4.add(new JLabel("房间描述 :", JLabel.CENTER));
box4.add(new JScrollPane(ms), BorderLayout.CENTER);
Box boxH = Box.createVerticalBox();/* 列型盒式布局的盒式容器 */
boxH.add(box0);
boxH.add(box1);
boxH.add(box2);
boxH.add(box5);
boxH.add(box6);
boxH.add(box7);
boxH.add(box8);
boxH.add(box9);
boxH.add(box4);
boxH.add(Box.createVerticalGlue());
JPanel pCenter = new JPanel();
pCenter.add(boxH);
setLayout(new BorderLayout());
```

```java
            add(pCenter, BorderLayout.CENTER);/* 显示布局信息 */
            JPanel pSouth = new JPanel();
            pSouth.add(input);
            pSouth.add(reset);
            add(pSouth, BorderLayout.SOUTH);
            validate();/* 显示重置和录入 */
        }
        public void actionPerformed(ActionEvent e) {
            ResultSet resultset = null;
            boolean boo = false;
            if (e.getSource() == input) {
                int number = 0;
                try {
                    number = Integer.parseInt(fjh.getText().toString());
                    boo = true;
                } catch (Exception e1) {
                    boo = false;
                }
                if (boo && (number > 0)) {
                    try {
                        resultset = statement.executeQuery("select * from 客房信息表
                        where 编号='" + number + "'");
                        try {
                            resultset.next();
                            resultset.getInt("编号");
                            String warning = "该客房信息已存在,请到修改页面修改!";
                            JOptionPane.showMessageDialog(this, warning, "警告",
                            JOptionPane.WARNING_MESSAGE);

                        } catch (Exception e1) {
                            String RoomId = fjh.getText().toString();
                            String RCategory = roomtype.getSelectedItem().toString();
                            System.out.println(dfzt.getSelectedIndex());
                            int dfztVal = dfzt.getSelectedIndex();

                            int qjztVal = qjzt.getSelectedIndex();
                            int kyztVal = kyzt.getSelectedIndex();
                            String jgVal = jg.getText().toString();
                            String zkVal = zk.getText().toString();
                            String Description = ms.getText().toString();
                            String str = "insert into 客房信息表 (房间号,分类,订房状态,清
                            洁状态,可用状态,价格,折扣,房间描述) values('" + RoomId + "','"
                            + RCategory + "',"
                                    + dfztVal + ","+ qjztVal + ","+ kyztVal + "," +
                                    jgVal + ","+ zkVal + ",'"+ Description + "')";
                            System.out.println(str);
                            statement.executeUpdate(str);
                            fjh.setText(null);
                            roomtype.select("普通单人间");
                            jg.setText(null);
                            zk.setText(null);
                            ms.setText(null);

                        }

                    } catch (Exception e1) {
                        String warning = "输入格式有误,请重新输入! ";
```

```java
                JOptionPane.showMessageDialog(this, warning, "警告",
                JOptionPane.WARNING_MESSAGE);
            }

        }

        else {
            String warning = "必须要输入房间号!";
            JOptionPane.showMessageDialog(this, warning, "警告", JOptionPane.
            WARNING_MESSAGE);
        }
    }

    if (e.getSource() == reset) {
        fjh.setText(null);
        roomtype.select("普通单人间");
        jg.setText(null);
        zk.setText(null);
        ms.setText(null);
    }
}
}
```

第 14 章

网上书店图书销售管理系统

学习目标

本章主要讲解"网上书店图书销售管理系统"数据库应用系统开发的全过程，并对系统开发流程中的总体设计、数据库设计、数据库创建等阶段进行详细阐述。通过本章的学习，读者应该掌握以下内容：

- 熟悉网上书店图书销售管理系统的总体设计思路
- 掌握数据库设计技巧
- 掌握 SQL Server 的环境部署与数据库创建方法
- 掌握功能模块设计的方法
- 掌握系统实现与运行的方法

内容浏览

14.1 任务描述

传统购书方式存在着许多缺点，如效率低、需要大量的人力物力，以及进货不全、难以完全满足所有顾客的需求等。随着人们日益增长的购书需求，图书数量急剧增加，有关购书的各种信息也成倍增长，这就要求有一个好的信息支撑平台。而网上书店具有用户使用简单、界面直观等优点，并对产品的销售和物品的购买展示了一种崭新的理念。随着我国互联网的普及和网上书店的日趋成熟，会有越来越大的消费群体，市场潜力会得到充分发挥。

扫一扫，看视频

本任务以网上书店图书销售管理系统为背景，开发处理网上购书和库存的系统，提供具有图书分类检索和搜索、在线购书、后台管理功能，提供高效、安全的数据管理，从而提高整个网上书店各项功能管理水平。通过网上书店图书销售管理系统，做到信息的规范管理、科学统计和快速查询，从而减少管理方面的工作量，有效地提高网上购书的效率。

14.2 需求分析

本系统的用户主要是网上书店的读者、销售业务管理人员和计算机系统管理员，因此系统应包含以下主要功能。

1. 用户登录

登录功能是进入系统必须经过的验证过程，其主要功能是验证用户的身份，确认用户的权限，从而在使用软件过程中能安全地控制系统数据，即不同的用户有不同的权限，每个用户不得跨越其权限操作软件，以避免不必要的数据丢失事件的发生。

2. 系统信息管理

计算机系统管理员所需要的主要功能包括管理系统信息，以及对各部门人员、权限进行管理等。

3. 前台读者用户功能

前台主要是针对读者用户的功能，包括用户的注册，图书的检索、浏览、购买，订单的查看与修改，用户信息的维护等。通过这些功能，帮助读者方便快捷地注册、登录系统，快速准确地找到自己需要的图书，以较优惠的价格完成购买，并保证书店和读者随时保持良好的联系，从而使读者重复消费，提高读者忠诚度，实现业绩增长的目的。

4. 后台书店员工功能

后台主要是针对书店员工的功能，包括新书入库、图书信息管理、图书销售记录的查询与统计等功能。通过图书信息管理功能，帮助书店从分析顾客的需求和自身情况入手，对图书组合、定价方法、促销活动，以及资金使用、库存图书和其他经营性指标进行全面管理，以保证在最佳的时间、将最合适的数量、按正确的价格向读者提供图书，同时达到既定的经济效益指标。因此，需要提供对任意图书信息的添加、修改、删除功能，做到对图书促销信息的及时维护。通过图书销售相关功能对全部销售情况进行监控，以确定各类图书的销售情况，以及所有用户的购买情况，以方便书店对于用户优惠或图书促销做出及时调整。

14.3 功能结构设计

根据14.2节中的需求分析，得出系统应包含以下功能模块，如图14-1所示。

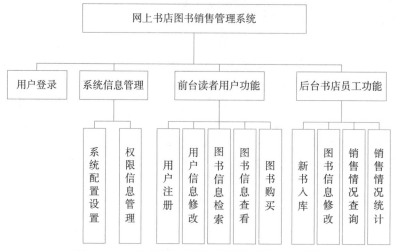

图 14-1 网上书店图书销售管理系统模块结构图

扫一扫，看视频

1. 用户登录

输入数据为用户名和密码。单击"确定"按钮后，若用户名、密码正确，则根据用户角色提供相应信息界面；否则，提示登录失败。单击"取消"按钮后退出系统。

2. 系统信息管理模块

（1）系统配置设置：输入数据为数据库服务器地址、数据库连接用户名、数据库连接密码。单击"确定"按钮保存设置，单击"取消"按钮退出界面。

（2）权限信息管理：通过列表显示所有员工的用户名、密码、部门等信息，提供增加、删除、修改相应信息的功能。各部门员工只能查询、管理本部门的图书和销售信息。

3. 前台读者用户功能模块

（1）用户注册：对新加入的读者提供其各项信息的输入功能，包括用户名、密码、姓名、性别、出生日期、身份证号、联系电话、收货地址等。

（2）用户信息修改：对书店用户提供其各项信息的修改功能，包括联系电话、收货地址等。

注意：为保持书店的市场占有率、维护书店与读者的关系，在网上书店图书销售管理系统中一般不提供删除用户的功能。

（3）图书信息检索：根据图书的类别、书名、作者、出版社等关键字检索图书信息，对于检索结果列出其书名、价格、当前折扣、作者、出版社、图书简介等信息。

（4）图书信息查看：显示相关图书的全部信息，包括类别、书名、作者、出版社、价格、供应商、折扣、页数、字数、简介，并提供图书购买入口。

（5）图书购买：读者选定要购买的图书后，系统自动根据图书的数量、价格、折扣计算出该笔订单的付款总额，并协助读者完成付款。

4.后台书店员工功能模块

（1）新书入库：对新进货的图书提供其各项信息的输入功能，包括类别、书名、作者、出版社、价格、供应商、折扣、页数、字数、简介等。

（2）图书信息修改：对书店现有图书提供其各项信息的修改功能，包括价格、供应商、折扣、简介等。

注意：为保持书店图书种类齐全、提高书店竞争力，在网上书店图书销售管理系统中对于不再销售的图书一般不提供删除功能。

（3）销售情况查询：列表显示书店所有图书销售明细情况，提供按照图书编号、用户名的精确查询功能，以及按照图书名称、图书类别、用户名的模糊查询功能。

（4）销售情况统计：提供对销售数据的汇总统计功能，包括各类图书每月的销售情况，提供排序及按照图书类别、名称的模糊查询；各用户每月的消费情况，提供排序。

14.4 数据库设计

14.4.1 E-R 图

系统主要E-R图如图14-2所示。

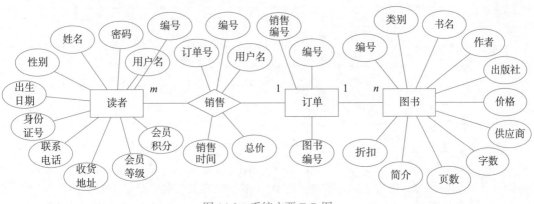

图 14-2　系统主要 E-R 图

系统主要包含以下三类实体。

（1）读者：作为系统的重要实体之一，读者具有最多的属性，对于其属性的识别要严格参照功能需求，所有需要录入的信息都应仔细识别是否作为属性添加到E-R图中。

（2）图书：系统中另一个极为重要的实体，其属性的识别也应严格按照具体系统录入的需求进行，所有需要录入的信息都应仔细识别是否应作为属性添加到E-R图中。

（3）订单：在网上书店图书销售管理系统中，图书不是独立存在的，而是通过订单与读者的购买行为联系在一起的。每份订单中对应一个订单编号和多个图书编号，因此订单与图书之间是一对多的关系。

系统中还应包含一个关系：销售。作为网上书店图书销售管理系统所需要管理的核心内容，销售将读者、订单、图书串联起来，形成了系统的基础框架。读者可以购买多本图书，每一种图书也可被多个读者购买。可见，读者与图书之间存在多对多（$m:n$）的关系。为了拆分

扫一扫，看视频

这种关系，在读者与图书之间添加了销售关系，读者在书店的一次购书行为即对应一条销售记录。但读者在一次购书行为中仍可购买多本图书，仍然存在数据冗余，因此添加实体订单：读者在一次购订中产生一个订单，每个订单中可包含多本图书。这样就将所有关系清楚且有调理地展现出来，并解决了所有可能存在的冗余问题。

另外，系统中还包含书店员工实体，只包含用户名、密码、所管理的图书类别等属性，对重要业务不产生实质影响，故不再赘述。

14.4.2 数据库表设计

根据14.4.1小节中的E-R图设计出网上书店图书销售管理系统的数据表（见表14-1～表14-5）。

读者信息表（表14-1）与读者实体相对应，包含其所有属性。其中用户名字段应设为主键，以保持数据完整性。会员等级也可以使用int型数据，如果用int型数据表示，则需在程序中做数字与文字的转换。

表 14-1 读者信息表

编　　号	字 段 名 称	数 据 类 型	说　　明
1	编号	int	自增
2	用户名	varchar(20)	主键
3	密码	varchar(20)	
4	姓名	varchar(20)	
5	性别	int	性别（0——男，1——女）
6	出生日期	date	
7	身份证号	varchar(20)	
8	联系电话	varchar(20)	
9	收货地址	varchar(50)	
10	会员等级	varchar(10)	
11	会员积分	float	

需要注意的是身份证号字段，通过居民身份证号可以唯一标识中国公民身份，具有作为主键的天然优势。但互联网上的用户经常会注册多个用户名，或者读者出于安全考虑使用虚假身份证号登记等情况时，就会造成数据冲突。而且本系统的主要业务是管理书店内部的用户身份，书店为维护读者关系也会允许读者用同一身份证注册多个用户名，因此在一般的网上书店业务中都会采用独立的用户编号。因此，可以添加编号字段，并设为自增。

销售信息表（表14-2）与销售关系相对应，包含其所有属性。其中用户名、订单号字段应设为联合主键，以保持数据完整性。同时用户名字段还作为外键与读者信息表关联，用于表示销售信息所属的读者。订单号作为外键与订单信息表关联，用于表示销售信息所对应的订单。由于图书的价格、折扣等信息经常会发生变动，所以使用总价字段保存本次销售过程中所有图书价格的总计，并作为历史记录保存。另外，为管理方便，销售信息表中还可添加编号字段，并设为自增。

表 14-2 销售信息表

编　　号	字 段 名 称	数 据 类 型	说　　明
1	编号	int	自增
2	用户名	varchar(20)	联合主键、外键

编　　号	字 段 名 称	数 据 类 型	说　　明
3	订单号	int	联合主键、外键
4	销售时间	datetime	
5	总价	float	

　　订单信息表（表14-3）与订单实体相对应，包含其所有属性。其中编号字段应设为主键并自增，以保持数据完整性。图书编号作为外键与图书信息表关联，用于表示订单中所包含的图书。另外，订单信息表中还可添加销售编号字段，作为外键与销售信息表的销售记录相对应，以便于根据图书情况查询购买某本图书的客户信息，为书店的销售数据分析提供支持。

表 14-3　订单信息表

编　　号	字 段 名 称	数 据 类 型	说　　明
1	编号	int	主键、自增
2	图书编号	int	外键
3	销售编号	int	外键

　　图书信息表（表14-4）与图书实体相对应，包含其所有属性。其中编号字段应设为主键并自增，以保持数据完整性。类别字段也可使用int型数据，如果用int型数据表示，则需在程序中做数字与文字的转换。

表 14-4　图书信息表

编　　号	字 段 名 称	数 据 类 型	说　　明
1	编号	int	主键、自增
2	书名	varchar(50)	
3	类别	varchar(20)	
4	作者	varchar(20)	
5	出版社	varchar(20)	
6	价格	float	
7	供应商	varchar(50)	
8	字数	int	
9	页数	int	
10	简介	varchar(500)	
11	折扣	float	

　　员工信息表（表14-5）与员工实体相对应，包含其所有属性。其中用户名字段应设为主键，以保持数据完整性。管理类别字段也可使用int型数据，如果用int型数据表示，则需在程序中做数字与文字的转换。

表 14-5　员工信息表

编　　号	字 段 名 称	数 据 类 型	说　　明
1	用户名	varchar(20)	主键
2	密码	varchar(20)	
3	管理类别	varchar(20)	所管理图书的类别

🌀 14.4.3　数据库构建

　　网上书店图书销售管理系统的数据库在SQL Server 2019数据库环境下构建，SQL脚本代码如下，该代码包含表、主键、外键关系、触发器等元素。为方便读者阅读，所有表名、字段名等名称都使用了中文，读者自行练习时应将其改为英文。

```
--建表
CREATE TABLE [dbo].[读者信息表](
    [编号] [int] IDENTITY(1,1) NOT Null, --自增
    [用户名] [varchar](20) NOT Null,
    [密码] [varchar](20) NOT Null,
    [姓名] [varchar](20) NOT Null,
    [性别] [int] NOT Null,
    [出生日期] [date] NOT Null,
    [身份证号] [varchar](20) NOT Null,
    [联系电话] [varchar](20) NOT Null,
    [收货地址] [varchar](50) Null,
    [会员等级] [varchar](10) Null,
    [会员积分] [float] Null,
CONSTRAINT [PK_读者信息表] PRIMARY KEY CLUSTERED
(
    [用户名] ASC
)WITH (PAD_INDEX = OFF, STATISTICS_NORECOMPUTE = OFF, IGNORE_DUP_KEY = OFF, ALLOW_
ROW_LOCKS = ON, ALLOW_PAGE_LOCKS = ON) ON [PRIMARY]
) ON [PRIMARY]
```

```
--建表
CREATE TABLE [dbo].[销售信息表](
    [编号] [int] IDENTITY(1,1) NOT Null, --自增
    [用户名] [varchar](20) NOT Null,
    [订单号] [int] NOT Null,
    [销售时间] [datetime] NOT Null,
    [总价] [float] NOT Null,
CONSTRAINT [PK_销售信息表] PRIMARY KEY CLUSTERED --联合主键
(
    [编号] ASC
)WITH (PAD_INDEX = OFF, STATISTICS_NORECOMPUTE = OFF, IGNORE_DUP_KEY = OFF, ALLOW_
ROW_LOCKS = ON, ALLOW_PAGE_LOCKS = ON) ON [PRIMARY]
) ON [PRIMARY]
```

```
--建立外键关系
ALTER TABLE [dbo].[销售信息表]  WITH CHECK ADD  CONSTRAINT [FK_销售信息表_读者信息表]
FOREIGN KEY([用户名])
REFERENCES [dbo].[读者信息表] ([用户名])
ALTER TABLE [dbo].[销售信息表] CHECK CONSTRAINT [FK_销售信息表_读者信息表]
```

```
--建表
CREATE TABLE [dbo].[订单信息表](
    [编号] [int] IDENTITY(1,1) NOT Null, --自增
    [图书编号] [int] NOT Null,
    [销售编号] [int] NOT Null,
```

```
CONSTRAINT [PK_订单信息表] PRIMARY KEY CLUSTERED
(
    [编号] ASC
)WITH (PAD_INDEX = OFF, STATISTICS_NORECOMPUTE = OFF, IGNORE_DUP_KEY = OFF, ALLOW_
ROW_LOCKS = ON, ALLOW_PAGE_LOCKS = ON) ON [PRIMARY]
) ON [PRIMARY]
```

```
--建立外键关系
ALTER TABLE [dbo].[订单信息表]  WITH CHECK ADD  CONSTRAINT [FK_订单信息表_图书信息表]
FOREIGN KEY([图书编号])
REFERENCES [dbo].[图书信息表] ([编号])
ALTER TABLE [dbo].[订单信息表] CHECK CONSTRAINT [FK_订单信息表_图书信息表]

ALTER TABLE [dbo].[订单信息表]  WITH CHECK ADD  CONSTRAINT [FK_订单信息表_销售信息表]
FOREIGN KEY([销售编号])
REFERENCES [dbo].[销售信息表] ([编号])
ALTER TABLE [dbo].[订单信息表] CHECK CONSTRAINT [FK_订单信息表_销售信息表]
```

```
--建表
CREATE TABLE [dbo].[图书信息表](
    [编号] [int] IDENTITY(1,1) NOT Null, --自增
    [书名] [varchar](50) NOT Null,
    [类别] [varchar](20) NOT Null,
    [作者] [varchar](20) NOT Null,
    [出版社] [varchar](20) NOT Null,
    [价格] [float] NOT Null,
    [供应商] [varchar](50) NOT Null,
    [字数] [int] Null,
    [页数] [int] Null,
    [简介] [varchar](500) NOT Null,
    [折扣] [float] Null,
CONSTRAINT [PK_图书信息表] PRIMARY KEY CLUSTERED
(
    [编号] ASC
)WITH (PAD_INDEX = OFF, STATISTICS_NORECOMPUTE = OFF, IGNORE_DUP_KEY = OFF, ALLOW_
ROW_LOCKS = ON, ALLOW_PAGE_LOCKS = ON) ON [PRIMARY]
) ON [PRIMARY]
```

```
--建表
CREATE TABLE [dbo].[员工信息表](
    [用户名] [varchar](20) NOT Null,
    [密码] [varchar](20) NOT Null,
    [管理类别] [varchar](20) NOT Null,
CONSTRAINT [PK_员工信息表] PRIMARY KEY CLUSTERED
(
    [用户名] ASC
)WITH (PAD_INDEX = OFF, STATISTICS_NORECOMPUTE = OFF, IGNORE_DUP_KEY = OFF, ALLOW_
ROW_LOCKS = ON, ALLOW_PAGE_LOCKS = ON) ON [PRIMARY]
) ON [PRIMARY]
```

```
--建立触发器，当向销售信息表中添加数据时，自动修改读者信息表中会员的积分
CREATE TRIGGER [dbo].[修改会员积分触发器]
```

```
    ON    [dbo].[销售信息表]
    AFTER INSERT
AS
BEGIN
    SET NOCOUNT ON;
    DECLARE @用户名[varchar](20),@增加积分 float
    SELECT @用户名=用户名, @增加积分=总价
    FROM inserted
    UPDATE dbo.读者信息表
    SET 会员积分=会员积分+@增加积分
    WHERE 用户名=@用户名
END
```

14.5 关键代码示例

14.5.1 数据处理工具类

在系统中多处都需要连接数据库处理数据，因此将数据库的连接、SQL执行等功能抽象出来作为单独的数据处理工具类，可提高数据处理效率，减少代码冗余，提高代码重用性。示例代码如下：

```java
import java.sql.Connection;
import java.sql.DriverManager;
import java.sql.ResultSet;
import java.sql.SQLException;
import java.sql.Statement;

public class SQL {
    private String url = "jdbc:sqlserver://localhost:1433;DatabaseName=tsxs";
    private String username = "sa";
    private String password = "123";
    private Connection con;
    private Statement stmt;
    private ResultSet rs;
    public Connection loadConnection() {
        try {
            //加载SQL Server作为驱动
            Class.forName("com.mircosoft.sqlserver.jdbc.SQLServerDriver");
            //与数据库建立连接
            con = DriverManager.getConnection(url, username, password);
            return con;
        } catch (ClassNotFoundException e) {
            System.out.println("SQL Server驱动加载失败");
        } catch (SQLException e) {
            System.out.println("SQL Server数据库连接失败");
        }
        return con;
    }

    public Statement loadStatement() {
        try {
            stmt = con.createStatement();
```

```
                    return stmt;
            } catch (SQLException e) {
                System.out.println("SQL Server数据库连接失败");
            }
            return stmt;
    }
    public ResultSet loadResultSet(String sql) {
        try {
            rs = stmt.executeQuery(sql);
            return rs;
        } catch (SQLException e) {
            System.out.println("MySQLResultSet数据库连接失败");
        }
        return rs;
    }
```

14.5.2　商家主界面

商家主界面如图14-3所示，界面列出当前所有图书，单击列表中的图书即显示图书详细信息。可通过主界面中的菜单进入各个功能模块。

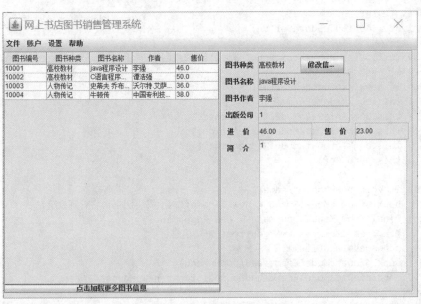

图 14-3　商家主界面

本界面较为复杂，故采用了空布局，且将窗口设置为不能改变大小。采用多个JPanel放置界面组件，具体代码如下：

```
import java.awt.*;
import java.awt.event.*;
import java.sql.*;
import java.util.*;
import java.util.List;
import javax.swing.*;
import javax.swing.border.EtchedBorder;
import javax.swing.border.LineBorder;
public class BookInfoController extends JFrame {
    private static final long serialVersionUID = 1L;
```

```
    private BookInfoDataModel bookInfoDataModel = new BookInfoDataModel();
    private BookSellDataModel bookSellDataModel = new BookSellDataModel();
    private JFrame bookInfoDataModelFrame;
    private JTable bookInfoDataModelTable;
    private JTextField bookIdField;
    private JLabel bookKindLabel;
    private JTextField bookKindField;
    private JLabel bookNameLabel;
    private JTextField bookNameField;
    private JLabel bookAuthorLabel;
    private JTextField bookAuthorField;
    private JLabel bookPublishingLabel;
    private JTextField bookPublishingField;
    private JLabel bookPriceLable;
    private JTextField bookPriceField;
    private JLabel bookSellPriceLable;
    private JTextField bookSellPriceField;
    private JLabel bookIntroductionLabel;
    private JTextArea bookIntroductionArea;
    private JButton bookInfoDataModelUpdateButton;
    private Vector<Object> bookdata = new Vector<Object>();
    private int startRow = 0;
    private int endRow = 25;
    private JButton updateButton;
    // 用来存放书籍信息
    java.util.List<BookInfo> bookInfoDataModelList = bookInfoDataModel.getBookList
(startRow, endRow);
    public BookInfoController() {
        this.bookManageFrame();
        this.bookInfoDataModelTableCreate();
        this.bookInfoDataModelTableAction();
        this.bookInfoDataModelWidgetPanel();
        this.menuBar();
    }
    public void bookManageFrame() {
        bookInfoDataModelFrame = new JFrame("网上书店图书销售管理系统");
        final PopupMenu popupMenu = new PopupMenu();
        MenuItem Item1 = new MenuItem("书籍信息管理");
        popupMenu.add(Item1);
        bookInfoDataModelFrame.add(popupMenu);
        bookInfoDataModelFrame.addMouseListener(new MouseAdapter() {
            @Override
            public void mousePressed(MouseEvent event) {
                super.mousePressed(event);
                if (event.isPopupTrigger()) {
                    popupMenu.show(bookInfoDataModelFrame, event.getX(), event.getY());
                }
            }
        });
        int w = Toolkit.getDefaultToolkit().getScreenSize().width;
        int h = Toolkit.getDefaultToolkit().getScreenSize().height;
        bookInfoDataModelFrame.setBounds((w - 360) / 2, (h - 760) / 2, 760, 480);
        bookInfoDataModelFrame.setVisible(true);
        bookInfoDataModelFrame.addWindowListener(new WindowAdapter() {
            @Override
            public void windowActivated(WindowEvent e) {
                showMoreBookTable();
```

```java
                    showbookInfoDataModel();
                }

                @Override
                public void windowClosing(WindowEvent arg0) {
                    System.exit(0);
                }
            });
    }
    public void bookInfoDataModelTableCreate() {
        Vector<String> columnName = new Vector<String>();
        columnName.add("图书编号");
        columnName.add("图书种类");
        columnName.add("图书名称");
        columnName.add("作者");
        columnName.add("售价");
        bookInfoDataModelTable = new JTable(bookdata, columnName);
        bookInfoDataModelFrame.setLayout(null);
        JScrollPane bookInfoDataModelScroll = new JScrollPane(bookInfoDataModelTable);
        bookInfoDataModelFrame.add(bookInfoDataModelScroll);
        bookInfoDataModelScroll.setBounds(1, 1, 400, 420);
        updateButton = new JButton("点击加载更多图书信息");
        bookInfoDataModelFrame.add(updateButton);
        updateButton.setBounds(1, 420, 400, 15);
        updateButton.addActionListener(new ActionListener() {
            @Override
            public void actionPerformed(ActionEvent arg0) {
                endRow += 25;
                bookInfoDataModel.UpdateBookList(startRow, endRow);
                showMoreBookTable();
            }
        });
    }
    public void bookInfoDataModelTableAction() {
        // 监听表格单击事件
        bookInfoDataModelTable.addMouseListener(new MouseAdapter() {
            @Override
            public void mouseClicked(MouseEvent arg0) {
                showbookInfoDataModel();
            }
        });
    }
    public void menuBar() {
        JMenuBar bar = new JMenuBar();
        JMenu fileMenu = new JMenu("文件");
        JMenu userMenu = new JMenu("账户");
        JMenu setMenu = new JMenu("设置");
        JMenu helpMenu = new JMenu("帮助");
        JMenuItem fileOut = new JMenuItem("报表输出销售记录");
        fileMenu.add(fileOut);
        fileOut.addActionListener(new ActionListener() {
            @Override
            public void actionPerformed(ActionEvent e) {
                XlsDto xls;
                java.util.List<XlsDto> list = new ArrayList<XlsDto>();
                for (int i = 0; i < bookSellDataModel.getBookSellList().size(); i++) {
                    xls = new XlsDto();
```

```
                    xls.setBuyId(Integer.parseInt(bookSellDataModel.getBuyId(i)));
                    xls.setName(bookSellDataModel.getName(i));
                    xls.setSex(bookSellDataModel.getSex(i));
                    xls.setAge(bookSellDataModel.getAge(i));
                    xls.setPhone(bookSellDataModel.getPhone(i));
                    xls.setBookName(bookSellDataModel.getBookName(i));
                    xls.setBuyMethod(bookSellDataModel.getBuyMethod(i));
                    xls.setSendMethod(bookSellDataModel.getSendMethod(i));
                    xls.setBuyDate(bookSellDataModel.getBuyDate(i));
                    list.add(xls);
                }
                try {
                    XlsDtoToExcel.xlsDtoToExcel(list);
                } catch (Exception e1) {
                    e1.printStackTrace();
                }
            }
        });
        bar.add(fileMenu);
        bar.add(userMenu);
        bar.add(setMenu);
        bar.add(helpMenu);
        bookInfoDataModelFrame.setJMenuBar(bar);
    }
    public void bookInfoDataModelWidgetCreate(JPanel bookInfoDataModelWidgetPanel) {
        bookIdField = new JTextField();
        bookKindLabel = new JLabel("图书种类");
        bookKindField = new JTextField();
        bookNameLabel = new JLabel("图书名称");
        bookNameField = new JTextField();
        bookAuthorLabel = new JLabel("图书作者");
        bookAuthorField = new JTextField();
        bookPublishingLabel = new JLabel("出版公司");
        bookPublishingField = new JTextField();
        //bookDateLabel = new JLabel("发行日期");
        //bookDateField = new JFormattedTextField();
        bookPriceLable = new JLabel(" 进      价");
        bookPriceField = new JFormattedTextField();
        bookSellPriceLable = new JLabel(" 售      价");
        bookSellPriceField = new JFormattedTextField();
        bookIntroductionLabel = new JLabel(" 简      介");
        bookIntroductionArea = new JTextArea();
        bookInfoDataModelUpdateButton = new JButton("修改信息");
        bookInfoDataModelWidgetPanel.add(bookKindLabel);
        bookInfoDataModelWidgetPanel.add(bookKindField);
        bookInfoDataModelWidgetPanel.add(bookNameLabel);
        bookInfoDataModelWidgetPanel.add(bookNameField);
        bookInfoDataModelWidgetPanel.add(bookAuthorLabel);
        bookInfoDataModelWidgetPanel.add(bookAuthorField);
        bookInfoDataModelWidgetPanel.add(bookPublishingLabel);
        bookInfoDataModelWidgetPanel.add(bookPublishingField);
        bookInfoDataModelWidgetPanel.add(bookPriceLable);
        bookInfoDataModelWidgetPanel.add(bookPriceField);
        bookInfoDataModelWidgetPanel.add(bookSellPriceLable);
        bookInfoDataModelWidgetPanel.add(bookSellPriceField);
        bookInfoDataModelWidgetPanel.add(bookIntroductionLabel);
        bookInfoDataModelWidgetPanel.add(bookIntroductionArea);
```

```
            bookInfoDataModelWidgetPanel.add(bookInfoDataModelUpdateButton);
            bookKindLabel.setBounds(10, 10, 60, 30);
            bookKindField.setBounds(70, 10, 80, 30);
            bookNameLabel.setBounds(10, 40, 60, 30);
            bookNameField.setBounds(70, 40, 170, 30);
            bookAuthorLabel.setBounds(10, 70, 60, 30);
            bookAuthorField.setBounds(70, 70, 170, 30);
            bookPublishingLabel.setBounds(10, 100, 60, 30);
            bookPublishingField.setBounds(70, 100, 170, 30);
            bookPriceLable.setBounds(10, 130, 60, 30);
            bookPriceField.setBounds(70, 130, 100, 30);
            bookSellPriceLable.setBounds(190, 130, 60, 30);
            bookSellPriceField.setBounds(250, 130, 100, 30);
            bookIntroductionLabel.setBounds(10, 160, 60, 30);
            bookIntroductionArea.setBounds(72, 160, 275, 240);
            bookInfoDataModelUpdateButton.setBounds(145, 10, 85, 30);
            bookIntroductionArea.setBorder(new LineBorder(new Color(200, 200, 200), 1, false));
            bookIntroductionArea.setLineWrap(true);
            bookKindField.setEditable(false);
            bookNameField.setEditable(false);
            bookAuthorField.setEditable(false);
            bookPublishingField.setEditable(false);
            bookPriceField.setEditable(false);
            bookSellPriceField.setEditable(false);
            bookIntroductionArea.setEditable(false);
    }

    public void bookInfoDataModelWidgetAction() {
        bookInfoDataModelUpdateButton.addActionListener(new ActionListener() {
            @Override
            public void actionPerformed(ActionEvent event) {
                bookKindField.setEditable(true);
                bookNameField.setEditable(true);
                bookAuthorField.setEditable(true);
                bookPublishingField.setEditable(true);
                bookPriceField.setEditable(true);
                bookSellPriceField.setEditable(true);
                bookIntroductionArea.setEditable(true);
                if (bookInfoDataModelUpdateButton.getText().equals("确认修改")) {
                    try {
                        Connection con =  DriverManager.getConnection ("jdbc: sqlserver:
//localhost:1433;DatabaseName=tsxs","sa","123");
                        Statement stmt = con.createStatement(ResultSet.TYPE_SCROLL_
INSENSITIVE, ResultSet.CONCUR_READ_ONLY);

                        if (bookPriceField.getText().equals("") || bookSellPriceField.
getText(). equals("")
                                ) {
                            JOptionPane.showMessageDialog(null, "图书信息不能为空，请添
加", "提示! ", JOptionPane.YES_NO_OPTION);
                            stmt.close();
                            con.close();
                        } else {
                            String sql;
                            sql = new String("UPDATE 图书信息表 SET 价格 = "
                                    + Float.parseFloat(bookPriceField.getText().trim())
                                    +", 折扣 = "
```

```
                                        + Float.parseFloat(bookSellPriceField.getText().trim())
/Float.parseFloat(bookPriceField.getText().trim())
                                +",书名='"
                                + bookNameField.getText()
                                +"',类别='"
                                + bookKindField.getText()
                                +"',作者='"
                                +bookAuthorField.getText()
                                + "',出版社='"
                                + bookPublishingField.getText()
                                + "',简介='"
                                + bookIntroductionArea.getText()
                                +"'  WHERE 编号 = "
                                + Integer.parseInt(bookIdField.getText()));
                        stmt.executeUpdate(sql);
                        stmt.close();
                        con.close();
                        bookInfoDataModelUpdateButton.setText("修改信息");
                        bookInfoDataModelTable.setEnabled(true);
                        bookNameField.setEditable(false);
                        bookAuthorField.setEditable(false);
                        bookPublishingField.setEditable(false);
                        bookPriceField.setEditable(false);
                        bookSellPriceField.setEditable(false);
                        bookIntroductionArea.setEditable(false);
                        bookInfoDataModel.getBookList(startRow, endRow);
                        showBookTable();

                    }
                } catch (SQLException e) {
                    System.out.print(e.getMessage());
                    System.out.println("新图书数据库连接失败");
                }
            } else {
                bookInfoDataModelUpdateButton.setText("确认修改");
                bookInfoDataModelTable.setEnabled(false);
            }
        }
    });
}

public void bookInfoDataModelWidgetPanel() {
    JPanel bookInfoDataModelWidgetPanel = new JPanel();
    bookInfoDataModelWidgetPanel.setBorder(new EtchedBorder());
    bookInfoDataModelWidgetPanel.setLayout(null);
    bookInfoDataModelWidgetPanel.setBounds(402, 1, 358, 435);
    bookInfoDataModelFrame.add(bookInfoDataModelWidgetPanel);
    bookInfoDataModelWidgetCreate(bookInfoDataModelWidgetPanel);
    bookInfoDataModelWidgetAction();
}
public void showBookTable() {
    for (int i = 0; i < bookInfoDataModel.getBookList(startRow, endRow).size(); i++) {
        /* table列:  */
        /* 图书编号、图书种类、图书名称、作者、售价 */
        Vector<Object> row = new Vector<Object>();
        row.add(bookInfoDataModel.getBookId(i));
        row.add(bookInfoDataModel.getBookKind(i));
```

```
            row.add(bookInfoDataModel.getBookName(i));
            row.add(bookInfoDataModel.getBookAuthor(i));
            row.add(bookInfoDataModel.getBookSellPrice(i));
            bookdata.add(row);
            // 设置table边框颜色
            bookInfoDataModelTable.setGridColor(Color.lightGray);
        }
    }

    public void showMoreBookTable() {
        bookdata.clear();
        List<BookInfo> list = bookInfoDataModel.getBookList(startRow, endRow);
        for (int i = 0; i < list.size(); i++) {
            /* table列:  */
            /* 图书编号、图书种类、图书名称、作者、售价 */
            Vector<Object> row = new Vector<Object>();
            row.add(list.get(i).getId());
            row.add(list.get(i).getBookkind());
            row.add(list.get(i).getBookname());
            row.add(list.get(i).getBookauthor());
            row.add(list.get(i).getBookshellprice());
            bookdata.add(row);
            // 设置table边框颜色
            bookInfoDataModelTable.setGridColor(Color.lightGray);
        }
        bookInfoDataModelTable.setVisible(false);
        bookInfoDataModelTable.setVisible(true);
    }

    public void showbookInfoDataModel() {
        // 获取当前所点击行的索引
        int bookIndex = bookInfoDataModelTable.getSelectedRow();
        List<BookInfo> list = bookInfoDataModel.getBookList(startRow, endRow);

        int bookIndexMax = list.size() - 1;
        if (bookIndex == -1) {
            bookIndex = 0;
        }
        if (bookIndex <= bookIndexMax) {
            bookIdField.setText(list.get(bookIndex).getId() + "");
            bookKindField.setText(list.get(bookIndex).getBookkind());
            bookNameField.setText(list.get(bookIndex).getBookname());
            bookAuthorField.setText(list.get(bookIndex).getBookauthor());
            bookPublishingField.setText(list.get(bookIndex).getBookcbs());
            bookPriceField.setText(String.format("%.2f",list.get(bookIndex).getBookshellprice()));
            bookSellPriceField.setText(String.format("%.2f", list.get(bookIndex).
            getBookshellprice()*list.get(bookIndex).getBookzk()));
            bookIntroductionArea.setText(list.get(bookIndex).getBookjj());
        }
    }
}
```

14.5.3　消费者购买图书界面

消费者在查看某图书详细信息后，可单击“购买此书”按钮购买图书，如图14-4所示。

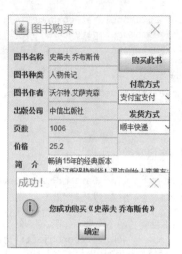

图 14-4　消费者购买图书界面

　　本界面采用空布局显示图书详细信息，并通过按钮事件获取用户输入后执行相应SQL语句。具体代码如下：

```java
import java.awt.*;
import java.awt.event.ActionEvent;
import java.awt.event.ActionListener;
import java.sql.*;
import java.text.SimpleDateFormat;
import java.util.*;
import java.util.Date;
import javax.swing.*;
public class BuyBook extends JDialog{
    private JDialog buyBookDialog;
    private int buyBookId;
    private JButton buyButton;
    //图书名称
    private JLabel buyBookNameLabel;
    private JTextField buyBookNameField;
    //图书种类
    private JLabel buyBookKindLabel;
    private JTextField buyBookKindField;
    //图书作者
    private JLabel buyBookAuthorLabel;
    private JTextField buyBookAuthorField;
    //出版公司
    private JLabel buyBookPublishingLabel;
    private JTextField buyBookPublishingField;
    //页数
    private JLabel buyBookysLabel;
    private JTextField buyBookysField;
    //售价
    private JLabel buyBookpriceLabel;
    private JTextField buyBookpriceField;
    //简介
    private  JLabel buyBookIntroductionLabel;
    private JTextArea buyBookIntroductionArea;
    public BuyBook(JFrame bookInfoFrame, String line, final String username){
        buyBookDialog = new JDialog(bookInfoFrame, "图书购买", true);
```

```java
//获取屏幕宽高
int w = Toolkit.getDefaultToolkit().getScreenSize().width;
int h = Toolkit.getDefaultToolkit().getScreenSize().height;
buyBookDialog.setBounds(100, 400, 300, 400);
buyBookDialog.setLayout(null);
buyButton = new JButton("购买此书");
buyBookNameLabel = new JLabel("图书名称");
buyBookNameField = new JTextField();
buyBookKindLabel = new JLabel("图书种类");
buyBookKindField = new JTextField();
buyBookAuthorLabel = new JLabel("图书作者");
buyBookAuthorField = new JTextField();
buyBookPublishingLabel = new JLabel("出版公司");
buyBookPublishingField = new JTextField();
buyBookysLabel = new JLabel("页数");
buyBookysField = new JTextField();
buyBookpriceLabel = new JLabel("价格");
buyBookpriceField = new JTextField();
buyBookIntroductionLabel = new JLabel("  简      介");
buyBookIntroductionArea = new JTextArea();
buyBookDialog.add(buyButton);
buyBookDialog.add(buyBookNameLabel);
buyBookDialog.add(buyBookNameField);
buyBookDialog.add(buyBookKindLabel);
buyBookDialog.add(buyBookKindField);
buyBookDialog.add(buyBookAuthorLabel);
buyBookDialog.add(buyBookAuthorField);
buyBookDialog.add(buyBookPublishingLabel);
buyBookDialog.add(buyBookPublishingField);
buyBookDialog.add(buyBookysLabel);
buyBookDialog.add(buyBookysField);
buyBookDialog.add(buyBookpriceLabel);
buyBookDialog.add(buyBookpriceField);
buyBookDialog.add(buyBookIntroductionLabel);
buyBookDialog.add(buyBookIntroductionArea);
buyButton.setBounds(190, 10, 100, 40);
buyBookNameLabel.setBounds(10, 10, 60, 30);
buyBookNameField.setBounds(70, 10, 120, 30);
buyBookKindLabel.setBounds(10, 40, 60, 30);
buyBookKindField.setBounds(70, 40, 120, 30);
buyBookAuthorLabel.setBounds(10, 70, 60, 30);
buyBookAuthorField.setBounds(70, 70, 120, 30);
buyBookPublishingLabel.setBounds(10, 100, 60, 30);
buyBookPublishingField.setBounds(70, 100, 120, 30);
buyBookysLabel.setBounds(10, 130, 60, 30);
buyBookysField.setBounds(70, 130, 120, 30);
buyBookpriceLabel.setBounds(10, 160, 60, 30);
buyBookpriceField.setBounds(70, 160, 120, 30);
buyBookIntroductionLabel.setBounds(10, 190, 60, 30);
buyBookIntroductionArea.setBounds(70, 190, 220, 180);
buyBookNameField.setEditable(false);
buyBookKindField.setEditable(false);
buyBookAuthorField.setEditable(false);
buyBookPublishingField.setEditable(false);
buyBookysField.setEditable(false);
buyBookpriceField.setEditable(false);
buyBookIntroductionArea.setEditable(false);
```

```java
final JLabel payMethodLabel = new JLabel("付款方式");
final JLabel sendMethodLabel = new JLabel("发货方式");
final Choice payMethod = new Choice();
payMethod.add("支付宝支付");
payMethod.add("微信支付");
payMethod.add("银行卡支付");
final Choice sendMethod = new Choice();
sendMethod.add("顺丰快递");
sendMethod.add("申通快递");
sendMethod.add("中通快递");
sendMethod.add("韵达快递");
sendMethod.add("天天快递");
sendMethod.add("上门自取");
buyBookDialog.add(payMethodLabel);
buyBookDialog.add(payMethod);
buyBookDialog.add(sendMethodLabel);
buyBookDialog.add(sendMethod);
payMethodLabel.setBounds(210, 60, 100, 20);
payMethod.setBounds(190, 80, 100, 30);
sendMethodLabel.setBounds(210, 110, 100, 20);
sendMethod.setBounds(190, 130, 100, 20);
//解析数据
String datas[] = line.split("#");
/*
 * 0. 图书编号
 * 1. 图书种类
 * 2. 图书名称
 * 3. 作者
 * 4. 出版社
 * 5. 发行日期
 * 6. 图书简介
 * 7. 售价
 * 8. 库存剩余
 */
buyBookId = Integer.parseInt(datas[0]);
buyBookKindField.setText(datas[1]);
buyBookNameField.setText(datas[2]);
buyBookAuthorField.setText(datas[3]);
buyBookPublishingField.setText(datas[4]);
buyBookysField.setText(datas[5]);
buyBookIntroductionArea.setText(datas[6]);
buyBookpriceField.setText(datas[7]);
buyButton.addActionListener(new ActionListener() {
    @Override
    public void actionPerformed(ActionEvent arg0) {
        try {
            String sql;
            ResultSet rs;
            SQL javaSQL = new SQL();
            Connection con = javaSQL.loadConnection();
            PreparedStatement ps = null;
            sql = new String("insert into 订单信息表 (图书编号) values ("+buyBookId+")");
            ps = con.prepareStatement(sql);
            int id = 0;
            ps.executeUpdate(sql,Statement.RETURN_GENERATED_KEYS);
            rs = ps.getGeneratedKeys();// 这一句代码就是得到插入的记录的id
            while (rs.next()) {
```

```
                    id = (int) rs.getLong(1);
                }
                String sql1 = new String("insert into 销售信息表 (用户名,订单号,
                        销售时间,总价) values (?,?,?,?)");
                ps = con.prepareStatement(sql1);
                Date currentTime = new Date();
                SimpleDateFormat formatter = new SimpleDateFormat("yyyy-MM-dd HH:mm:ss");
                String dateString = formatter.format(currentTime);
                ps.setString(1, "zhangsan");
                ps.setInt(2, id);
                ps.setString(3, dateString);
                ps.setFloat(4, Float.valueOf(buyBookpriceField.getText()));
                ps.executeUpdate();
                JOptionPane.showMessageDialog(null,"您成功购买《"+buyBookNameField.
getText()+"》","成功! ", 1);
                ps.close();
                con.close();
                buyBookDialog.dispose();
            } catch (SQLException e) {
                System.out.println(e.toString());
            }
        }
    });
    buyBookDialog.setVisible(true);
}
public void buyBookDialogRemove() {
    buyBookDialog.dispose();
}
}
```

第 15 章

办公室日常管理信息系统

学习目标

本章主要讲解"办公室日常管理信息系统"数据库应用系统开发的全过程，并对系统开发流程中的总体设计、数据库设计、数据库创建等阶段进行详细阐述。通过本章的学习，读者应该掌握以下内容：

- 熟悉办公室日常管理信息系统总体设计思路
- 掌握数据库设计技巧
- 掌握 SQL Server 的环境部署和数据库创建方法
- 掌握功能模块设计的方法
- 掌握系统实现与运行的方法

内容浏览

15.1 任务描述

随着社会的发展，企业的发展，职工数量的增加，人员的不断流动，广大企业和个人更加希望能够方便快捷地查询到办公室的各种信息。而以传统的人工记录文件方式查询起来相当烦琐，得到的信息也不够准确，已经渐渐不能满足现代化办公的要求。办公室日常管理信息系统是一个功能比较全面的信息管理系统，具有界面友好、易于操作、高效迅速、反馈信息完整等特点，可以满足大部分企业对办公室日常信息管理的需求。

扫一扫，看视频

本任务以办公室日常管理信息系统为背景，开发具有文件信息管理、考勤信息管理、会议记录管理、通知公告管理等功能的软件系统。通过该系统，能够帮助各企业单位提高办公室日常办公效率，减少在工作中可能出现的错误，为客户提供更好的服务。

15.2 需求分析

本系统的用户主要是各企业办公室相关业务的员工和计算机系统管理员，因此系统应包含以下主要功能。

1. 用户登录

登录功能是进入系统必须经过的验证过程，其主要功能是验证使用者的身份，确认使用者的权限，从而在使用软件过程中能安全地控制系统数据，即不同的用户有不同的权限，每个使用人员不得跨越其权限操作软件，以避免不必要的数据丢失事件发生。

2. 系统信息管理

系统信息管理是计算机系统管理员所需要的主要功能，包括管理系统信息，对各部门人员、权限进行管理等。

3. 文件信息管理

本功能主要是对办公室的各类文件进行管理。管理文件时需要建立办公室文件信息库，并录入原始的文件信息。当有新的文件需要添加或者需要对已有的文件信息进行修改、删除时，用户可在系统中执行相应的操作。另外，还需要为用户提供查询功能，以获取所需文件的详细信息。

4. 考勤信息管理

本功能主要是实现对员工日常出勤情况的记录。需要记录所有员工在各工作日时段内的请假、迟到、早退、旷工等情况。需要提供新考勤信息的录入，已有考勤信息的编辑、删除操作，以及对所有考勤情况的查询功能。

5. 会议记录管理

本功能主要完成对各类会议情况的记录工作。用户根据相应的会议记录设置会议记录详细信息。需要提供新会议记录的录入，已有会议信息的编辑、删除操作，以及对所有会议记录的查询功能。

6. 通知公告管理

本功能主要完成与办公相关的各类通知公告信息的管理工作。需要提供新通知公告发布时的信息录入，对已有通知公告信息的编辑，对已过期的通知公告信息的删除操作，以及对所有通知公告信息的查询功能。

15.3 功能结构设计

根据15.2节中的需求分析，得出系统应包含以下功能模块，如图15-1所示。

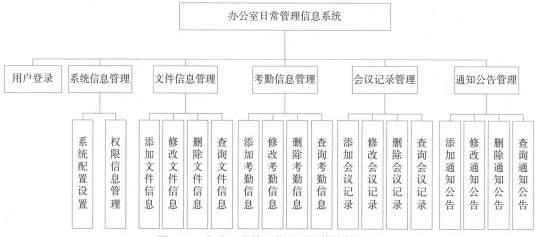

图 15-1　办公日常管理信息系统模块结构图

1. 用户登录模块

输入数据为用户名和密码。单击"确定"按钮后，若用户名、密码正确，则根据用户角色提供相应信息界面；否则提示登录失败。单击"取消"按钮后退出系统。

2. 系统信息管理模块

（1）系统配置设置：输入数据为数据库服务器地址、数据库连接用户名、数据库连接密码。单击"确定"按钮保存设置，单击"取消"按钮退出界面。

（2）权限信息管理：通过列表显示所有员工的用户名、密码、部门等信息，提供增加、删除、修改相应信息的功能。各部门员工只能查询、管理本部门的相关信息。

3. 文件信息管理模块

（1）添加文件信息：对新加入的文件提供其各项信息的录入功能，包括文件的编号、分类、名称、存放位置、记录员等。

（2）修改文件信息：对现有的文件提供对其各项信息的修改功能，包括文件的分类、名称、存放位置、记录员等。

（3）删除文件信息：对已经不再使用的文件提供删除功能，提示文件名称、记录员，并要求用户确认后再执行删除操作。

（4）查询文件信息：根据名称、分类列表显示相关文件的全部信息，包括文件的编号、分类、名称、存放位置、记录员等。单击后打开相应文件，并提供删除相应文件入口。

4. 考勤信息管理模块

（1）添加考勤信息：根据工作日考勤情况提供相关各项信息的录入功能，包括员工编号、考勤开始时间、考勤结束时间、考勤标记等。

（2）修改考勤信息：对已经录入的考勤信息提供对考勤标记内容的修改功能。

（3）删除考勤信息：对已经不再需要的考勤信息提供删除功能，提示员工编号、考勤标记，并要求用户确认后再执行删除操作。

（4）查询考勤信息：根据员工编号、考勤开始时间显示相关考勤记录的全部信息，包括员工编号、考勤开始时间、考勤结束时间、考勤标记等，并提供删除考勤记录入口。

5. 会议记录管理模块

（1）添加会议记录：对新产生的会议记录提供其各项信息的录入功能，包括会议记录的编号、时间、内容、参会人、记录人等。

（2）修改会议记录：对现有的会议记录提供对其各项信息的修改功能，包括时间、内容、参会人、记录人等。

（3）删除会议记录：对已经不再需要的会议记录提供删除功能，提示时间、参会人，并要求用户确认后再执行删除操作。

（4）查询会议记录：根据时间、参会人、记录人列表显示相关会议记录的全部信息，包括编号、时间、参会人、记录人等。单击后显示相应会议记录内容，并提供删除相应会议记录入口。

6. 通知公告管理模块

（1）添加通知公告：对新加入的通知公告提供其各项信息的录入功能，包括通知公告的编号、内容、时间、通知人等。

（2）修改通知公告：对现有的通知公告提供对其各项信息的修改功能，包括通知公告的内容、时间、通知人等。

（3）删除通知公告：对已经过期的通知公告提供删除功能，提示时间、通知人，并要求用户确认后再执行删除操作。

（4）查询通知公告：根据时间、通知人列表显示相关通知公告的全部信息，包括通知公告的编号、内容、时间、通知人等。单击后显示相应通知公告内容，并提供删除相应通知公告入口。

15.4 数据库设计

15.4.1 E-R图

系统主要E-R图如图15-2所示。

扫一扫，看视频

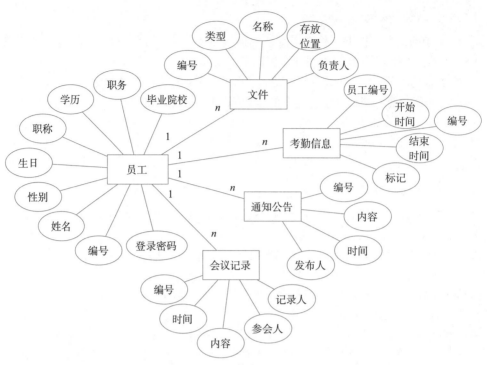

图 15-2　系统主要 E-R 图

系统主要包含以下 5 类实体。

（1）员工：作为系统的重要实体之一，员工具有最多的属性。系统中的所有功能都是围绕其展开的，对于其属性的识别要严格参照功能需求，所有需要录入的信息都应仔细识别，以判断是否应作为属性添加到 E-R 图中。

（2）文件、考勤信息、通知公告、会议记录：这 4 类实体可以归为一大类，都是办公室日常管理中所要处理的事务对象。它们与员工之间都是一对多的关系，即每名员工可以负责多个文件，每个文件只能被一名员工负责；每名员工可以产生多项考勤记录，每项考勤记录只对应一名员工；每名员工可以发布多条通知公告，每条通知公告只有一个发布人；每名员工可以负责多项会议记录，每项会议记录只有一名记录人。

另外，系统中还包含办公室管理员实体，只包含用户名、密码、所管理的部门类别等属性，对重要业务不产生实质影响，故不再赘述。

15.4.2　数据库表设计

根据 15.4.1 小节中的 E-R 图设计出办公室日常管理信息系统的数据表（见表 15-1～表 15-6）。

员工信息表（表 15-1）与员工实体相对应，包含其所有属性。其中编号字段应设为主键并自增，以保持数据完整性。学历、职务、职称字段也可使用 int 型数据，如果用 int 型数据表示，则需在程序中做数字与文字的转换。

表 15-1　员工信息表

编　　号	字 段 名 称	数 据 类 型	说　　明
1	编号	int	主键、自增
2	登录密码	varchar(20)	
3	姓名	varchar(20)	

编　　号	字 段 名 称	数 据 类 型	说　　明
4	性别	int	性别（0——男，1——女）
5	生日	date	
6	学历	varchar(10)	
7	职务	varchar(10)	
8	职称	varchar(10)	
9	毕业院校	varchar(20)	

文件信息表（表15-2）与文件实体相对应，包含其所有属性。其中编号字段应设为主键并自增，以保持数据完整性。负责人字段作为外键与员工信息表关联，用于表示负责维护该文件信息的员工。

表 15-2　文件信息表

编　　号	字 段 名 称	数 据 类 型	说　　明
1	编号	int	主键、自增
2	类型	varchar(10)	
3	名称	varchar(20)	
4	存放位置	varchar(50)	
5	负责人	int	外键

考勤信息表（表15-3）与部门实体相对应，包含其所有属性。其中员工编号、开始时间、结束时间字段应设为联合主键，以保持数据完整性。同时员工编号字段还作为外键与员工信息表关联，用于表示考勤信息所属的员工。另外，为管理方便，考勤信息表中还可添加编号字段，并设为自增。

表 15-3　考勤信息表

编　　号	字 段 名 称	数 据 类 型	说　　明
1	编号	int	自增
2	员工编号	int	联合主键、外键
3	开始时间	datetime	联合主键
4	结束时间	datetime	联合主键
5	标记	varchar(20)	

通知公告信息表（表15-4）与通知公告实体相对应，包含其所有属性。其中编号字段应设为主键并自增，以保持数据完整性。发布人字段作为外键与员工信息表关联，用于表示发布该通知公告的员工。

表 15-4　通知公告信息表

编　　号	字 段 名 称	数 据 类 型	说　　明
1	编号	int	主键、自增
2	内容	varchar(500)	
3	时间	datetime	
4	发布人	int	外键

会议记录信息表（表15-5）与会议记录实体相对应，包含其所有属性。其中编号字段应设为主键并自增，以保持数据完整性。记录人字段作为外键与员工信息表关联，用于表示负责该

会议记录的员工。

表 15-5　会议记录信息表

编　号	字 段 名 称	数 据 类 型	说　　明
1	编号	int	主键、自增
2	内容	varchar(500)	
3	时间	datetime	
4	参会人	varchar(50)	
5	记录人	int	外键

管理员信息表（表15-6）与管理员实体相对应，包含其所有属性。其中用户名字段应设为主键，以保持数据完整性。管理类别字段也可使用int型数据，如果用int型数据表示，则需在程序中做数字与文字的转换。

表 15-6　管理员信息表

编　号	字 段 名 称	数 据 类 型	说　　明
1	用户名	varchar(20)	主键
2	密码	varchar(20)	
3	管理类别	varchar(20)	所管理信息的类别

15.4.3　数据库构建

数据库在SQL Server 2019数据库环境下构建，SQL脚本代码如下，该代码包含表、主键、外键关系、触发器等元素。为方便读者阅读，所有表名、字段名等名称都使用了中文，读者自行练习时应将其改为英文。

```
--建表
CREATE TABLE [dbo].[员工信息表](
    [编号] [int] IDENTITY(1,1) NOT Null, --自增
    [登录密码] [varchar](20) NOT Null,
    [姓名] [varchar](20) NOT Null,
    [性别] [int] NOT Null,
    [生日] [date] NOT Null,
    [学历] [varchar](10) NOT Null,
    [职务] [varchar](10) Null,
    [职称] [varchar](10) Null,
    [毕业院校] [varchar](20) Null,
CONSTRAINT [PK_员工信息表] PRIMARY KEY CLUSTERED
(
    [编号] ASC
)WITH (PAD_INDEX = OFF, STATISTICS_NORECOMPUTE = OFF, IGNORE_DUP_KEY = OFF, ALLOW_
ROW_LOCKS = ON, ALLOW_PAGE_LOCKS = ON) ON [PRIMARY]
) ON [PRIMARY]


--建表
CREATE TABLE [dbo].[文件信息表](
    [编号] [int] IDENTITY(1,1) NOT Null, --自增
    [类型] [varchar](10) NOT Null,
    [名称] [varchar](20) NOT Null,
    [存放位置] [varchar](50) NOT Null,
    [负责人] [int] NOT Null,
```

```
CONSTRAINT [PK_文件信息表] PRIMARY KEY CLUSTERED
(
    [编号] ASC
)WITH (PAD_INDEX = OFF, STATISTICS_NORECOMPUTE = OFF, IGNORE_DUP_KEY = OFF, ALLOW_
ROW_LOCKS = ON, ALLOW_PAGE_LOCKS = ON) ON [PRIMARY]
) ON [PRIMARY]
```

```
--建立外键关系
ALTER TABLE [dbo].[文件信息表]  WITH CHECK ADD  CONSTRAINT [FK_文件信息表_员工信息表]
FOREIGN KEY([负责人])
REFERENCES [dbo].[员工信息表] ([编号])
ALTER TABLE [dbo].[文件信息表] CHECK CONSTRAINT [FK_文件信息表_员工信息表]
```

```
--建表
CREATE TABLE [dbo].[考勤信息表](
    [编号] [int] IDENTITY(1,1) NOT Null, --自增
    [员工编号] [int] NOT Null,
    [开始时间] [datetime] NOT Null,
    [结束时间] [datetime] NOT Null,
    [标记] [varchar](20) NOT Null,
CONSTRAINT [PK_考勤信息表] PRIMARY KEY CLUSTERED --联合主键
(
    [员工编号] ASC,
    [开始时间] ASC,
    [结束时间] ASC
)WITH (PAD_INDEX = OFF, STATISTICS_NORECOMPUTE = OFF, IGNORE_DUP_KEY = OFF, ALLOW_
ROW_LOCKS = ON, ALLOW_PAGE_LOCKS = ON) ON [PRIMARY]
) ON [PRIMARY]
```

```
--建立外键关系
ALTER TABLE [dbo].[考勤信息表]  WITH CHECK ADD  CONSTRAINT [FK_考勤信息表_员工信息表]
FOREIGN KEY([员工编号])
REFERENCES [dbo].[员工信息表] ([编号])
ALTER TABLE [dbo].[考勤信息表] CHECK CONSTRAINT [FK_考勤信息表_员工信息表]
```

```
--建表
CREATE TABLE [dbo].[通知公告信息表](
    [编号] [int] IDENTITY(1,1) NOT Null, --自增
    [内容] [varchar](500) NOT Null,
    [时间] [datetime] NOT Null,
    [发布人] [int] NOT Null,
CONSTRAINT [PK_通知公告信息表] PRIMARY KEY CLUSTERED
(
    [编号] ASC
)WITH (PAD_INDEX = OFF, STATISTICS_NORECOMPUTE = OFF, IGNORE_DUP_KEY = OFF, ALLOW_
ROW_LOCKS = ON, ALLOW_PAGE_LOCKS = ON) ON [PRIMARY]
) ON [PRIMARY]
```

```
--建立外键关系
ALTER TABLE [dbo].[通知公告信息表]  WITH CHECK ADD  CONSTRAINT [FK_通知公告信息表_员工
信息表] FOREIGN KEY([发布人])
REFERENCES [dbo].[员工信息表] ([编号])
ALTER TABLE [dbo].[通知公告信息表] CHECK CONSTRAINT [FK_通知公告信息表_员工信息表]
```

```
--建表
CREATE TABLE [dbo].[会议记录信息表](
    [编号] [int] IDENTITY(1,1) NOT Null, --自增
    [内容] [varchar](500) NOT Null,
    [时间] [datetime] NOT Null,
    [参会人] [varchar](50) NOT Null,
    [记录人] [int] NOT Null,
CONSTRAINT [PK_会议记录信息表] PRIMARY KEY CLUSTERED
(
    [编号] ASC
)WITH (PAD_INDEX = OFF, STATISTICS_NORECOMPUTE = OFF, IGNORE_DUP_KEY = OFF, ALLOW_
ROW_LOCKS = ON, ALLOW_PAGE_LOCKS = ON) ON [PRIMARY]
) ON [PRIMARY]
```

```
--建立外键关系
ALTER TABLE [dbo].[会议记录信息表]  WITH CHECK ADD  CONSTRAINT [FK_会议记录信息表_员工
信息表] FOREIGN KEY([记录人])
REFERENCES [dbo].[员工信息表] ([编号])
ALTER TABLE [dbo].[会议记录信息表] CHECK CONSTRAINT [FK_会议记录信息表_员工信息表]
```

```
--建表
CREATE TABLE [dbo].[管理员信息表](
    [用户名] [varchar](20) NOT Null,
    [密码] [varchar](20) NOT Null,
    [管理类别] [varchar](20) NOT Null,
CONSTRAINT [PK_管理员信息表] PRIMARY KEY CLUSTERED
(
    [用户名] ASC
)WITH (PAD_INDEX = OFF, STATISTICS_NORECOMPUTE = OFF, IGNORE_DUP_KEY = OFF, ALLOW_
ROW_LOCKS = ON, ALLOW_PAGE_LOCKS = ON) ON [PRIMARY]
) ON [PRIMARY]

--建立触发器，当从员工信息表中删除数据时，自动删除考勤信息表中该员工对应的考勤信息
CREATE TRIGGER [dbo].[删除员工触发器]
    ON  [dbo].[员工信息表]
    AFTER DELETE
AS
BEGIN
    SET NOCOUNT ON;
    DECLARE @编号 int
    SELECT @编号=编号
    FROM deleted
    DELETE FROM dbo.考勤信息表
    WHERE 员工编号=@编号
END
```

15.5 关键代码示例

扫一扫，看视频

　　本系统功能较为简单，主要是针对数据库中不同数据表的增加、删除、修改、
查询操作，不涉及特别复杂的业务逻辑与表关联，故采用命令控制台界面实现系统
功能。使用System.out.println()方法显示所有管理界面所需的表头及各菜单选项，

用户输入有效选项后，根据if语句的控制逻辑显示下一级菜单项或具体功能界面，然后根据用户输入进行数据库的相关操作。

```java
import java.sql.*;
import java.util.Scanner;
import java.io.*;
public class OA {
    // 表头模块
    public static void wj() {
        System.out.println("文件编号" + "\t文件名称" + "\t文件类型" + "\t存放位置");
    }

    public static void kq() {
        System.out.println("员工编号" + "\t姓名" + "\t性别" + "\t时间" + "\t\t\t出勤情况");
    }

    public static void gg() {
        System.out.println("公告编号" + "\t公告内容" + "\t公告时间" + "\t\t\t发布人");
    }

    public static void hy() {
        System.out.println("会议编号" + "\t会议内容" + "\t\t会议时间" + "\t\t\t参会人"
+ "\t记录人");
    }

    public static void main(String[] args) {
        try {
            Class.forName("com.microsoft.sqlserver.jdbc.SQLServerDriver"); // 加载JDBC驱动程序
        } catch (Exception e) {
            System.out.println("JDBC driver failed to load.");
            return;
        }
        try {
            Connection con = DriverManager.getConnection("jdbc:sqlserver://localhost:1433;DatabaseName=kcsjsjk2", "sa", "123456");
            // 连接URL为 jdbc: //服务器地址/数据库名，后面的2个参数分别是登录用户名和密码
            Statement stmt = con.createStatement(); // 实例化Statement对象
            int z = 1;
            while (z != 0) {
                System.out.println("***********办公室日常管理信息系统******************");
                System.out.println("1.查询      2.插入      3.更新      4.删除");
                System.out.println("******************************");
                System.out.println("请选择: ");
                int x = 0;
                try {
                BufferedReader br = new BufferedReader(new InputStreamReader(System.in));
                    // System.in是用户输入
                    // new InputStreamReader(System.in)就是把输入作为参数，构建一个读
                    // 取数据用的InputStreamReader流
                    // new BufferedReader(new InputStreamReader(System.in))表示把刚
                    // 才构建的流对象做个包装，包装成BufferedReader流
                    // BufferedReader br=new BufferedReader(new InputStreamReader
                    // (System.// in)); 表示最后把它赋值给br
                    x = Integer.parseInt(br.readLine()); // 读取输入流中的一行数据（br）
                    // 转换成int型，赋值给x
```

```java
                } catch (IOException ex) {
                }
            if (x == 5)
                z = 0;
            if (x == 1) {
                System.out.println("1.文件信息查询2.考勤信息查询3.公告通知查询4.会
议记录查询");
                System.out.println("请选择: ");
                int i = 0;
                try {
                    BufferedReader br = new BufferedReader(new InputStreamReader
(System.in));
                    i = Integer.parseInt(br.readLine());
                } catch (IOException ex) {
                } // try catch 语句处理异常
            if (i == 1) {
                ResultSet rs = stmt.executeQuery("select 编号,名称,类型,存放
位置 from 文件信息表");
                // ResultSet，数据库结果集的数据表，通常通过执行查询数据库的语句
// 生成statement类的executeQuery()方法来下达select指令以查询数据库，

                // executeQuery()方法会把数据库响应的查询结果存放在ResultSet类
// 对象中供我们使用

                wj();
                while (rs.next()) // 判断结果集rs是否有记录，并且将指针后移一位
                {
                    int a = rs.getInt("编号");
                    String b = rs.getString("名称");
                    String c = rs.getString("类型");
                    String d = rs.getString("存放位置");
                    System.out.println(a + "\t" + b + "\t" + c + "\t" + d);
                }
            }
            if (i == 2) {
                ResultSet rs = stmt.executeQuery("select 员工编号,姓名,性别,
开始时间,标记 from 考勤信息表,员工信息表");
                kq();
                while (rs.next()) {
                    int a = rs.getInt("员工编号");
                    String b = rs.getString("姓名");
                    String c = rs.getString("性别");
                    String d = rs.getString("开始时间");
                    String e = rs.getString("标记");
                    System.out.println(a + "\t" + b + "\t\t" + c + "\t" + d + "\t" + e);
                }
            }
            if (i == 3) {
                ResultSet rs = stmt.executeQuery("select 编号,内容,时间,发布
人 from 通知公告信息表");
                gg();
                while (rs.next()) {
                    int a = rs.getInt("编号");
                    String b = rs.getString("内容");
                    String c = rs.getString("时间");
                    String d = rs.getString("发布人");
                    System.out.println(a + "\t" + b + "\t" + c + "\t" + d);
                }
```

```
                    }
                    if (i == 4) {
                        ResultSet rs = stmt.executeQuery("select 编号,内容,时间,参会
人,记录人 from 会议记录信息表");
                        hy();
                        while (rs.next()) {
                            int a = rs.getInt("编号");
                            String b = rs.getString("内容");
                            String c = rs.getString("时间");
                            String d = rs.getString("参会人");
                            String e = rs.getString("记录人");
                            System.out.println(a + "\t" + b + "\t" + c + "\t" + d + "\t" + e);
                        }
                    }
                }
                if (x == 2) {
                    System.out.println("1.文件信息插入     2.考勤信息插入     3会议记录插
入   4.公告通知插入");
                    System.out.println("请选择: ");
                    int m = 0;
                    try {
                        BufferedReader br = new BufferedReader(new InputStreamReader
(System.in));
                        m = Integer.parseInt(br.readLine());
                    } catch (IOException ex) {
                    }
                    if (m == 1) {
                        String c1 = "", c2 = "", c3 = "";
                        int c4 = 0 ;
                        System.out.println("输入你要插入的文件类型: ");
                        try {
                            BufferedReader br = new BufferedReader(new InputStreamReader
(System.in));
                            c1 = br.readLine();
                        } catch (IOException ex) {
                        }
                        System.out.println("输入你要插入的文件名称: ");
                        try {
                            BufferedReader br = new BufferedReader(new InputStreamReader
(System.in));
                            c2 = br.readLine();
                        } catch (IOException ex) {
                        }
                        System.out.println("输入你要插入的存放位置: ");
                        try {
                            BufferedReader br = new BufferedReader(new InputStreamReader
(System.in));
                            c3 = br.readLine();
                        } catch (IOException ex) {
                        }
                        System.out.println("输入你要插入的负责人: ");
                        try {
                            Scanner input = new Scanner(System.in);
                            c4 = input.nextInt();
                        } catch (Exception ex) {
                        }
                        PreparedStatement pstmt2 = con.prepareStatement("insert into
```

```
文件信息表 values(?,?,?,?)");
// Preparedstatement是statemnet的子类，使用PrepareStatement对象执行sql时，sql被数据库
// 解析和编译，然后被放到命令缓冲区，每当执行同一个PrepareStatement对象时，它就会被解析一
// 次，但不会被再次编译。在缓冲区可以发现预编译的命令，并且可以重用
                        pstmt2.setString(1, c1);
                        pstmt2.setString(2, c2);
                        pstmt2.setString(3, c3);
                        pstmt2.setInt(4, c4);
                        pstmt2.executeUpdate();
                        System.out.println("插入成功!");
                        pstmt2.close();
                    }
                    if (m == 2) {
                        int c1 = 0;
                        String c2 = "", c3 = "", c4 = "";
                        System.out.println("输入你要插入的员工编号: ");
                        try {
                            Scanner input = new Scanner(System.in);
                            c1 = input.nextInt();
                        } catch (Exception ex) {
                        }
                        System.out.println("输入你要插入的开始时间: ");
                        try {
                            BufferedReader br = new BufferedReader(new InputStreamReader
(System.in));
                            c2 = br.readLine();
                        } catch (IOException ex) {
                        }
                        System.out.println("输入你要插入的结束时间: ");
                        try {
                            BufferedReader br = new BufferedReader(new InputStreamReader
(System.in));
                            c3 = br.readLine();
                        } catch (IOException ex) {
                        }
                        System.out.println("输入你要插入的标记: ");
                        try {
                            BufferedReader br = new BufferedReader(new InputStreamReader
(System.in));
                            c4 = br.readLine();
                        } catch (IOException ex) {
                        }
                        PreparedStatement pstmt2 = con.prepareStatement("insert into
考勤信息表 values(?,?,?,?)");
                        pstmt2.setInt(1, c1);
                        pstmt2.setString(2, c2);
                        pstmt2.setString(3, c3);
                        pstmt2.setString(4, c4);
                        pstmt2.executeUpdate();
                        System.out.println("插入成功!");
                        pstmt2.close();
                    }
                    if (m == 3) {
                        String  c1 = "", c2 = "", c3 = "";
                        int c4 = 0;
                        System.out.println("输入你要插入的会议内容: ");
                        try {
```

```
                                        BufferedReader br = new BufferedReader(new InputStreamReade
r(System.in));
                                            c1 = br.readLine();
                                        } catch (IOException ex) {
                                        }
                                        System.out.println("输入你要插入的会议时间: ");
                                        try {
                                            BufferedReader br = new BufferedReader(new InputStreamReader
(System.in));
                                            c2 = br.readLine();
                                        } catch (IOException ex) {
                                        }
                                        System.out.println("输入你要插入的参会人: ");
                                        try {
                                            BufferedReader br = new BufferedReader(new InputStreamReader
(System.in));
                                            c3 = br.readLine();
                                        } catch (IOException ex) {
                                        }
                                        System.out.println("输入你要插入的记录人: ");
                                        try {
                                            Scanner input = new Scanner(System.in);
                                            c4 = input.nextInt();
                                        } catch (Exception ex) {
                                        }
                                        PreparedStatement pstmt2 = con.prepareStatement("insert into
会议记录信息表 values(?,?,?,?)");
                                        pstmt2.setString(1, c1);
                                        pstmt2.setString(2, c2);
                                        pstmt2.setString(3, c3);
                                        pstmt2.setInt(4, c4);
                                        pstmt2.executeUpdate();
                                        System.out.println("插入成功!");
                                        pstmt2.close();
                                    }
                                    if (m == 4) {
                                        String c1 = "", c2 = "";
                                        int c3 = 0;
                                        System.out.println("输入你要插入的公告内容: ");
                                        try {
                                            BufferedReader br = new BufferedReader(new InputStreamReader
(System.in));
                                            c1 = br.readLine();
                                        } catch (IOException ex) {
                                        }
                                        System.out.println("输入你要插入的公告时间: ");
                                        try {
                                            BufferedReader br = new BufferedReader(new InputStreamReader
(System.in));
                                            c2 = br.readLine();
                                        } catch (IOException ex) {
                                        }
                                        System.out.println("输入你要插入的发布人: ");
                                        try {
                                            Scanner input = new Scanner(System.in);
                                            c3 = input.nextInt();
                                        } catch (Exception ex) {
```

```
                    }
                    PreparedStatement pstmt2 = con.prepareStatement("insert into
通知公告信息表 values(?,?,?)");
                    pstmt2.setString(1, c1);
                    pstmt2.setString(2, c2);
                    pstmt2.setInt(3, c3);
                    pstmt2.executeUpdate();
                    pstmt2.close();
                    System.out.println("插入成功!");
                }
            }
            if (x == 3) {
                System.out.println("1.文件信息修改2.考勤信息修改3. 会议记录修改4.公
告通知修改");
                System.out.println("请选择: ");
                int m = 0;
                try {
                    BufferedReader br = new BufferedReader(new InputStreamReader
(System.in));
                    m = Integer.parseInt(br.readLine());
                } catch (IOException ex) {
                }
                if (m == 1) {
                    int m11 = 0;
                    String m13 = "";
                    int m12 = 0;
                    System.out.println("选择你要修改文件的编号: ");
                    try {
                        Scanner input = new Scanner(System.in);
                        m11 = input.nextInt();
                    } catch (Exception ex) {
                    }
                    PreparedStatement pstmt31 = con.prepareStatement("select *
from 文件信息表 where 编号=?");
                    pstmt31.setInt(1, m11);
                    ResultSet rs3 = pstmt31.executeQuery();
                    if (rs3.next()) {
                        System.out.println("输入你要修改的项: 1.文件名称2.文件种类
3.存储位置");
                        try {
                            BufferedReader br = new BufferedReader(new InputStreamReader
(System.in));
                            m12 = Integer.parseInt(br.readLine());
                        } catch (IOException ex) {
                        }
                        if (m12 == 1) {
                            System.out.println(" 输入你修改后的值:");
                            try {
                                BufferedReader br = new BufferedReader(new
InputStreamReader(System.in));
                                m13 = br.readLine();
                            } catch (IOException ex) {
                            }
                            pstmt31.close();
                            PreparedStatement pstmt3 = con.prepareStatement
("Update 文件信息表 set 名称=? where  编号=?");
                            pstmt3.setString(1, m13);
```

```
                                    pstmt3.setInt(2, m11);
                                    pstmt3.executeUpdate();
                                    System.out.println("修改成功!");
                                }
                                if (m12 == 2) {
                                    System.out.println(" 输入你修改后的值:");
                                    try {
                                        BufferedReader br = new BufferedReader(new
InputStreamReader (System.in));
                                        m13 = br.readLine();
                                    } catch (IOException ex) {
                                    }
                                    pstmt31.close();
                                    PreparedStatement pstmt3 = con.prepareStatement ("Update
文件信息表 set 类型=? where  编号=?");
                                    pstmt3.setString(1, m13);
                                    pstmt3.setInt(2, m11);
                                    pstmt3.executeUpdate();
                                    System.out.println("修改成功!");
                                    rs3.close();
                                }
                                if (m12 == 3) {
                                    System.out.println(" 输入你修改后的值:");
                                    try {
                                        BufferedReader br = new BufferedReader(new
InputStreamReader (System.in));
                                        m13 = br.readLine();
                                    } catch (IOException ex) {
                                    }
                                    pstmt31.close();
                                    PreparedStatement pstmt3 = con.prepareStatement
("Update 文件信息表 set 存放位置=? where 编号=?");
                                    pstmt3.setString(1, m13);
                                    pstmt3.setInt(2, m11);
                                    pstmt3.executeUpdate();
                                    System.out.println("修改成功!");
                                    rs3.close();
                                }
                            } else {
                                System.out.println("你要更改的项不存在!");
                            }
                        }
                        if (m == 2) {
                            int m11 = 0;
                            String m13 = "";
                            int m12 = 0;
                            System.out.println("选择你要修改编号: ");
                            try {
                                Scanner input = new Scanner(System.in);
                                m11 = input.nextInt();
                            } catch (Exception ex) {
                            }
                            PreparedStatement pstmt31 = con.prepareStatement("select *
from 考勤信息表 where 编号=?");
                            pstmt31.setInt(1, m11);
                            ResultSet rs3 = pstmt31.executeQuery();
                            if (rs3.next()) {
```

```
                                System.out.println("输入你要修改的项: 1.开始时间2.结束时间3.标记");
                                try {
                                    BufferedReader br = new BufferedReader(new InputStreamReader
(System.in));
                                    m12 = Integer.parseInt(br.readLine());
                                } catch (IOException ex) {
                                }
                                if (m12 == 1) {
                                    System.out.println(" 输入你修改后的值:");
                                    try {
                                        BufferedReader br = new BufferedReader(new
InputStreamReader (System.in));
                                        m13 = br.readLine();
                                    } catch (IOException ex) {
                                    }
                                    pstmt31.close();
                                    PreparedStatement pstmt3 = con.prepareStatement
("Update 考勤信息表 set 开始时间=? where   编号=?");
                                    pstmt3.setString(1, m13);
                                    pstmt3.setInt(2, m11);
                                    pstmt3.executeUpdate();
                                    System.out.println("修改成功!");
                                }
                                if (m12 == 2) {
                                    System.out.println(" 输入你修改后的值:");
                                    try {
                                        BufferedReader br = new BufferedReader(new
InputStreamReader (System.in));
                                        m13 = br.readLine();
                                    } catch (IOException ex) {
                                    }
                                    pstmt31.close();
                                    PreparedStatement pstmt3 = con.prepareStatement
("Update 考勤信息表 set 结束时间=? where   编号=?");
                                    pstmt3.setString(1, m13);
                                    pstmt3.setInt(2, m11);
                                    pstmt3.executeUpdate();
                                    System.out.println("修改成功!");
                                    rs3.close();
                                }
                                if (m12 == 3) {
                                    System.out.println(" 输入你修改后的值:");
                                    try {
                                        BufferedReader br = new BufferedReader(new
InputStreamReader(System.in));
                                        m13 = br.readLine();
                                    } catch (IOException ex) {
                                    }
                                    pstmt31.close();
                                    PreparedStatement pstmt3 = con.prepareStatement
("Update 考勤信息表 set 标记=? where 编号=?");
                                    pstmt3.setString(1, m13);
                                    pstmt3.setInt(2, m11);
                                    pstmt3.executeUpdate();
                                    System.out.println("修改成功!");
                                    rs3.close();
                                }
```

```
                         } else {
                             System.out.println("你要更改的项不存在!");
                         }
                     }
                     if (m == 3) {
                         int m11 = 0;
                         String m13 = "";
                         int m12 = 0;
                         int m14 = 0;
                         System.out.println("选择你要修改的会议编号: ");
                         try {
                             Scanner input = new Scanner(System.in);
                             m11 = input.nextInt();
                         } catch (Exception ex) {
                         }
                         PreparedStatement pstmt31 = con.prepareStatement("select *
from 会议记录信息表 where 编号=?");
                         pstmt31.setInt(1, m11);
                         ResultSet rs3 = pstmt31.executeQuery();
                         if (rs3.next()) {
                             System.out.println("输入你要修改的项: 1.会议时间2.会议内容
3.参会人4.记录人");

                             try {
                                 BufferedReader br = new BufferedReader(new
InputStreamReader (System.in));
                                 m12 = Integer.parseInt(br.readLine());
                             } catch (IOException ex) {
                             }
                             if (m12 == 1) {
                                 System.out.println(" 输入你修改后的值:");
                                 try {
                                     BufferedReader br = new BufferedReader(new
InputStreamReader (System.in));
                                     m13 = br.readLine();
                                 } catch (IOException ex) {
                                 }
                                 pstmt31.close();
                                 PreparedStatement pstmt3 = con.prepareStatement
("Update 会议记录信息表 set 时间=? where  编号=?");
                                 pstmt3.setString(1, m13);
                                 pstmt3.setInt(2, m11);
                                 pstmt3.executeUpdate();
                                 System.out.println("修改成功!");
                             }
                             if (m12 == 2) {
                                 System.out.println(" 输入你修改后的值:");
                                 try {
                                     BufferedReader br = new BufferedReader(new
InputStreamReader (System.in));
                                     m13 = br.readLine();
                                 } catch (IOException ex) {
                                 }
                                 pstmt31.close();
                                 PreparedStatement pstmt3 = con
                                         .prepareStatement("Update 会议记录信息表 set
内容=? where  编号=?");
                                 pstmt3.setString(1, m13);
```

```
                              pstmt3.setInt(2, m11);
                              pstmt3.executeUpdate();
                              System.out.println("修改成功!");
                              rs3.close();
                          }
                          if (m12 == 3) {
                              System.out.println(" 输入你修改后的值:");
                              try {
                                  BufferedReader br = new BufferedReader(new
InputStreamReader(System.in));
                                  m13 = br.readLine();
                              } catch (IOException ex) {
                              }
                              pstmt31.close();
                              PreparedStatement pstmt3 = con.prepareStatement
("Update 会议记录信息表 set 参会人=? where 编号=?");
                              pstmt3.setString(1, m13);
                              pstmt3.setInt(2, m11);
                              pstmt3.executeUpdate();
                              System.out.println("修改成功!");
                              rs3.close();
                          }
                          if (m12 == 4) {
                              System.out.println(" 输入你修改后的值:");
                              try {
                                  Scanner input = new Scanner(System.in);
                                  m14 = input.nextInt();
                              } catch (Exception ex) {
                              }
                              pstmt31.close();
                              PreparedStatement pstmt3 = con
                                      .prepareStatement("Update 会议记录信息表 set
记录人=? where 编号=?");
                              pstmt3.setInt(1, m14);
                              pstmt3.setInt(2, m11);
                              pstmt3.executeUpdate();
                              System.out.println("修改成功!");
                              rs3.close();
                          }
                      } else {
                          System.out.println("你要更改的项不存在!");
                      }
                  }
                  if (m == 4) {
                      int m11 = 0;
                      String m13 = "";
                      int m12 = 0;
                      int m14 = 0;
                      System.out.println("选择你要修改的公告编号: ");
                      try {
                          Scanner input = new Scanner(System.in);
                          m11 = input.nextInt();
                      } catch (Exception ex) {
                      }
                      PreparedStatement pstmt31 = con.prepareStatement("select *
from 通知公告信息表 where 编号=?");
                      pstmt31.setInt(1, m11);
```

```java
                        ResultSet rs3 = pstmt31.executeQuery();
                        if (rs3.next()) {
                            System.out.println("输入你要修改的项：1.公告内容2.公告时间
3.发布人");
                            try {
                                BufferedReader br = new BufferedReader(new InputStreamReader
(System.in));
                                m12 = Integer.parseInt(br.readLine());
                            } catch (IOException ex) {
                            }
                            if (m12 == 1) {
                                System.out.println(" 输入你修改后的值:");
                                try {
                                    BufferedReader br = new BufferedReader(new
InputStreamReader (System.in));
                                    m13 = br.readLine();
                                } catch (IOException ex) {
                                }
                                pstmt31.close();
                                PreparedStatement pstmt3 = con
                                        .prepareStatement("Update 通知公告信息表 set
内容=? where   编号=?");
                                pstmt3.setString(1, m13);
                                pstmt3.setInt(2, m11);
                                pstmt3.executeUpdate();
                                System.out.println("修改成功!");
                            }
                            if (m12 == 2) {
                                System.out.println(" 输入你修改后的值:");
                                try {
                                    BufferedReader br = new BufferedReader(new
InputStreamReader(System.in));
                                    m13 = br.readLine();
                                } catch (IOException ex) {
                                }
                                pstmt31.close();
                                PreparedStatement pstmt3 = con.prepareStatement
("Update 通知公告信息表 set 时间=? where   编号=?");
                                pstmt3.setString(1, m13);
                                pstmt3.setInt(2, m11);
                                pstmt3.executeUpdate();
                                System.out.println("修改成功!");
                                rs3.close();
                            }
                            if (m12 == 3) {
                                System.out.println(" 输入你修改后的值:");
                                try {
                                    Scanner input = new Scanner(System.in);
                                    m14 = input.nextInt();
                                } catch (Exception ex) {
                                }
                                pstmt31.close();
                                PreparedStatement pstmt3 = con.prepareStatement
("Update 通知公告信息表 set 发布人=? where 编号=?");
                                pstmt3.setInt(1, m14);
                                pstmt3.setInt(2, m11);
                                pstmt3.executeUpdate();
```

```
                        System.out.println("修改成功!");
                        rs3.close();
                    }
                } else {
                    System.out.println("你要更改的项不存在!");
                }
            }
        }
        if (x == 4) {
            System.out.println("1.文件信息删除2.考勤信息删除3.公告通知删除4.会
议记录删除");
            System.out.println("请选择: ");
            int i = 0;
            try {
                BufferedReader br = new BufferedReader(new InputStreamReader
(System.in));
                i = Integer.parseInt(br.readLine());
            } catch (IOException ex) {
            }
            if(i == 1) {
                int S1 = 0;
                System.out.println("输入你要删除的文件信息表中的文件编号: ");
                try {
                    Scanner input = new Scanner(System.in);
                    S1 = input.nextInt();
                } catch (Exception ex) {
                }
                PreparedStatement pstmt2 = con.prepareStatement("delete from
文件信息表 where 编号=?");
                pstmt2.setInt(1, S1);
                System.out.println(S1);
                pstmt2.executeUpdate(); // 执行已发送的预编译的sql 并返回执行成
功的记录的条数
                System.out.println("已删除!");
                pstmt2.close();
            }
            if (i == 2) {
                int S1 = 0;
                System.out.println("输入你要删除的考勤信息表的编号: ");
                try {
                    Scanner input = new Scanner(System.in);
                    S1 = input.nextInt();
                } catch (Exception ex) {
                }
                PreparedStatement pstmt2 = con.prepareStatement("delete from
考勤信息表 where 编号=?");
                pstmt2.setInt(1, S1);
                pstmt2.executeUpdate();
                System.out.println("已删除!");
                pstmt2.close();
            }
            if (i == 3) {
                int S1 = 0;
                System.out.println("输入你要删除的公告通知表的公告编号: ");
                try {
                    Scanner input = new Scanner(System.in);
                    S1 = input.nextInt();
```

```java
                    } catch (Exception ex) {
                    }
                    PreparedStatement pstmt2 = con.prepareStatement("delete from 通
知公告信息表 where 编号=? ");
                    pstmt2.setInt(1, S1);
                    pstmt2.executeUpdate();
                    System.out.println("已删除!");
                    pstmt2.close();
                }
                if (i == 4) {
                    int S1 = 0;
                    System.out.println("输入你要删除的会议信息表的会议编号: ");
                    try {
                        Scanner input = new Scanner(System.in);
                        S1 = input.nextInt();
                    } catch (Exception ex) {
                    }
                    PreparedStatement pstmt2 = con.prepareStatement("delete from 
会议记录信息表 where 编号=? ");
                    pstmt2.setInt(1, S1);
                    pstmt2.executeUpdate();
                    System.out.println("已删除!");
                    pstmt2.close();
                }
            }
        }
    } catch (Exception e) {
        System.out.println(e);
    }
    }
}
```

第 16 章

汽车销售信息管理系统

学习目标

本章主要讲解"汽车销售信息管理系统"数据库应用系统开发的全过程，并对系统开发流程中的总体设计、数据库设计、数据库创建等阶段进行详细阐述。通过本章的学习，读者应该掌握以下内容：

- 熟悉汽车销售信息管理系统的总体设计思路
- 掌握数据库设计技巧
- 掌握 SQL Server 的环境部署和数据库创建方法
- 掌握功能模块设计的方法
- 掌握系统实现与运行的方法

内容浏览

16.1 任务描述

随着科学技术的不断提高，计算机科学日渐成熟，其强大的功能已被人们深刻认识。它已经进入人类社会的各个领域，并发挥着越来越重要的作用。作为计算机应用的一部分，使用计算机对汽车销售信息进行管理，具有手动管理所无法比拟的优点。例如，检索迅速、查找方便、可靠性高、存储量大、保密性好、寿命长、成本低等。这些优点能够极大地提高汽车销售管理的效率，也使企业可以进行科学化、正规化管理。

扫一扫，看视频

本任务以汽车销售信息管理系统为背景，帮助汽车销售公司管理其销售信息，实现办公的信息化。实现对入库及销售信息的查询、增加、删除和编辑操作，某辆车信息的检索，以及分类汇总。帮助企业利用信息技术及时获取市场信息，挖掘潜在客户，并增强锁定目标客户的能力。

16.2 需求分析

本系统的用户主要是各汽车销售公司的销售管理人员和计算机系统管理员，因此系统应包含以下主要功能。

1. 用户登录

登录功能是进入系统必须经过的验证过程，其主要功能是验证使用者的身份，确认使用者的权限，从而在使用软件过程中能安全地控制系统数据，即不同的使用者有不同的权限，每个使用者不得跨越其权限操作软件，以避免不必要的数据丢失事件发生。

2. 系统信息管理

系统信息管理是计算机系统管理员所需要的主要功能，包括管理系统信息，对各部门人员、权限进行管理等。

3. 客户信息管理

客户信息管理是对购车客户的基本资料、消费、积分、优惠政策的管理。通过信息管理，一方面确保客户资料的真实性、完整性；另一方面可以收集客户资料、维护客户关系，给汽车销售公司带来更多的客户重复消费，实现业绩增长。客户信息管理主要包括客户信息的登录、维护、查询、会员等级变更等。

4. 车辆信息管理

车辆信息管理是指汽车销售公司从分析客户的需求和自身情况入手，对汽车产品组合、定价方法、促销活动，以及资金使用、库存车辆和其他经营性指标进行全面管理，以保证在最佳的时间、将最合适的数量、按正确的价格向客户提供产品，同时达到既定的经济效益指标。因此，需要提供对任意车辆信息的添加、修改、删除功能，做到对车辆促销信息的及时维护。

5. 销售信息管理

销售信息管理是为了实现各种组织目标，创造、建立和保持与目标市场之间的有益交换和联系而进行的分析、计划、执行、监督和控制。通过计划、执行、监督及控制企业的销售活动，达到企业的销售目标。在汽车销售公司中的销售管理主要需要对全部销售情况进行监控，以确定各类车辆的销售情况；了解所有客户的购买情况，以方便汽车销售公司对于客户优惠或车辆促销做出及时调整。

16.3 功能结构设计

根据16.2节中的需求分析，得出系统应包含以下功能模块，如图16-1所示。

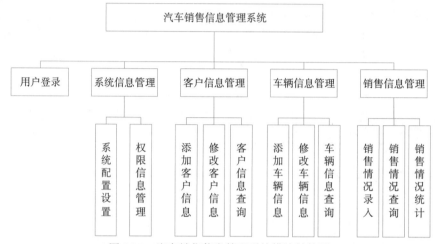

图 16-1　汽车销售信息管理系统模块结构图

扫一扫，看视频

1. 用户登录模块

输入数据为员工用户名和密码。单击"确定"按钮后，若员工用户名、密码正确，则根据员工部门权限提供相应管理界面；否则，提示登录失败。单击"取消"按钮后退出系统。

2. 系统信息管理模块

（1）系统配置设置：输入数据为数据库服务器地址、数据库连接用户名、数据库连接密码。单击"确定"按钮保存设置，单击"取消"按钮退出界面。

（2）权限信息管理：通过列表显示所有员工的用户名、密码、部门等信息，提供增加、删除、修改相应信息的功能。各部门员工只能查询、管理本部门的商品和销售信息。

3. 客户信息管理模块

（1）添加客户信息：对新购车的客户提供其各项信息的输入功能，包括姓名、性别、出生日期、身份证号、联系电话、家庭住址等。

（2）修改客户信息：对已购车的客户提供其各项信息的修改功能，包括联系电话、家庭住址、会员等级等。

（3）客户信息查询：列表显示所有客户的基本信息，包括编号、姓名、性别、出生日期、身份证号、联系电话、家庭住址、会员等级。提供按会员等级、年龄段列表显示功能。

注意：为保持汽车销售公司的市场占有率，维护公司与客户的关系，在汽车销售信息管理系统中一般不提供删除客户的功能。

4. 车辆信息管理模块

（1）添加车辆信息：对新入库的车辆提供其各项信息的输入功能，包括编号、品牌、型号、价格、保修期、当前折扣、描述信息等。

（2）修改车辆信息：对汽车销售公司现有车辆提供其各项信息的修改功能，包括品牌、型号、价格、保修期、当前折扣、描述信息等。

（3）车辆信息查询：列表显示所有车辆的基本信息，包括编号、品牌、型号、价格、当前折扣。提供按品牌、型号显示功能。

注意：为保持汽车销售公司车辆种类齐全，提高公司竞争力，在汽车销售信息管理系统中，对于不再销售的车辆一般不提供删除功能。

5. 销售信息管理模块

（1）销售情况录入：对新售出的车辆提供销售信息的录入功能，包括客户编号、车辆编号、订单编号、销售时间、销售总价等。

（2）销售情况查询：列表显示汽车销售公司所有车辆销售明细情况，提供按照车辆编号、客户编号的精确查询功能，以及按照车辆型号、客户名称的模糊查询功能。

（3）销售情况统计：提供对销售数据的汇总统计功能，包括各型号车辆每月的销售情况，提供排序及按照品牌名称的模糊查询；为各客户每月的消费情况提供排序。

16.4 数据库设计

16.4.1 E-R 图

系统主要E-R图如图16-2所示。

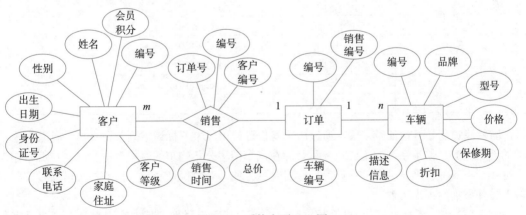

图 16-2　系统主要 E-R 图

系统主要包含以下三类实体。

（1）客户：作为系统的重要实体之一，客户具有最多的属性，对于其属性的识别要严格参照功能需求，所有需要录入的信息都应仔细识别，以判断是否应作为属性添加到E-R图中。

（2）车辆：系统中另一个极为重要的实体，其属性的识别也应严格按照具体系统录入的需求进行，所有需要录入的信息都应仔细识别，以判断是否应作为属性添加到E-R图中。

（3）订单：在汽车销售管理信息系统中，车辆不是独立存在的，而是通过订单与客户的购买行为联系在一起的。每份订单中对应一个订单编号和多个车辆编号，因此订单与车辆之间是一对多的关系。

系统中还应包含一个关系：销售。作为汽车销售信息管理系统所需要管理的核心内容，销售将客户、订单、车辆串联起来，形成了系统的基础框架。客户可以购买多辆汽车，每一种汽车也可被多个客户购买。可见，客户与车辆之间存在多对多（$m:n$）的关系。为了拆分这种关系，在客户与车辆之间添加了销售关系，客户在汽车销售公司的一次购车行为即对应一条销售记录。但客户在一次购车行为中仍可能购买多辆汽车，仍然存在数据冗余，因此添加实体订单：客户在一次购车中产生一个订单，每个订单中可包含多辆汽车。这样就将所有关系清楚且有调理地展现出来，并解决所有可能存在的冗余问题。

另外，系统中还包含汽车销售公司员工实体，只包含用户名、密码、所管理的车辆品牌等属性，对重要业务不产生实质影响，故不再赘述。

16.4.2 数据库表设计

根据16.4.1小节中E-R图设计出汽车销售信息管理系统的数据表（见表16-1～表16-5）。

客户信息表（表16-1）与客户实体相对应，包含其所有属性。其中编号字段应设为主键并自增，以保持数据完整性。客户等级也可使用int型数据，如果用int型数据表示，则需在程序中做数字与文字的转换。

表16-1 客户信息表

编 号	字 段 名 称	数 据 类 型	说 明
1	编号	int	主键、自增
2	姓名	varchar(20)	
3	性别	int	性别（0——男，1——女）
4	出生日期	date	
5	身份证号	varchar(20)	
6	联系电话	varchar(20)	
7	家庭住址	varchar(50)	
8	客户等级	varchar(10)	
9	会员积分	float	

需要注意的是身份证号字段，通过居民身份证号可以唯一标识中国公民身份，具有作为主键的天然优势。但本系统的主要业务是管理在汽车销售公司购车的客户身份，以客户编号作为主键在于与其他表进行关联、查询等操作时会更方便。对身份证号唯一性的检验可通过在此字段上另外添加约束来实现。

销售信息表（表16-2）与销售关系相对应，包含其所有属性。其中客户编号、订单号字段应设为联合主键，以保持数据完整性。同时客户编号字段还作为外键与客户信息表关联，用以表示销售信息所属的客户；订单号还作为外键与订单信息表关联，用以表示销售信息所对应的订单。由于车辆的价格、折扣等信息经常会发生变动，所以使用总价字段保存本次销售过程中所售车辆价格的总计，并作为历史记录保存。另外，为管理方便，销售信息表中还可添加编号字段，并设为自增。

表 16-2　销售信息表

编　　号	字 段 名 称	数 据 类 型	说　　明
1	编号	int	自增
2	客户编号	int	联合主键、外键
3	订单号	int	联合主键、外键
4	销售时间	datetime	
5	总价	float	

　　订单信息表(表16-3)与订单实体相对应,包含其所有属性。其中编号字段应设为主键并自增,以保持数据完整性。车辆编号为外键与车辆信息表关联,用以表示订单中所包含的车辆。另外,订单信息表中还可添加销售编号字段,作为外键与销售信息表的销售记录相对应,以便于根据车辆情况查询购买某辆汽车的客户信息,为汽车销售公司的销售数据分析提供支持。

表 16-3　订单信息表

编　　号	字 段 名 称	数 据 类 型	说　　明
1	编号	int	主键、自增
2	车辆编号	int	外键
3	销售编号	int	外键

　　车辆信息表(表16-4)与车辆实体相对应,包含其所有属性。其中编号字段应设为主键并自增,以保持数据完整性。品牌、型号字段也可使用int型数据,如果用int型数据表示,则需在程序中做数字与文字的转换。

表 16-4　车辆信息表

编　　号	字 段 名 称	数 据 类 型	说　　明
1	编号	int	主键、自增
2	品牌	varchar(20)	
3	型号	varchar(20)	
4	价格	float	
5	保修期	int	
6	折扣	float	
7	描述信息	varchar(500)	

　　员工信息表(表16-5)与员工实体相对应,包含其所有属性。其中用户名字段应设为主键,以保持数据完整性。管理类别字段也可使用int型数据,如果用int型数据表示,则需在程序中做数字与文字的转换。

表 16-5　员工信息表

编　　号	字 段 名 称	数 据 类 型	说　　明
1	用户名	varchar(20)	主键
2	密码	varchar(20)	
3	管理类别	varchar(20)	管理车辆的品牌、型号

16.4.3　数据库构建

　　汽车销售信息管理系统的数据库在SQL Server 2019数据库环境下构建,SQL脚本代码如下，该代码包含表、主键、外键关系、触发器等元素。为方便读者阅读，所有表名、字段名等名称都使用了中文，读者自行练习时应将其改为英文。

```
--建表
CREATE TABLE [dbo].[客户信息表](
    [编号] [int] IDENTITY(1,1) NOT Null, --自增
    [姓名] [varchar](20) NOT Null,
    [性别] [int] NOT Null,
    [出生日期] [date] NOT Null,
    [身份证号] [varchar](20) NOT Null,
    [联系电话] [varchar](20) NOT Null,
    [家庭住址] [varchar](50) Null,
    [会员等级] [varchar](10) Null,
    [会员积分] [float] Null,
CONSTRAINT [PK_客户信息表] PRIMARY KEY CLUSTERED
(
    [编号] ASC
)WITH (PAD_INDEX = OFF, STATISTICS_NORECOMPUTE = OFF, IGNORE_DUP_KEY = OFF, ALLOW_
ROW_LOCKS = ON, ALLOW_PAGE_LOCKS = ON) ON [PRIMARY]
) ON [PRIMARY]
```

```
--建表
CREATE TABLE [dbo].[销售信息表](
    [编号] [int] IDENTITY(1,1) NOT Null, --自增
    [客户编号] [int] NOT Null,
    [订单号] [int] NOT Null,
    [销售时间] [datetime] NOT Null,
    [总价] [float] NOT Null,
CONSTRAINT [PK_销售信息表] PRIMARY KEY CLUSTERED --联合主键
(
    [客户编号] ASC,
    [订单号] ASC
)WITH (PAD_INDEX = OFF, STATISTICS_NORECOMPUTE = OFF, IGNORE_DUP_KEY = OFF, ALLOW_
ROW_LOCKS = ON, ALLOW_PAGE_LOCKS = ON) ON [PRIMARY]
) ON [PRIMARY]
```

```
--建立外键关系
ALTER TABLE [dbo].[销售信息表]  WITH CHECK ADD  CONSTRAINT [FK_销售信息表_客户信息表]
FOREIGN KEY([客户编号])
REFERENCES [dbo].[客户信息表] ([编号])
ALTER TABLE [dbo].[销售信息表] CHECK CONSTRAINT [FK_销售信息表_客户信息表]
```

```
--建表
CREATE TABLE [dbo].[订单信息表](
    [编号] [int] IDENTITY(1,1) NOT Null, --自增
    [车辆编号] [int] NOT Null,
    [销售编号] [int] NOT Null,
CONSTRAINT [PK_订单信息表] PRIMARY KEY CLUSTERED
(
    [编号] ASC
)WITH (PAD_INDEX = OFF, STATISTICS_NORECOMPUTE = OFF, IGNORE_DUP_KEY = OFF, ALLOW_
ROW_LOCKS = ON, ALLOW_PAGE_LOCKS = ON) ON [PRIMARY]
) ON [PRIMARY]
```

```
--建立外键关系
ALTER TABLE [dbo].[订单信息表]  WITH CHECK ADD  CONSTRAINT [FK_订单信息表_车辆信息表]
FOREIGN KEY([车辆编号])
REFERENCES [dbo].[车辆信息表] ([编号])
ALTER TABLE [dbo].[订单信息表] CHECK CONSTRAINT [FK_订单信息表_车辆信息表]

ALTER TABLE [dbo].[订单信息表]  WITH CHECK ADD  CONSTRAINT [FK_订单信息表_销售信息表]
FOREIGN KEY([销售编号])
REFERENCES [dbo].[销售信息表] ([编号])
ALTER TABLE [dbo].[订单信息表] CHECK CONSTRAINT [FK_订单信息表_销售信息表]
```

```
--建表
CREATE TABLE [dbo].[车辆信息表](
    [编号] [int] IDENTITY(1,1) NOT Null, --自增
    [品牌] [varchar](20) NOT Null,
    [型号] [varchar](20) NOT Null,
    [价格] [float] NOT Null,
    [保修期] [int] NOT Null,
    [折扣] [float] NOT Null,
    [描述信息] [varchar](500) NOT Null,
CONSTRAINT [PK_车辆信息表] PRIMARY KEY CLUSTERED
(
    [编号] ASC
)WITH (PAD_INDEX = OFF, STATISTICS_NORECOMPUTE = OFF, IGNORE_DUP_KEY = OFF, ALLOW_
ROW_LOCKS = ON, ALLOW_PAGE_LOCKS = ON) ON [PRIMARY]
) ON [PRIMARY]
```

```
--建表
CREATE TABLE [dbo].[员工信息表](
    [用户名] [varchar](20) NOT Null,
    [密码] [varchar](20) NOT Null,
    [管理类别] [varchar](20) NOT Null,
CONSTRAINT [PK_员工信息表] PRIMARY KEY CLUSTERED
(
    [用户名] ASC
)WITH (PAD_INDEX = OFF, STATISTICS_NORECOMPUTE = OFF, IGNORE_DUP_KEY = OFF, ALLOW_
ROW_LOCKS = ON, ALLOW_PAGE_LOCKS = ON) ON [PRIMARY]
) ON [PRIMARY]
```

```
--建立触发器，当向销售信息表中添加数据时，自动修改客户信息表中会员的积分。
CREATE TRIGGER [dbo].[修改会员积分触发器]
    ON  [dbo].[销售信息表]
    AFTER INSERT
AS
BEGIN
    SET NOCOUNT ON;
    DECLARE @编号 int, @增加积分 float
    SELECT @编号=客户编号, @增加积分=总价
    FROM inserted
    UPDATE dbo.客户信息表
    SET 会员积分=会员积分+@增加积分
    WHERE 编号=@编号
END
```

16.5 关键代码示例

16.5.1 主功能模块

扫一扫，看视频

本模块包含系统的全部主要功能，使用System.out.println()方法输出各菜单选项，并通过if语句控制所有功能间的跳转。即系统输出菜单后等待用户输入，用户输入有效选项后，根据if语句的控制逻辑显示下一级菜单项或具体功能界面。系统主界面如图16-3所示，选择1～5并按Enter键进行操作。如果选择出错，则系统将提出警告，并提醒用户重新进行选择。

```
**************汽车销售信息管理系统**************
欢迎使用该系统!
本系统有以下几种功能:
1.查询  2.插入(购买)  3.修改  4.删除  5.退出
请根据你的需要选择:
```

图 16-3　系统主界面

如果需要对车辆信息进行查看，则选择1按Enter键进入选项，再选择1按Enter键进入该功能界面，程序显示数据库中所有会员信息。同样还可以选择2、3，查看客户信息及员工信息。如图16-4所示。

```
**************汽车销售信息管理系统**************
欢迎使用该系统!
本系统有以下几种功能:
1.查询  2.插入(购买)  3.修改  4.删除  5.退出
请根据你的需要选择:
1
1.汽车查询  2.顾客查询  3.员工查询  4.销售查询
请选择:
1
编号     品牌     型号     描述信息 价格
11       一汽     suv      舒适     98000.0
12       本田     suv      舒适     100000.0
13       保时捷   718      酷炫     540000.0
14       大众     桑塔纳   性价比高 60000.0
```

图 16-4　查看车辆信息界面

其他功能选项都可进入相关功能界面，如图16-5～图16-7所示。

```
欢迎使用该系统!
本系统有以下几种功能:
1.查询  2.插入(购买)  3.修改  4.删除  5.退出
请根据你的需要选择:
2
汽车信息    顾客信息
输入你要插入的汽车品牌:
宝马
输入你要插入的汽车型号:
x1
输入你要插入的汽车保修期:
365
输入你要插入的描述信息:
性价比高
输入你要插入的汽车价格:
200000
输入你要插入的汽车折扣:
0.9
请输入顾客信息:
输入顾客姓名:
小明
输入顾客性别:
1
输入顾客电话:
123465789
输入出生日期（XXXX-XX-XX）:
2000-01-01
输入顾客身份证号:
123456798
插入成功!
```

图 16-5　添加购车信息界面

```
***************汽车销售信息管理系统**************
欢迎使用该系统！
本系统有以下几种功能：
1.查询   2.插入(购买)   3.修改   4.删除   5.退出
请根据你的需要选择：
3
1.汽车信息修改   2.顾客信息修改   3.员工信息修改
请选择：
1
选择你要修改的汽车编号：
11
输入你要修改的项：1.汽车品牌   2.汽车型号   3.汽车价格
1
输入你修改后的值：
金杯
修改成功！
```

图 16-6   修改信息界面

```
***************汽车销售信息管理系统**************
欢迎使用该系统！
本系统有以下几种功能：
1.查询   2.插入(购买)   3.修改   4.删除   5.退出
请根据你的需要选择：
4
1.汽车信息删除     2.顾客信息删除     3.员工信息删除
请选择：
1
输入你要删除的汽车信息表中的汽车编号：
11
已删除！
```

图 16-7   删除信息界面

系统实现代码如下：

```java
import java.io.*;
import java.sql.*;
import java.util.Scanner;

public class Demo {
    // 抛出数字格式化异常，输入异常和SQL异常
     public static void main(String[] args) throws NumberFormatException, IOException,
SQLException {
        Statement st = DaoCon.getConnection().createStatement();
        int a1 = 1;
        while (a1 != 0) {
        System.out.println("***************汽车销售信息管理系统**************");
        System.out.println("欢迎使用该系统!");
        System.out.println("本系统有以下几种功能: ");
        System.out.println("1.查询     2.插入(购买)     3.修改     4.删除     5.退出");
        System.out.print("请根据你的需要选择: \n");
        int x = 0; // 项目选项
        Scanner reader = new Scanner(System.in);
        x = reader.nextInt();
        if (x == 5){
            System.out.println("退出成功!");
            a1 = 0; // 退出循环
        }


        // 查询
```

```
if (x == 1) {
    System.out.println("1.汽车查询    2.顾客查询    3.员工查询    4.销售查询");
    System.out.println("请选择: ");
    int m = 0;
    try {
        Scanner input = new Scanner(System.in);
        m = input.nextInt();
    } catch (Exception e) {
    }
    //汽车查询
    if (m == 1) {
        // 执行SQL语句
        ResultSet rs = st.executeQuery("select * from 车辆信息表");
        System.out.println("编号" + "\t品牌" + "\t型号" + "\t描述信息" +
        "\t价格");
        while (rs.next()) {                    // 依次读取
            String a = rs.getString("编号");    // 获取指定列的值
            String b = rs.getString("品牌");
            String c = rs.getString("型号");
            String d = rs.getString("描述信息");
            float e = rs.getFloat("价格");
            System.out.println(a + "\t" + b + "\t" + c + "\t" + d + "\t"
            + e + "\t");
        }
    }
    //顾客查询
    if (m == 2) {
        // 执行SQL语句
        ResultSet rs = st.executeQuery("select * from 客户信息表");
        System.out.println("编号" + "\t姓名" + "\t联系电话" + "\t家庭住址
        " + "\t身份证号");
        while (rs.next()) {                    // 依次读取
            String a = rs.getString("编号");    // 获取指定列的值
            String b = rs.getString("姓名");
            String c = rs.getString("联系电话");
            String d = rs.getString("家庭住址");
            String e = rs.getString("身份证号");
            System.out.println(a + "\t" + b + "\t" + c + "\t" + d + "\t"
            + e + "\t");
        }
    }
    //员工查询
    if (m == 3) {
        ResultSet rs = st.executeQuery("select * from 员工信息表");
        System.out.println("用户名" + "\t密码" + "\t管理类别");
        while (rs.next()) {
            String a = rs.getString("用户名");
            String b = rs.getString("密码");
            String c = rs.getString("管理类别");
            System.out.println(a + "\t" + b + "\t" + c );
        }
    }
    //销售查询
    if (m == 4) {
        // 执行SQL语句
        ResultSet rs = st.executeQuery("select * from 销售信息表");
        System.out.println("编号" + "\t客户编号" + "\t订单号" + "\t销售时间");
```

```
            while (rs.next()) {                      // 依次读取
                String a = rs.getString("编号");      // 获取指定列的值
                String b = rs.getString("客户编号");
                int c = rs.getInt("订单号");
                String d = rs.getString("销售时间");
                System.out.println(a + "\t" + b + "\t" + c + "\t" + d + "\t");
            }
        }
    }
    // 插入（购买）
    if (x == 2) {
        System.out.println("汽车信息       顾客信息 ");
        int c1 = 0;            // 保修期
        String c2 = "";     // 品牌
        String c3 = "";     // 型号
        String c4 = "";     // 描述信息
        float c5 = 0;        // 价格
        float c6 = 0;        // 折扣
        System.out.println("输入你要插入的汽车品牌: ");
        // System.out.print("c2=" + c2);
        try {
            Scanner input = new Scanner(System.in);
            c2 = input.next();
        } catch (Exception ex) {
        }
        System.out.println("输入你要插入的汽车型号: ");
        // System.out.print("c3=" + c3);
        try {
            Scanner input = new Scanner(System.in);
            c3 = input.next();
        } catch (Exception ex) {
        }
        System.out.println("输入你要插入的汽车保修期: ");
        // System.out.print("c1=" + c1);
        try {
            Scanner input = new Scanner(System.in);
            c1 = input.nextInt();
        } catch (Exception ex) {
        } // 抛出输入异常
        System.out.println("输入你要插入的描述信息: ");
        //System.out.print("c4=" + c4);
        try {
            Scanner input = new Scanner(System.in);
            c4 = input.next();
        } catch (Exception ex) {
        }
        System.out.println("输入你要插入的汽车价格: ");
        // System.out.print("c5=" + c5);
        try {
            Scanner input = new Scanner(System.in);
            c5 = input.nextFloat();
        } catch (Exception ex) {
        }
        System.out.println("输入你要插入的汽车折扣: ");
        try {
            Scanner input = new Scanner(System.in);
            c6 = input.nextFloat();
```

```
        } catch (Exception ex) {
        }
        // getConnection()建立连接，createStatement()创建一个Statement对象将
        // SQL语句发送到数据库
        DaoCon.getConnection().createStatement()
                .executeUpdate("insert into 车辆信息表(保修期,品牌,型号,描述信
                息,价格,折扣)values" + "('" + c1 + "','" + c2 + "','" + c3
                + "','" + c4 + "','" + c5 + "','"+c6+"')");
        System.out.println("请输入顾客信息：");
        int l1 = 0;           // 性别
        String l2 = "";       // 姓名
        String l3 = "";       // 联系电话
        String l4 = "";       // 家庭住址
        String l5 = "";       // 身份证号
        System.out.println("输入顾客姓名：");
        // System.out.print("l2=" + l2);
        try {
            Scanner input = new Scanner(System.in);
            l2 = input.next();
        } catch (Exception ex) {
        }
        System.out.println("输入顾客性别：");
        // System.out.print("l1=" + l1);
        try {
            Scanner input = new Scanner(System.in);
            l1 = input.nextInt();
        } catch (Exception ex) {
        }
        System.out.println("输入顾客电话：");
        // System.out.print("l3=" + l3);
        try {
            Scanner input = new Scanner(System.in);
            l3 = input.next();
        } catch (Exception ex) {
        }
        System.out.println("输入出生日期（XXXX-XX-XX）：");
        // System.out.print("l4=" + l4);
        try {
            Scanner input = new Scanner(System.in);
            l4 = input.next();
        } catch (Exception ex) {
        }
        System.out.println("输入顾客身份证号：");
        // System.out.print("l5=" + l5);
        try {
            Scanner input = new Scanner(System.in);
            l5 = input.next();
        } catch (Exception ex) {
        }
        System.out.println("插入成功!");
        DaoCon.getConnection().createStatement()
                .executeUpdate("insert into 客户信息表(性别,姓名,联系电话,出生
                日期,身份证号)values" + "('" + l1 + "','" + l2 + "','" + l3
                + "','" + l4 + "','" + l5 + "')");
        String s2 = "";       // 客户编号
        String s3 = "";       // 销售时间
        int s1 = 0;           // 订单号
```

```
float s44 = 0;  // 总价
System.out.println("输入客户编号: ");
try {
    Scanner input = new Scanner(System.in);
    s2 = input.next();
} catch (Exception ex) {
}
System.out.println("输入销售时间('XXXX-XX-XX'): ");
try {
    Scanner input = new Scanner(System.in);
    s3 = input.next();
} catch (Exception ex) {
}
System.out.println("输入订单号: ");
try {
    Scanner input = new Scanner(System.in);
    s1 = input.nextInt();
} catch (Exception ex) {
}
System.out.println("输入总价: ");
try {
    Scanner input = new Scanner(System.in);
    s44 = input.nextFloat();
} catch (Exception ex) {
}
DaoCon.getConnection().createStatement()
        .executeUpdate("insert into 销售信息表(客户编号,销售时间,订单
            号,总价)values" + "('" + s2 + "','" + s3 + "'," + s1 + ",'"
            + s44 + "')");
} // c1汽车编号, 11顾客编号
// 修改
if (x == 3) {
    System.out.println("1.汽车信息修改    2.顾客信息修改    3.员工信息修改");
    System.out.println("请选择: ");
    int m = 0;
    try {
        Scanner input = new Scanner(System.in);
        m = input.nextInt();
    } catch (Exception e) {
    }
    //汽车信息修改
    if (m == 1) {
        String m1 = "";  // 汽车编号
        String m2 = "";  // 接着修改的值
        int m3 = 0;       // 修改项
        System.out.println("选择你要修改的汽车编号: ");
        try {
            Scanner input = new Scanner(System.in);
            m1 = input.next();
        } catch (Exception ex) {
        }
        // PreparedStatement支持多次执行SQL语句,创建对象ps, 允许SQL 语句可
        // 具有一个或多个IN参数, 占位符
        PreparedStatement ps = DaoCon.getConnection().prepareStatement
        ("select * from 车辆信息表 where 编号=?");
        ps.setString(1, m1); // 占位符的值和位置
        ResultSet rs = ps.executeQuery();
```

```
                    if (rs.next()) {
                        System.out.println("输入你要修改的项：1.汽车品牌        2.汽车型
                        号        3.汽车价格");
                        try {
                            Scanner input = new Scanner(System.in);
                            m3 = input.nextInt();
                        } catch (Exception e) {
                        }
                        if (m3 == 1) {
                            System.out.println("输入你修改后的值：  ");
                            try {
                                Scanner input = new Scanner(System.in);
                                m2 = input.next();      // m2为汽车品牌
                            } catch (Exception ex) {
                            }
                            ps.close();
                            PreparedStatement pstmt3 = DaoCon.getConnection()
                                    .prepareStatement("Update 车辆信息表 set 品牌=?
                                    where  编号=?");
                            pstmt3.setString(1, m2);   // 占位符的位置和占位符的值
                            pstmt3.setString(2, m1);
                            pstmt3.executeUpdate();
                            System.out.println("修改成功！ ");
                        }
                        if (m3 == 2) {
                            System.out.println("输入你修改后的值:");
                            try {
                                Scanner input = new Scanner(System.in);
                                m2 = input.next();       // m2为汽车型号
                            } catch (Exception ex) {
                            }
                            ps.close();
                            PreparedStatement pstmt3 = DaoCon.getConnection()
                                    .prepareStatement("Update 车辆信息表 set  型号=?
                                    where 编号=?");
                            pstmt3.setString(1, m2);   // 占位符的位置和占位符的值
                            pstmt3.setString(2, m1);
                            pstmt3.executeUpdate();
                            System.out.println("修改成功!");
                            rs.close();
                        }
                        if (m3 == 3) {
                            System.out.println("输入你修改后的值:");
                            try {
                                Scanner input = new Scanner(System.in);
                                m2 = input.next();       // m2为汽车价格
                            } catch (Exception ex) {
                            }
                            ps.close();
                            PreparedStatement pstmt3 = DaoCon.getConnection()
                                    .prepareStatement("Update 车辆信息表 set  价格=?
                                    where 编号=?");
                            pstmt3.setString(1, m2);    // 占位符的位置和占位符的值
                            pstmt3.setString(2, m1);
                            pstmt3.executeUpdate();
                            System.out.println("修改成功!");
                            rs.close();
```

```java
            }
        } else {
            System.out.println("你要更改的项不存在!");
        }
    }
    if (m == 2) {
        String m1 = "";        // 顾客编号
        String m2 = "";        // 接着修改的值
        int m3 = 0;            // 修改项
        System.out.println("选择你要修改的顾客编号: ");
        try {
            Scanner input = new Scanner(System.in);
            m1 = input.next();
        } catch (Exception ex) {
        }
        PreparedStatement ps = DaoCon.getConnection()
                .prepareStatement("select * from 客户信息表 where 编号=?");
        ps.setString(1, m1);
        ResultSet rs = ps.executeQuery();
        if (rs.next()) {
            System.out.println("输入你要修改的项: 1.顾客姓名        2.顾客电
            话     3.顾客地址");
            try {
                Scanner input = new Scanner(System.in);
                m3 = input.nextInt();
            } catch (Exception e) {
            }
            if (m3 == 1) {
                System.out.println("输入你修改后的值:   ");
                try {
                    Scanner input = new Scanner(System.in);
                    m2 = input.next(); // 顾客姓名
                } catch (Exception ex) {
                }
                ps.close();
                PreparedStatement pstmt3 = DaoCon.getConnection()
                        .prepareStatement("Update 客户信息表 set 姓名=?
                            where  编号=?");
                pstmt3.setString(1, m2);
                pstmt3.setString(2, m1);
                pstmt3.executeUpdate();
                System.out.println("修改成功! ");
            }
            if (m3 == 2) {
                System.out.println("输入你修改后的值:");
                try {
                    Scanner input = new Scanner(System.in);
                    m2 = input.next(); // 顾客电话
                } catch (Exception ex) {
                }
                ps.close();
                PreparedStatement pstmt3 = DaoCon.getConnection()
                        .prepareStatement("Update 客户信息表 set 联系电话
                            =? where  编号=?");
                pstmt3.setString(1, m2); // 占位符的位置和占位符的值
                pstmt3.setString(2, m1);
                pstmt3.executeUpdate();
```

```
                                System.out.println("修改成功!");
                                rs.close();
                            }
                            if (m3 == 3) {
                                System.out.println("输入你修改后的值:");
                                try {
                                    Scanner input = new Scanner(System.in);
                                    m2 = input.next(); // 顾客地址
                                } catch (Exception ex) {
                                }
                                ps.close();
                                PreparedStatement pstmt3 = DaoCon.getConnection()
                                        .prepareStatement("Update 客户信息表 set 家庭住址
                                            =? where  编号=?");
                                pstmt3.setString(1, m2); // 占位符的位置和占位符的值
                                pstmt3.setString(2, m1);
                                pstmt3.executeUpdate();
                                System.out.println("修改成功!");
                                rs.close();
                            }
                        } else {
                            System.out.println("你要更改的项不存在!");
                        }
                    }
                    if (m == 3) {
                        String m11 = ""; // 员工编号
                        String m13 = "";
                        int m12 = 0;
                        System.out.println("选择你要修改的员工编号: ");
                        try {
                            Scanner input = new Scanner(System.in);
                            m11 = input.next();
                        } catch (Exception ex) {
                        }
                        PreparedStatement pstmt31 = DaoCon.getConnection()
                                .prepareStatement("select * from 员工信息表 where 用户名=?");
                        pstmt31.setString(1, m11);
                        ResultSet rs3 = pstmt31.executeQuery();
                        if (rs3.next()) {
                            System.out.println("输入你要修改的项: 1.密码        2.管理类别     ");
                            try {
                                Scanner input = new Scanner(System.in);
                                m12 = input.nextInt();
                            } catch (Exception e) {
                            }
                            if (m12 == 1) {
                                System.out.println("输入你修改后的值: ");
                                try {
                                    Scanner input = new Scanner(System.in);
                                    m13 = input.next();
                                } catch (Exception ex) {
                                }
                                pstmt31.close();
                                PreparedStatement pstmt3 = DaoCon.getConnection()
```

```
                        .prepareStatement("Update 员工信息表 set 密码=?
                        where 用户名=?");
                pstmt3.setString(1, m13); // 占位符的位置和占位符的值
                pstmt3.setString(2, m11);
                pstmt3.executeUpdate();
                System.out.println("修改成功!");
            }
        if (m12 == 2) {
            System.out.println("输入你修改后的值:");
            try {
                Scanner input = new Scanner(System.in);
                m13 = input.next();
            } catch (Exception ex) {
            }
            pstmt31.close();
            PreparedStatement pstmt3 = DaoCon.getConnection()
                    .prepareStatement("Update 员工信息表 set 管理类别
                    =? where 用户名=?");
            pstmt3.setString(1, m13); // 占位符的位置和占位符的值
            pstmt3.setString(2, m11);
            pstmt3.executeUpdate();
            System.out.println("修改成功!");
            rs3.close();
        } else {
            System.out.println("你要更改的项不存在!");
        }
        }
    }
}
// 删除
if (x == 4) {
    System.out.println("1.汽车信息删除        2.顾客信息删除        3.员工信息删除");
    System.out.println("请选择: ");
    int j = 0;
    try {
        Scanner input = new Scanner(System.in);
        j = input.nextInt();
    } catch (Exception e) {
    }
    if (j == 1) {
        String S1 = ""; // 汽车编号
        System.out.println("输入你要删除的汽车信息表中的汽车编号: ");
        try {
            Scanner input = new Scanner(System.in);
            S1 = input.next();
        } catch (Exception ex) {
        }
        // PreparedStatement支持多次执行SQL语句,创建对象ps
        PreparedStatement ps = DaoCon.getConnection().prepareStatement
("Delete from 车辆信息表  where 编号=?");
        // SQL语句不再采用拼接方式,应用占位符问号的方式写SQL语句
        ps.setString(1, S1);
        // 对占位符设置值,占位符顺序从1开始,占位符的位置和占位符的值
        ps.executeUpdate();
```

```
                        System.out.println("已删除!");
                        ps.close();
                    }
                if (j == 2) {
                        String S2 = ""; // 顾客编号
                        System.out.println("输入你要删除的顾客编号: ");
                        try {
                            Scanner input = new Scanner(System.in);
                            S2 = input.next();
                        } catch (Exception ex) {
                        }
                        PreparedStatement ps = DaoCon.getConnection().prepareStatement
("Delete from 客户信息表 where 编号=?");
                        ps.setString(1, S2);
                        ps.executeUpdate();
                        System.out.println("已删除!");
                        ps.close();
                    }
                if (j == 3) {
                        String S3 = ""; // 员工编号
                        System.out.println("输入你要删除员工用户名: ");
                        try {
                            Scanner input = new Scanner(System.in);
                            S3 = input.next();
                        } catch (Exception ex) {
                        }
                        PreparedStatement ps = DaoCon.getConnection().prepareStatement
("Delete from 员工信息表 where 用户名=? ");
                        ps.setString(1, S3);
                        ps.executeUpdate();
                        System.out.println("已删除!");
                        ps.close();
                    }
                }
            }
        }
    }
```

16.5.2 数据库连接模块

数据库连接模块主要完成数据库连接的公共操作，并返回可用的连接。具体实现代码如下：

```
//连接java和数据库
class DaoCon {
    static String driverName = "com.microsoft.sqlserver.jdbc.SQLServerDriver";
    static String dbURL = "jdbc:sqlserver://localhost:1433;DatabaseName=kcsjsjk";
    static String userName = "sa";
    static String userPwd = "123456";

    public static Connection getConnection() throws SQLException {
        Connection con = null;
        try {
```

```
            Class.forName(driverName);
            con = DriverManager.getConnection(dbURL, userName, userPwd);
        } catch (Exception e) {
            e.printStackTrace();
            con.close();
        }
        return con;
    }
}
```

第 17 章

机票预订信息系统

学习目标

本章主要讲解"机票预订信息系统"数据库应用系统开发的全过程，并对系统开发流程中的总体设计、数据库设计、数据库创建等阶段进行详细阐述。通过本章的学习，读者应该掌握以下内容：

- 熟悉机票预订信息系统的总体设计思路
- 掌握数据库设计技巧
- 掌握 SQL Server 的环境部署和数据库创建方法
- 掌握功能模块设计的方法
- 掌握系统实现与运行的方法

内容浏览

扫一扫，看视频

17.1 任务描述

随着社会的不断发展进步，民航事业不断壮大，人们生活水平不断提高，乘坐民航的人也越来越多，机票预订系统在各地预订网点的作用也愈显重要。在计算机技术快速发展的今天，有必要引进高效的计算机系统来协助机票预订工作。因此，开发一套具有完整的存储、查询、核对机票功能的实时机票预订系统势在必行。机票预订系统应克服存储乘客信息少、查询效率低等问题，这关系到航班和乘客的安全及准确到达。

本任务以机票预订信息系统为背景，面向广大机票预订网点，开发供航空公司管理人员通过计算机进行机票预订信息管理的软件系统，使机票预订信息管理工作系统化、规范化、自动化，减轻机场工作人员的工作负担，提高整个订票流程的效率。

17.2 需求分析

本系统的用户主要是需购买机票的消费者、机票销售业务人员和计算机系统管理员，因此系统应包含以下主要功能。

1. 用户登录

登录功能是进入系统必须经过的验证过程，其主要功能是验证使用者的身份，确认使用者的权限，从而在使用软件过程中能安全地控制系统数据，即不同的使用者有不同的权限，每个使用者不得跨越其权限操作软件，以避免不必要的数据丢失事件发生。

2. 系统信息管理

系统信息管理是计算机系统管理员所需要的主要功能，包括管理系统信息，对各部门人员、权限进行管理等。

3. 前台消费者功能

前台主要是针对购买机票的消费者的功能，包括用户的注册，航班的查询、浏览、机票购买，订单的查看、修改，用户信息的维护等。通过这些功能，帮助消费者方便快捷地注册、登录系统，快速准确地找到自己需要的航班，以较优惠的价格完成购买。同时保证航空公司和消费者随时保持良好的联系，从而使消费者重复消费，提高旅客忠诚度，实现业绩增长。

4. 后台业务人员功能

后台主要是针对航空公司员工的功能，包括航线信息录入、机票信息管理、机票销售记录的查询与统计等。通过机票预订信息管理功能，帮助航空公司从分析旅客的需求和自身情况入手，对航线组合、定价方法、促销活动，以及资金使用、航班经营和其他经营性指标进行全面管理，以保证在最佳的时间、将最合适的数量、按正确的价格向旅客提供机票，同时达到既定的经济效益指标。因此，需要提供对任意机票信息的添加、修改、删除功能，做到对机票促销信息的及时维护。通过机票销售相关功能实现对全部销售情况进行监控，以确定各航班机票的销售情况，以及所有旅客的购买情况，以方便航空公司对于旅客优惠或机票促销做出及时调整。

17.3 功能结构设计

根据17.2节中的需求分析，得出系统应包含以下功能模块，如图17-1所示。

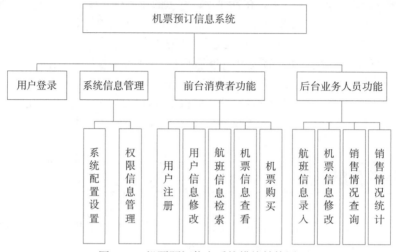

图 17-1　机票预订信息系统模块结构图

扫一扫，看视频

1. 用户登录模块

输入数据为用户名和密码。单击"确定"按钮后，若用户名、密码正确，则根据用户角色提供相应信息界面；否则提示登录失败。单击"取消"按钮后退出系统。

2. 系统信息管理模块

（1）系统配置设置：输入数据为数据库服务器地址、数据库连接用户名、数据库连接密码。单击"确定"按钮保存设置，单击"取消"按钮退出界面。

（2）权限信息管理：通过列表显示所有员工的用户名、密码、部门等信息，提供增加、删除、修改相应信息的功能。各部门员工只能查询、管理本部门的航班和销售信息。

3. 前台消费者功能模块

（1）用户注册：对首次购买机票的旅客提供其各项信息的输入功能，包括用户名、密码、姓名、性别、出生日期、身份证号、联系电话、家庭住址等。

（2）用户信息修改：对旅客提供其各项信息的修改功能，包括联系电话、家庭住址等。

注意：为保持航空公司的市场占有率、维护航空公司与旅客的关系，在机票预订信息系统中一般不提供删除用户的功能。

（3）航班信息检索：根据航班的航班号、起飞地、目的地、起飞时间等关键字检索航班信息，对于检索结果列出其航班号、起飞地、目的地、起飞时间、到达时间等信息。

（4）机票信息查看：显示选定航班的所有相关机票信息，包括舱位、价格、折扣、剩余票数等，并提供机票购买入口。

（5）机票购买：旅客选定要购买的机票后，系统自动根据机票的数量、价格、折扣计算出该笔订单的付款总额，并协助用户完成付款。

4.后台业务人员功能模块

（1）航班信息录入：对新开通的航班提供其各项信息的输入功能，包括航班号、起飞地、目的地、起飞时间、到达时间等。

（2）机票信息修改：对航班现有机票提供其各项信息的修改功能，包括舱位、价格、折扣、剩余票数等。

注意：为保持航空公司航线种类齐全、提高航空公司竞争力，在机票预订信息系统中对于暂时停运的航线一般不提供删除功能。

（3）销售情况查询：列表显示航空公司所有机票销售明细情况，提供按照航班号、用户名的精确查询功能，以及按照起飞地、目的地、机票舱位的模糊查询功能。

（4）销售情况统计：提供对销售数据的汇总统计功能，包括各航班机票每月的销售情况，提供排序及按照起飞地、目的地、机票舱位的模糊查询；为各用户每月的消费情况提供排序。

17.4 数据库设计

17.4.1 E-R图

系统主要E-R图如图17-2所示。

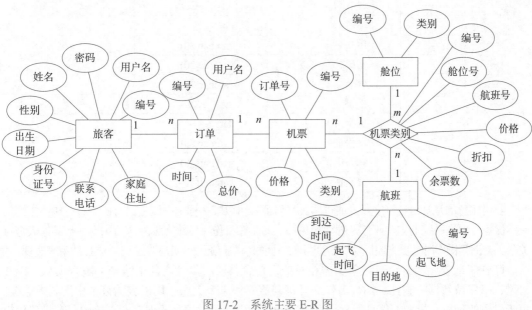

图 17-2　系统主要 E-R 图

系统主要包含以下5类实体。

（1）旅客：作为系统的重要实体之一，旅客具有最多的属性，对于其属性的识别要严格参照功能需求，对所有需要录入的信息都应仔细识别，以判断是否应作为属性添加到E-R图中。

（2）航班：系统中另一个极为重要的实体，其属性的识别也应严格按照具体系统录入的需求进行，对所有需要录入的信息都应仔细识别，以判断是否应作为属性添加到E-R图中。

（3）舱位：是每趟航班都具有的实体，也是决定机票价格的重要实体。

（4）机票：作为旅客登机的唯一凭证，同旅客和航班的关系都非常重要。

（5）订单：在机票预订信息系统中，机票不是独立存在的，是通过订单与旅客的购买行为联系在一起的。每名旅客可以下多份订单，每份订单只对应一名旅客，因此旅客与订单之间是一对多的关系。一个订单可包含多张机票，一张机票只对应一个订单，因此订单与机票之间是一对多的关系。

系统中还应包含一个关系：机票类别。在机票预订信息系统中，每趟航班都包含若干类型的舱位，而每种类型的舱位都可以出现在多趟航班上，可见航班与舱位是多对多的关系，因此需要使用机票类别关系进行拆分。在机票类别关系中限定了每趟航班中每个舱位的价格、折扣，每趟航班中包含多种机票类别，每种机票类别只对应一趟航班；每种舱位属于多种机票类别，每种机票类别只对应一种舱位。另外，机票类别还与机票有着一对多的关系，即每种机票类别对应多张机票，每张机票只属于一种机票类别。

另外，系统中还包含航空公司员工实体，只包含用户名、密码、所管理的航班等属性，对重要业务不产生实质影响，故不再赘述。

17.4.2 数据库表设计

根据17.4.1小节中的E-R图设计出机票预订信息系统的数据表（见表17-1～表17-7）。

旅客信息表（表17-1）与旅客实体相对应，包含其所有属性。其中用户名字段应设为主键，以保持数据完整性。

表 17-1 旅客信息表

编 号	字 段 名 称	数 据 类 型	说 明
1	编号	int	自增
2	用户名	varchar(20)	主键
3	密码	varchar(20)	
4	姓名	varchar(20)	
5	性别	int	性别（0——男，1——女）
6	出生日期	date	
7	身份证号	varchar(20)	
8	联系电话	varchar(20)	
9	家庭住址	varchar(50)	

需要注意的是身份证号字段，通过居民身份证号可以唯一标识中国公民身份，具有作为主键的天然优势。但本系统的主要业务是管理购买机票的旅客身份，以旅客编号作为主键在与其他表进行关联、查询等操作时会更方便。对身份证号唯一性的检验可通过在此字段上另外添加约束来实现。

订单信息表（表17-2）与订单实体相对应，包含其所有属性。其中编号字段应设为主键并自增，以保持数据完整性。用户名作为外键与旅客信息表关联，用以表示订单中所属的旅客。由于机票的价格、折扣等信息经常会发生变动，所以使用总价字段保存本订单中所有机票价格的总计，并作为历史记录保存。

表 17-2 订单信息表

编 号	字 段 名 称	数 据 类 型	说 明
1	编号	int	主键、自增
2	用户名	varchar(20)	外键
3	时间	datetime	
4	总价	float	

机票信息表（表17-3）与机票实体相对应，包含其所有属性。其中编号字段应设为主键并自增，以保持数据完整性。订单号作为外键与订单信息表关联，用以表示机票所属的订单；类别作为外键与机票类别信息表关联，用以表示机票所属的类别。由于机票的价格经常会发生变动，所以使用价格字段保存订购时机票的价格，并作为历史记录保存。

表 17-3 机票信息表

编　　号	字 段 名 称	数 据 类 型	说　　明
1	编号	int	主键、自增
2	订单号	int	外键
3	类别	int	外键
4	价格	float	

舱位信息表（表17-4）与舱位实体相对应，包含其所有属性。其中编号字段应设为主键并自增，以保持数据完整性。类别为舱位所属类别，如头等舱、商务舱、经济舱等。

表 17-4 舱位信息表

编　　号	字 段 名 称	数 据 类 型	说　　明
1	编号	int	主键、自增
2	类别	varchar(10)	

航班信息表（表17-5）与航班实体相对应，包含其所有属性。其中编号字段应设为主键，以保持数据完整性。

表 17-5 航班信息表

编　　号	字 段 名 称	数 据 类 型	说　　明
1	编号	int	主键
2	起飞地	varchar(20)	
3	目的地	varchar(20)	
4	起飞时间	datetime	
5	到达时间	datetime	

机票类别信息表（表17-6）与机票类别关系相对应，包含其所有属性。其中航班号、舱位号字段应设为联合主键，以保持数据完整性。同时航班号字段还作为外键与航班信息表关联，用以表示机票类别所属的航班；舱位号还作为外键与舱位信息表关联，用以表示机票列表信息所对应的舱位。余票数字段用于在旅客订票时提供某趟航班某个舱位当前剩余的票数。另外，为管理方便，机票类别信息表中还可添加编号字段，并设为自增。

表 17-6 机票类别信息表

编　　号	字 段 名 称	数 据 类 型	说　　明
1	编号	int	自增
2	航班号	varchar(20)	联合主键、外键
3	舱位号	int	联合主键、外键
4	价格	float	
5	折扣	float	
6	余票数	int	

员工信息表（表17-7）与员工实体相对应，包含其所有属性。其中用户名字段应设为主键，

以保持数据完整性。管理类别字段也可使用int型数据，如果用int型数据表示，则需在程序中做数字与文字的转换。

表 17-7 员工信息表

编　　号	字 段 名 称	数 据 类 型	说　　明
1	用户名	varchar(20)	主键
2	密码	varchar(20)	
3	管理类别	varchar(20)	所管理航班的类别

17.4.3 数据库构建

数据库在SQL Server 2019数据库环境下构建，SQL脚本代码如下，该代码包含表、主键、外键关系、触发器等元素。为方便读者阅读，所有表名、字段名等名称都使用了中文，读者自行练习时应将其改为英文。

```
--建表
CREATE TABLE [dbo].[旅客信息表](
    [编号] [int] IDENTITY(1,1) NOT Null, --自增
    [用户名] [varchar](20) NOT Null,
    [密码] [varchar](20) NOT Null,
    [姓名] [varchar](20) NOT Null,
    [性别] [int] NOT Null,
    [出生日期] [date] NOT Null,
    [身份证号] [varchar](20) NOT Null,
    [联系电话] [varchar](20) NOT Null,
    [家庭住址] [varchar](50) Null,
CONSTRAINT [PK_旅客信息表] PRIMARY KEY CLUSTERED
(
    [用户名] ASC
)WITH (PAD_INDEX = OFF, STATISTICS_NORECOMPUTE = OFF, IGNORE_DUP_KEY = OFF, ALLOW_
ROW_LOCKS = ON, ALLOW_PAGE_LOCKS = ON) ON [PRIMARY]
) ON [PRIMARY]
```

```
--建表
CREATE TABLE [dbo].[订单信息表](
    [编号] [int] IDENTITY(1,1) NOT Null, --自增
    [用户名] [varchar](20) NOT Null,
    [时间] [datetime] NOT Null,
    [总价] [float] NOT Null,
CONSTRAINT [PK_订单信息表] PRIMARY KEY CLUSTERED
(
    [编号] ASC
)WITH (PAD_INDEX = OFF, STATISTICS_NORECOMPUTE = OFF, IGNORE_DUP_KEY = OFF, ALLOW_
ROW_LOCKS = ON, ALLOW_PAGE_LOCKS = ON) ON [PRIMARY]
) ON [PRIMARY]
```

```
--建立外键关系
ALTER TABLE [dbo].[订单信息表]  WITH CHECK ADD  CONSTRAINT [FK_订单信息表_旅客信息表]
FOREIGN KEY([用户名])
REFERENCES [dbo].[旅客信息表] ([用户名])
ALTER TABLE [dbo].[订单信息表] CHECK CONSTRAINT [FK_订单信息表_旅客信息表]
```

```sql
--建表
CREATE TABLE [dbo].[机票信息表](
    [编号] [int] IDENTITY(1,1) NOT Null, --自增
    [订单号] [int] NOT Null,
    [类别] [int] NOT Null,
    [价格] [float] NOT Null,
CONSTRAINT [PK_机票信息表] PRIMARY KEY CLUSTERED
(
    [编号] ASC
)WITH (PAD_INDEX = OFF, STATISTICS_NORECOMPUTE = OFF, IGNORE_DUP_KEY = OFF, ALLOW_
ROW_LOCKS = ON, ALLOW_PAGE_LOCKS = ON) ON [PRIMARY]
) ON [PRIMARY]
```

```sql
--建立外键关系
ALTER TABLE [dbo].[机票信息表]  WITH CHECK ADD  CONSTRAINT [FK_机票信息表_订单信息表]
FOREIGN KEY([订单号])
REFERENCES [dbo].[订单信息表] ([编号])
ALTER TABLE [dbo].[机票信息表] CHECK CONSTRAINT [FK_机票信息表_订单信息表]

ALTER TABLE [dbo].[机票信息表]  WITH CHECK ADD  CONSTRAINT [FK_机票信息表_机票类别信息
表] FOREIGN KEY([类别])
REFERENCES [dbo].[机票类别信息表] ([编号])
ALTER TABLE [dbo].[机票信息表] CHECK CONSTRAINT [FK_机票信息表_机票类别信息表]
```

```sql
--建表
CREATE TABLE [dbo].[舱位信息表](
    [编号] [int] IDENTITY(1,1) NOT Null, --自增
    [类别] [varchar](10) NOT Null,
CONSTRAINT [PK_舱位信息表] PRIMARY KEY CLUSTERED
(
    [编号] ASC
)WITH (PAD_INDEX = OFF, STATISTICS_NORECOMPUTE = OFF, IGNORE_DUP_KEY = OFF, ALLOW_
ROW_LOCKS = ON, ALLOW_PAGE_LOCKS = ON) ON [PRIMARY]
) ON [PRIMARY]
```

```sql
--建表
CREATE TABLE [dbo].[航班信息表](
    [编号] [int] IDENTITY(1,1) NOT Null, --自增
    [起飞地] [varchar](20) NOT Null,
    [目的地] [varchar](20) NOT Null,
    [起飞时间] [datetime] NOT Null,
    [到达时间] [datetime] NOT Null,
CONSTRAINT [PK_航班信息表] PRIMARY KEY CLUSTERED
(
    [编号] ASC
)WITH (PAD_INDEX = OFF, STATISTICS_NORECOMPUTE = OFF, IGNORE_DUP_KEY = OFF, ALLOW_
ROW_LOCKS = ON, ALLOW_PAGE_LOCKS = ON) ON [PRIMARY]
) ON [PRIMARY]
```

```sql
--建表
CREATE TABLE [dbo].[机票类别信息表](
    [编号] [int] IDENTITY(1,1) NOT Null, --自增
```

```
    [航班号] [varchar](10) NOT Null,
    [舱位号] [int] NOT Null,
    [价格] [float] NOT Null,
    [折扣] [float] NOT Null,
    [余票数] [int] NOT Null,
CONSTRAINT [PK_机票类别信息表] PRIMARY KEY CLUSTERED
(
    [编号] ASC
)WITH (PAD_INDEX = OFF, STATISTICS_NORECOMPUTE = OFF, IGNORE_DUP_KEY = OFF, ALLOW_
ROW_LOCKS = ON, ALLOW_PAGE_LOCKS = ON) ON [PRIMARY]
) ON [PRIMARY]
```

```
--建立外键关系
ALTER TABLE [dbo].[机票类别信息表]  WITH CHECK ADD  CONSTRAINT [FK_机票类别信息表_航班
信息表] FOREIGN KEY([航班号])
REFERENCES [dbo].[航班信息表] ([编号])
ALTER TABLE [dbo].[机票类别信息表] CHECK CONSTRAINT [FK_机票类别信息表_航班信息表]

ALTER TABLE [dbo].[机票类别信息表]  WITH CHECK ADD  CONSTRAINT [FK_机票类别信息表_舱位
信息表] FOREIGN KEY([舱位号])
REFERENCES [dbo].[舱位信息表] ([编号])
ALTER TABLE [dbo].[机票类别信息表] CHECK CONSTRAINT [FK_机票类别信息表_舱位信息表]
```

```
--建表
CREATE TABLE [dbo].[员工信息表](
    [用户名] [varchar](20) NOT Null,
    [密码] [varchar](20) NOT Null,
    [管理类别] [varchar](20) NOT Null,
CONSTRAINT [PK_员工信息表] PRIMARY KEY CLUSTERED
(
    [用户名] ASC
)WITH (PAD_INDEX = OFF, STATISTICS_NORECOMPUTE = OFF, IGNORE_DUP_KEY = OFF, ALLOW_
ROW_LOCKS = ON, ALLOW_PAGE_LOCKS = ON) ON [PRIMARY]
) ON [PRIMARY]
```

```
--建立触发器，当向机票信息表中添加一条数据时，自动将机票类别信息表中的余票数减1
CREATE TRIGGER [dbo].[修改余票数触发器]
    ON  [dbo].[机票信息表]
    AFTER INSERT
AS
BEGIN
    SET NOCOUNT ON;
    DECLARE @类别编号 int
    SELECT @类别编号=类别
    FROM inserted
    UPDATE dbo.机票类别信息表
    SET 余票数=余票数-1
    WHERE 编号=@类别编号
END
```

17.5 关键代码示例

扫一扫，看视频

17.5.1 数据处理模块

在系统中多处都需要连接数据库处理数据，因此将数据库的连接、SQL 执行等功能抽象出来作为单独的数据处理工具类，可以提高数据处理效率，减少代码冗余，提高代码重用性。相关代码如下：

扫一扫，看视频

```java
import java.sql.*;
import java.util.*;
import javax.swing.table.AbstractTableModel;
import com.mysql.cj.protocol.Message;
public class JPModel extends AbstractTableModel {
    Vector columNames, rowData;
    // 操作数据库
    private static String driverName = "com.microsoft.sqlserver.jdbc.SQLServerDriver";
    private static String dbURL = "jdbc:sqlserver://localhost:1433;DatabaseName=tsxs";
    private static String userName = "sa";
    private static String userPwd = "123";
    public static Connection getConnection() {
        Connection conn = null;
        try {
            Class.forName(driverName);
            conn = DriverManager.getConnection(dbURL, userName, userPwd);
            if (conn != null) {
                System.out.println("连接成功! ");
            } else {
                System.out.println("连接失败! ");
            }
        } catch (ClassNotFoundException e) {
            e.printStackTrace();
        } catch (SQLException se) {
            System.out.println(se.toString());
        }
        return conn;
    }
    public void init(String sql) {
        if (sql.equals("")) {
            sql = "select 航班号,起飞地,目的地,价格,折扣,余票数  from 航班信息表 hbxx,
机票类别信息表 jqlbxx where hbxx.`编号`=jqlbxx.`航班号`";
        }
        columNames = new Vector();
        columNames.add("班次");
        columNames.add("出发地");
        columNames.add("目的地");
        columNames.add("票价");
        columNames.add("折扣");
        columNames.add("剩余票数");
        rowData = new Vector();
        Connection ct = null;
        PreparedStatement ps = null;
        ResultSet rs = null;
```

```
        try {
            Class.forName(driverName);
            ct = getConnection();
            ps = ct.prepareStatement(sql);
            rs = ps.executeQuery();
            while (rs.next()) {
                Vector hang = new Vector();
                hang.add(rs.getString(1));
                hang.add(rs.getString(2));
                hang.add(rs.getString(3));
                hang.add(rs.getFloat(4));
                hang.add(rs.getFloat(5));
                hang.add(rs.getString(6));
                // 把定义的行加入到rowData
                rowData.add(hang);
            }
        } catch (Exception e) {
            e.printStackTrace();
        } finally {
            try {
                if (ps != null)
                    ps.close();
                if (ct != null)
                    ct.close();
                if (rs != null)
                    rs.close();
            } catch (Exception e) {
                e.printStackTrace();
            }
        }
    }
    public void init1(String sql) {
        if (sql.equals("")) {
            sql = "select 订单号,姓名,身份证号,count(*) as 订票数量,航班号,起飞地,目的
地,起飞时间,到达时间,总价 from 旅客信息表 lkxx,订单信息表 ddxx,机票信息表  jqxx ,机票类别
信息表 jqll ,航班信息表 hbxx where lkxx.`姓名`=ddxx.`用户名`and ddxx.`编号`=jqxx.`订单
号`and jqxx.`类别`=jqll.`编号` and jqll.`航班号`=hbxx.`编号`";
        }
        columNames = new Vector();
        columNames.add("订单号");
        columNames.add("姓名");
        columNames.add("身份证号");
        columNames.add("订票数量");
        columNames.add("班次");
        columNames.add("出发地");
        columNames.add("目的地");
        columNames.add("出发时间");
        columNames.add("到达时间");
        columNames.add("总票价");
        // rowData可以存放多行
        rowData = new Vector();
        Connection ct = null;
        PreparedStatement ps = null;
        ResultSet rs = null;
        try {
            Class.forName(driverName);
            ct = getConnection();
```

```
                ps = ct.prepareStatement(sql);
                rs = ps.executeQuery();
                while (rs.next()) {
                    Vector hang = new Vector();
                    hang.add(rs.getString(1));
                    hang.add(rs.getString(2));
                    hang.add(rs.getString(3));
                    hang.add(rs.getString(4));
                    hang.add(rs.getString(5));
                    hang.add(rs.getString(6));
                    hang.add(rs.getString(7));
                    hang.add(rs.getString(8));
                    rowData.add(hang);
                }
        } catch (Exception e) {
            e.printStackTrace();
        } finally {
            try {
                if (ps != null)
                    ps.close();
                if (ct != null)
                    ct.close();
                if (rs != null)
                    rs.close();
            } catch (Exception e) {
                e.printStackTrace();
            }
        }
    }
}
// sql用来传递操作语句，array用来保存注入的数据
public boolean UpdateInformation(String sql, String[] array) {
    boolean b = true;
    Connection ct = null;
    PreparedStatement ps = null;
    ResultSet rs = null;
    try {
        // 加载驱动
        Class.forName(driverName);
        ct = getConnection();
        ps = ct.prepareStatement(sql);
        // 用数组得到注入的数据
        for (int i = 0; i < array.length; i++) {
            ps.setString(i + 1, array[i]);
        }
        // 执行
        if (ps.executeUpdate() != 1) {
            b = false;
        }
    } catch (Exception e) {
        b = false;
        e.printStackTrace();
    } finally {
        try {
            if (ps != null)
                ps.close();
            if (ct != null)
                ct.close();
```

```
            } catch (Exception e) {
                e.printStackTrace();
            }
        }
        return b;
    }
    // 通过传递的SQL语句来获得数据模型
    public JPModel(String sql) {
        this.init(sql);
    }
    public JPModel() {
        this.init("");
    }
    @Override
    public int getRowCount() {
        return this.rowData.size();
    }
    @Override
    public int getColumnCount() {
        return this.columNames.size();
    }
    @Override
    public Object getValueAt(int row, int column) {
        return ((Vector) this.rowData.get(row)).get(column);
    }
    @Override
    public String getColumnName(int column) {
        return (String) this.columNames.get(column);
    }
    public int UpdateStudent(String[] sqls) {
        int result = 0;
        Connection ct = getConnection();
        PreparedStatement ps = null;
        ResultSet rs = null;
        try {
            for (String sql : sqls) {
                ps = ct.prepareStatement(sql);
                result = ps.executeUpdate();
            }
        } catch (SQLException e) {
            e.printStackTrace();
        } finally {
            try {
                if (ps != null)
                    ps.close();
                if (ct != null)
                    ct.close();
            } catch (Exception e) {
                e.printStackTrace();
            }
        }
        return result;
    }
    public List<String> getBC() {
        Connection ct = getConnection();
        PreparedStatement ps = null;
        ResultSet rs = null;
```

```java
        String sql = "select 编号   from 航班信息表";
        List<String> list = new ArrayList<String>();
        try {
            ps = ct.prepareStatement(sql);
            rs = ps.executeQuery();
            while (rs.next()) {
                list.add(rs.getString(1));
            }
        } catch (SQLException e) {
            e.printStackTrace();
        } finally {
            try {
                if (ps != null)
                    ps.close();
                if (ct != null)
                    ct.close();
            } catch (Exception e) {
                e.printStackTrace();
            }
        }
        return list;
    }
    public List<String> getCFD(String bc) {
        Connection ct = getConnection();
        List<String> list = new ArrayList<String>();
        PreparedStatement ps = null;
        ResultSet rs = null;
        String sql = "select 起飞地,目的地   from 航班信息表   where 编号='" + bc + "'";
        try {
            ps = ct.prepareStatement(sql);
            rs = ps.executeQuery();
            while (rs.next()) {
                list.add(rs.getString(1));
                list.add(rs.getString(2));
            }
        } catch (SQLException e) {
            e.printStackTrace();
        } finally {
            try {
                if (ps != null)
                    ps.close();
                if (ct != null)
                    ct.close();
            } catch (Exception e) {
                e.printStackTrace();
            }
        }
        return list;
    }
    public int addStudent(String sql, String[] array) {
        Connection ct = getConnection();
        PreparedStatement ps = null;
        int result = 0;
        try {
            ps = ct.prepareStatement(sql);
            for (int i = 1; i < array.length + 1; i++) {
                ps.setString(i, array[i - 1]);
```

```
            }
            result = ps.executeUpdate();
        } catch (SQLException e) {
            e.printStackTrace();
        } finally {
            try {
                if (ps != null)
                    ps.close();
                if (ct != null)
                    ct.close();
            } catch (Exception e) {
                e.printStackTrace();
            }
        }

        return result;
    }
}
```

17.5.2　后台管理员模块

　　管理员登录进入系统后，在界面中显示当前可管理的所有航班信息，并可执行航班信息的查询、添加班次、修改、删除等操作，如图17-3所示。

扫一扫，看视频

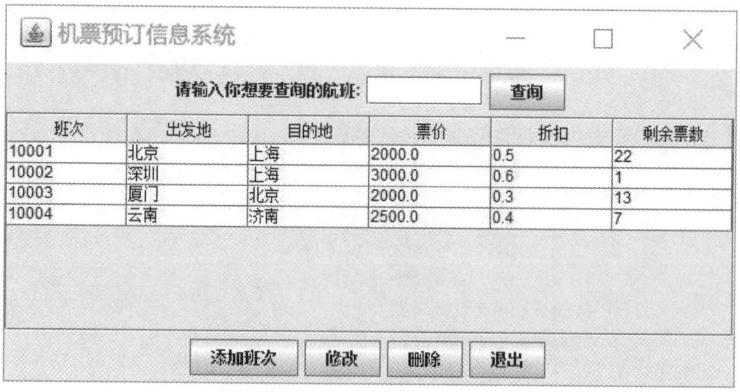

机票预订信息系统	— □ ×

请输入你想要查询的航班： [　　　　] [查询]

班次	出发地	目的地	票价	折扣	剩余票数
10001	北京	上海	2000.0	0.5	22
10002	深圳	上海	3000.0	0.6	1
10003	厦门	北京	2000.0	0.3	13
10004	云南	济南	2500.0	0.4	7

[添加班次] [修改] [删除] [退出]

图 17-3　管理员模块界面

　　图17-3中的界面采用表格显示主要航班信息，使用文本框及按钮接收用户操作。单击相关按钮后以对话框的形式执行后续子模块功能。实现代码如下：

```
import java.awt.*;
import javax.swing.*;
import java.awt.event.*;
public class Administrator extends JFrame implements ActionListener {
    JPanel jp1, jp2;
    JButton button1, button2, button3, button4, button5;
    JScrollPane jsp = null;  // JScrollPane 管理视口、可选垂直和水平滚动条及可选行和列标题视口
    JTable jt;               // 组件表格
    JPModel sm;
    JLabel jl;               // 组件标签
    JTextField jtf;          // 组件
    public Administrator() {
        jp1 = new JPanel();
```

```java
        jp2 = new JPanel();
        jl = new JLabel("请输入你想要查询的班次:");
        jtf = new JTextField(8);
        button1 = new JButton("查询");
        button1.addActionListener(this);        // this代表StuManage类的对象实现接口
        button2 = new JButton("添加班次");
        button2.addActionListener(this);
        button3 = new JButton("修改");
        button3.addActionListener(this);
        button4 = new JButton("删除");
        button4.addActionListener(this);
        button5 = new JButton("退出");
        button5.addActionListener(this);
        jp1.add(jl);
        jp1.add(jtf);
        jp1.add(button1);
        jp2.add(button2);
        jp2.add(button3);
        jp2.add(button4);
        jp2.add(button5);
        // 创建一个数据模型对象
        sm = new JPModel();
        jt = new JTable(sm);
        jsp = new JScrollPane(jt);
        this.add(jp1, BorderLayout.NORTH);
        this.add(jp2, BorderLayout.SOUTH);
        this.add(jsp);
        this.setSize(600, 300);
        this.setLocation(200, 100);
        this.setDefaultCloseOperation(EXIT_ON_CLOSE);
        this.setVisible(true);
    }
    @Override
    public void actionPerformed(ActionEvent e) {
        if (e.getSource() == button1) {
            String BC = this.jtf.getText().trim();
            if (BC.equals("")) {
                JOptionPane.showMessageDialog(this, "请输入航班进行查询!");
            } else {
                String sql = "select 航班号,起飞地,目的地,价格,折扣,余票数  from 航班信息
表 hbxx,机票类别信息表 jqlbxx where hbxx.编号=jqlbxx.航班号 and  hbxx.编号='" + BC + "'";
                sm = new JPModel(sql);
                jt.setModel(sm);
            }
        }
        else if (e.getSource() == button2) {
            JPAdd sa = new JPAdd(this, "添加信息窗口", true);
            sm = new JPModel();
            jt.setModel(sm);
        }
        // 进行修改
        else if (e.getSource() == button3) {
            int rownum = jt.getSelectedRow();
            // 如果用户未选择任何一行,则弹出对话框,提示必须选择一行数据才能修改
            if (rownum == -1) {
                // this即当前窗口,此处弹出对话框
                JOptionPane.showMessageDialog(this, "必须选择一行数据才能进行修改");
```

```
                    return;
                } else {
                    JPUpdate s = new JPUpdate(this, "修改航班信息", true, sm, rownum);
                    sm = new JPModel();
                    jt.setModel(sm);
                }
            }
            // 进行删除
            else if (e.getSource() == button4) {
                // 得到所选中的数据，如果未选择任何一行，则返回-1
                int rownum = jt.getSelectedRow();
                if (rownum == -1) {
                    JOptionPane.showMessageDialog(this, "必须选择一行数据才能删除");
                    return;
                } else {
                    String s = (String) sm.getValueAt(rownum, 0);
                    JPModel temp = new JPModel();
                    String sql1 = "delete from 航班信息表    where 编号='"+s+"'";
                    String sql2 = "delete from 机票类别信息表    where 航班号='"+s+"'";
                    String[] strs = {sql1,sql2};
                    int result  = temp.UpdateStudent(strs);
                    sm = new JPModel();
                    jt.setModel(sm);
                }
            } else if (e.getSource() == button5) {
                System.exit(0);
            }
        }
    }
```

以添加航班信息为例，在图17-3中单击"添加班次"按钮后，显示如图17-4所示的界面，可以在此界面中录入相关航班的信息。

图 17-4　添加信息界面

实现代码如下：

```
package jqydxxxt;
import java.awt.*;
import javax.swing.*;
import java.awt.event.*;
import java.util.ArrayList;
public class JPAdd extends JDialog implements ActionListener {
    private JLabel     jl2, jl3, jl4, jl5, jl6;
    private JTextField jtf2, jtf3, jtf4, jtf5, jtf6;
    private JButton button1, button2;
```

```java
private JPanel jp1, jp2, jp3, jp4, jp5, jp6, jp7, jp8;
private JPModel jpmodel = new JPModel();
public JPAdd(Frame owner, String title, boolean model) {
    // 调用父类构造方法，达到模式对话框效果
    super(owner, title, model);
    // 定义JLabel
    jl2 = new JLabel("出发地");
    jl3 = new JLabel("目的地");
    jl4 = new JLabel("票价");
    jl5 = new JLabel("折扣");
    jl6 = new JLabel("剩余票数");
    jtf2 = new JTextField(15);
    jtf3 = new JTextField(15);
    jtf4 = new JTextField(15);
    jtf5 = new JTextField(15);
    jtf6 = new JTextField(15);
    // 定义JTextField
    button1 = new JButton("确定添加");
    button1.addActionListener(this);
    button2 = new JButton("取消");
    button2.addActionListener(this);
    jp1 = new JPanel();
    jp1.setLayout(new FlowLayout(FlowLayout.LEFT));
    jp2 = new JPanel();
    jp2.setLayout(new FlowLayout(FlowLayout.LEFT));
    jp3 = new JPanel();
    jp3.setLayout(new FlowLayout(FlowLayout.LEFT));
    jp4 = new JPanel();
    jp4.setLayout(new FlowLayout(FlowLayout.LEFT));
    jp5 = new JPanel();
    jp5.setLayout(new FlowLayout(FlowLayout.LEFT));
    jp6 = new JPanel();
    jp6.setLayout(new FlowLayout(FlowLayout.LEFT));
    jp2.add(jl2);
    jp2.add(jtf2);
    jp3.add(jl3);
    jp3.add(jtf3);
    jp4.add(jl4);
    jp4.add(jtf4);
    jp5.add(jl5);
    jp5.add(jtf5);
    jp6.add(jl6);
    jp6.add(jtf6);
    jp7 = new JPanel(new GridLayout(6, 1));
    jp7.add(jp1);
    jp7.add(jp2);
    jp7.add(jp3);
    jp7.add(jp4);
    jp7.add(jp5);
    jp7.add(jp6);
    jp8 = new JPanel();
    jp8.add(button1);
    jp8.add(button2);
    this.add(jp7);
    this.add(jp8, BorderLayout.SOUTH);
    this.setSize(400, 300);
    this.setLocation(300, 100);
```

```
                this.setVisible(true);
        }
        @Override
        public void actionPerformed(ActionEvent e) {
            if (e.getSource() == button1) {
                JPModel jpModel = new JPModel();
                ArrayList<String> infoList=new ArrayList<String>();
                infoList.add(jtf2.getText());
                infoList.add(jtf3.getText());
                infoList.add(jtf4.getText());
                infoList.add(jtf5.getText());
                infoList.add(jtf6.getText());
                if (jpModel.addInfo(infoList)==0) {
                    JOptionPane.showMessageDialog(this, "添加失败");
                }
                // 关闭对话框
                this.dispose();
            } else if (e.getSource() == button2) {
                this.dispose();
            }
        }

}
```

📀 17.5.3　前台用户模块

乘客登录进入系统后，可在此界面查询航班，并执行订票、退票、查看航班等操作。如图17-5所示为前台用户模块界面。

扫一扫，看视频

图 17-5　前台用户模块界面

本界面采用表格显示主要航班信息，使用文本框及按钮接收用户操作。单击相关按钮后以对话框的形式执行后续子模块功能。实现代码如下：

```
import java.awt.*;
```

```java
import javax.swing.*;
import java.awt.event.*;
public class Query extends JFrame implements ActionListener {
    private TicketModel tm = null;
    private JLabel jl1, jl2, jl3;
    private JTextField jtf1, jtf2, jtf3;
    private JButton button1, button2, button3, button4, button5, button6;
    private JPanel jp1, jp2, jp3, jp4, jp5;
    private JTable jt;
    private JScrollPane jsp;
    private int rownum;
    public Query() {
        jl1 = new JLabel("请输入航班号:");
        jl2 = new JLabel("          请输入出发地:");
        jl3 = new JLabel("          请输入目的地:");
        jl1.setForeground(Color.red);
        jl2.setForeground(Color.blue);
        jl3.setForeground(Color.blue);
        jl1.setFont(new Font("华文彩云", Font.BOLD, 20));
        jl2.setFont(new Font("华文新魏", Font.BOLD, 20));
        jl3.setFont(new Font("华文新魏", Font.BOLD, 20));
        jtf1 = new JTextField(10);
        jtf2 = new JTextField(10);
        jtf3 = new JTextField(10);
        button1 = new JButton("班次查询");
        button1.addActionListener(this);
        button2 = new JButton("出发目的地查询");
        button2.addActionListener(this);
        button3 = new JButton("订票");
        button3.addActionListener(this);
        button4 = new JButton("退票");
        button4.addActionListener(this);
        button5 = new JButton("我的订单");
        button5.addActionListener(this);
        button6 = new JButton("查看全部班次");
        button6.addActionListener(this);
        jp1 = new JPanel();
        jp1.add(jl1);
        jp1.add(jtf1);
        jp1.add(button1);
        jp2 = new JPanel(new GridLayout(2, 2));
        jp2.add(jl2);
        jp2.add(jtf2);
        jp2.add(jl3);
        jp2.add(jtf3);
        jp3 = new JPanel();
        jp3.add(button2);
        jp4 = new JPanel(new BorderLayout());
        jp4.add(jp1, BorderLayout.NORTH);
        jp4.add(jp2);
        jp4.add(jp3, BorderLayout.SOUTH);
        jp5 = new JPanel();
        jp5.add(button3);
        jp5.add(button4);
        jp5.add(button5);
        jp5.add(button6);
        tm = new TicketModel();
```

```java
            jt = new JTable(tm);
            jsp = new JScrollPane(jt);
            this.add(jsp);
            this.add(jp4, BorderLayout.NORTH);
            this.add(jp5, BorderLayout.SOUTH);
            this.setLocation(300, 100);
            this.setSize(630, 500);
            this.setVisible(true);
            this.setTitle("欢迎进入机票预订信息系统");
            this.setDefaultCloseOperation(EXIT_ON_CLOSE);
    }
    @Override
    public void actionPerformed(ActionEvent e) {
        if (e.getSource() == button1) {
            Boolean b = false;
            String name = this.jtf1.getText().trim();
            TicketModel tm = new TicketModel(name);
            jt.setModel(tm);
        } else if (e.getSource() == button2) {
            String start = this.jtf2.getText().trim();
            String to = this.jtf3.getText().trim();
            String[] ss = { start, to };
            tm = new TicketModel(ss);
            jt.setModel(tm);
        } else if (e.getSource() == button3) {
            // 先得到用户选择的行数
            rownum = jt.getSelectedRow();
            // rownum是从0开始的
            if (rownum == -1) {
                JOptionPane.showMessageDialog(this, "必须选择一下班次才能进行预订");
            } else {
                // 得到当前选定行的现有票数,并将其转换为整数
                float price= Float.valueOf(tm.getValueAt(rownum, 5)+"");
                float zk=  Float.valueOf(tm.getValueAt(rownum, 6)+"");
                String jpprice =price*zk+"";
                int num = Integer.valueOf(tm.getValueAt(rownum, 7)+"");
                String bc = (String) tm.getValueAt(rownum, 0);
                tm.dingpiao(bc,jpprice);
                String s = "all";
                tm = new TicketModel(s);
                jt.setModel(tm);
            }
        }
        // button4的功能是退票
        else if (e.getSource() == button4) {
            String s = "all";
            tm = new TicketModel(s);
            jt.setModel(tm);
        }
        // button5 实现我的订单查看功能
        else if (e.getSource() == button5) {
            String s = "all";
            tm = new TicketModel(s);
            jt.setModel(tm);
        } // button6是刷新,可以看到订票和退票之后的票数
        else if (e.getSource() == button6) {
            tm = new TicketModel();
```

```
                jt.setModel(tm);
        }
    }
    public static void main(String[] args) {
        new Query();
    }
}
```

机票预订信息系统

参 考 文 献

[1] 萨师暄，王珊.数据库系统概论[M].4 版.北京：高等教育出版社，2010.

[2] 沈祥玖，张岳，兰莉，等.数据库系统原理及应用[M].北京：中国水利水电出版社，2016.

[3] 沈祥玖，相伟，曹梅红，等.数据库系统原理及应用（SQL Server）[M].3 版.北京：高等教育出版
社，2018.